工业机器人编程与操作
（FANUC）

主　编　杨杰忠　王永红　唐　杰

副主编　赵月辉　潘协龙　甘梓坚　彭银松

参　编　冯兴瀚　李仁芝　黄　波　李治彬

　　　　韦日祯　韦真光　周立刚

電子工業出版社

Publishing House of Electronics Industry

北京・BEIJING

内 容 简 介

本书共分为两大模块：工业机器人基础知识；工业机器人编程与操作。每个模块以任务驱动教学法为主线，以应用为目的，以具体的任务为载体编写，主要任务有：认识工业机器人、工业机器人的机械结构和运动控制、工业机器人工具坐标系的标定与测试、工业机器人基础学习套件的编程与操作、工业机器人模拟焊接单元的编程与操作、工业机器人码垛单元的编程与操作、工业机器人搬运单元的编程与操作、工业机器人大小料装配工作站的编程与操作、工业机器人涂胶工作站的编程与操作、工业机器人上下料工作站的编程与操作、工业机器人自动生产工作站的编程与操作、工业机器人变位机工作站的编程与操作。

本书可作为技工院校工业机器人应用与维护专业的教材，中等职业学校机电技术应用专业和高等职业院校机电一体化专业的教材，也可作为电气设备安装与维修、机电设备安装与维修岗位的培训教材。

图书在版编目（CIP）数据

工业机器人编程与操作：FANUC / 杨杰忠，王永红，唐杰主编. —北京：电子工业出版社，2024.6

ISBN 978-7-121-37321-3

Ⅰ. ①工… Ⅱ. ①杨… ②王… ③唐… Ⅲ. ①工业机器人—程序设计 Ⅳ. ①TP242.2

中国版本图书馆 CIP 数据核字（2019）第 187249 号

责任编辑：张　凌
印　　刷：河北鑫兆源印刷有限公司
装　　订：河北鑫兆源印刷有限公司
出版发行：电子工业出版社
　　　　　北京市海淀区万寿路 173 信箱　邮编　100036
开　　本：880×1 230　1/16　印张：15.25　字数：372 千字
版　　次：2024 年 6 月第 1 版
印　　次：2025 年 2 月第 2 次印刷
定　　价：45.00 元

凡所购买电子工业出版社图书有缺损问题，请向购买书店调换。若书店售缺，请与本社发行部联系，联系及邮购电话：（010）88254888，88258888。

质量投诉请发邮件至zlts@phei.com.cn，盗版侵权举报请发邮件至dbqq@phei.com.cn。

本书咨询联系方式：（010）88254583，zling@phei.com.cn。

前　　言

为服务建设现代化经济体系和实现更多质量更充分就业需要，对接科技发展趋势和市场需求，实现以课程对接岗位、教材对接技能的目的，更好地适应“工学结合，任务驱动模式”教学的要求，满足项目教学法的需要，特编写此书。本书依据国家职业标准编写，由基础知识、相关知识、专业知识和操作技能训练四部分构成，知识体系中各个知识点和操作技能都以任务的形式出现。本书精心选择教学内容，对专业技术理论及相关知识并没有追求面面俱到，过分强调学科的理论性、系统性和完整性，但力求涵盖国家职业标准中必须掌握的知识和具备的技能。

本书共分为两大模块：工业机器人基础知识；工业机器人编程与操作。每个模块又划分为不同的任务。在任务的选择上，以典型工作任务为载体，坚持以能力为本位，重视实践能力的培养；在内容的组织上，整合相应的知识和技能，实现理论和操作的统一，有利于实现“在做中学”和“在学中做”的教学理念，充分体现认知规律。

本书是在充分吸收国内外职业教育先进教学理念的基础上，总结了众多学校一体化教学改革的经验，集众多一线教师多年的教学经验和企业实践专家的智慧完成的。在编写过程中力求实现内容通俗易懂，既方便教师教学，又方便学生自学。特别是在操作技能部分，图文并茂，侧重于对程序设计、电路安装、通电试车和故障检修内容的细化，以提高学生在实际工作中分析和解决问题的能力，实现职业教育与实际社会生产的紧密结合。

本书在编写过程中得到了广西机电技师学院、浙江亚龙教育装备股份有限公司、广西柳州钢铁集团有限公司、上汽通用五菱汽车股份有限公司、柳州九鼎机电科技有限公司的同行们的大力支持，在此一并表示感谢。

由于编者水平有限，书中难免有不妥之处，恳请读者批评指正。

编　者

目　录

模块一 工业机器人基础知识

任务1　认识工业机器人

✧ 知识目标：

1. 掌握工业机器人的定义。
2. 熟悉工业机器人的常见分类及其应用。
3. 了解工业机器人的发展现状和趋势。

✧ 能力目标：

1. 能结合工厂自动化生产线说出搬运机器人、码垛机器人、装配机器人、涂装机器人和焊接机器人的应用场合。
2. 能进行简单的工业机器人操作。

工作任务

机器人技术是综合了计算机技术、控制论、机构学、信息技术、传感技术、人工智能、仿生学等学科和技术形成的高新技术，是当代研究十分活跃、应用日益广泛的技术之一。此外，机器人的应用情况是反映一个国家工业自动化水平的重要标志。本次任务的主要内容就是让学生初步认识工业机器人，通过观看工业机器人在工厂自动化生产线中的应用录像，以及参观工业机器人相关企业和生产现场，加深对工业机器人应用领域的了解。在教师指导下，分组进行简单的工业机器人操作练习。

一、工业机器人的定义及特点

1. 工业机器人的定义

国际上对机器人的定义有很多。

美国机器人工业协会（RIA）将工业机器人定义为用来进行搬运材料、零部件、工具的可再编程的多功能机械手，或通过不同程序的调用来完成各种工作任务的特种装置。

日本工业机器人协会（JIRA）将工业机器人定义为一种装备有记忆装置和末端执行器的，通过自动完成各种移动和转动来代替人类劳动的通用机器。

在我国 1989 年的国标草案中，工业机器人被定义为一种自动定位控制、可重复编程、

多功能、多自由度的操作机。操作机被定义为具有和人手臂相似的动作功能，可在空间抓取物体或进行其他操作的机械装置。

国际标准化组织（ISO）曾于1984年将工业机器人定义为一种自动的、位置可控的、具有编程能力的多功能机械手，这种机械手具有几个轴，能够借助可编程的操作来处理各种材料、零件、工具和专用装置，以执行各种任务。

2. 工业机器人的特点

1）可编程

生产自动化的进一步发展是柔性自动化。工业机器人可随其工作环境变化的需要而再编程，因此它在小批量、多品种、具有均衡高效率的柔性制造过程中能发挥很好的功用，是柔性制造系统中的一个重要组成部分。

2）拟人化

工业机器人在机械结构上有类似人的双腿、腰、大臂、小臂、手腕、手指等部分，在控制结构上有计算机。此外，智能化工业机器人还有许多类似人类的"生物传感器"，如皮肤型接触传感器、力传感器、负载传感器、视觉传感器、声传感器、语音功能传感器等。

3）通用性

除专门设计的专用工业机器人外，一般工业机器人在执行不同的作业任务时具有较好的通用性。例如，更换工业机器人手部末端执行器（手爪、焊枪等）便可执行不同的作业任务。

4）机电一体化

第三代智能机器人不仅具有获取外部环境信息的各种传感器，还具有记忆能力、语言理解能力、图像识别能力、推理判断能力等，这些都是基于微电子技术的应用，还与计算机技术的应用密切相关。工业机器人与自动化技术，集中并融合了多项学科，涉及多个技术领域，包括工业机器人控制、机器人动力学及仿真、机器人构建有限元分析、激光加工、模块化程序设计、智能测量、建模加工一体化、工厂自动化及精细物流等先进技术，技术综合性强。

二、工业机器人的历史和发展趋势

1. 工业机器人的诞生

机器人（Robot）这一术语是捷克斯洛伐克联邦共和国著名剧作家、科幻文学家、童话寓言家卡雷尔·恰佩克在 1921 年首创的，它是机器人的起源，此后一直沿用至今。不过，人类对于机器人的梦想却已延续数千年之久，如古希腊古罗马神话中冶炼之神用黄金打造的机械仆人、古希腊神话《阿鲁哥探险船》中的青铜巨人泰洛斯、犹太人传说中的泥土巨人、我国西周时代能歌善舞的木偶"倡者"和三国时期诸葛亮发明的"木牛流马"等。而到了现代，人类对于机器人的向往，从机器人频繁出现在科幻小说和电影中已不难看出，科技的进步让机器人不再停留在科幻故事里，它正一步步进入人类生活的方方面面。20 世纪 60 年代初，美国发明家英格伯格与德沃尔制造了世界上第一台工业机器人 Unimate，这个外形类似坦克炮塔的机器人可实现回转、伸缩、俯仰等动作，如图 1-1-1 所示，它被称为现代机器人的开端。之后，不同功能的工业机器人也相继出现并且活跃在不同的领域中。

图 1-1-1　世界上第一台工业机器人 Unimate

2．工业机器人的发展现状

机器人作为 20 世纪人类最伟大的发明之一，自 20 世纪 60 年代初问世以来，从简单机器人到智能机器人，机器人的发展已取得长足进步。

2005 年，日本 YASKAWA 推出能够从事此前由人类完成组装及搬运作业的工业机器人 MOTOMAN-DA20 和 MOTOMAN-IA20，如图 1-1-2 所示。MOTOMAN-DA20 是一款在仿造人类上半身构造的基础上配备两个六轴驱动臂的双臂机器人，可以稳定地搬运工件，还可以从事紧固螺母及部件的组装和插入等作业。MOTOMAN-IA20 是一款通过七轴驱动再现人类肘部动作的单臂机器人。

（a）双臂机器人 MOTOMAN-DA20

（b）七轴机器人 MOTOMAN-IA20

图 1-1-2　YASKAWA 机器人

2010 年意大利柯马（COMAU）宣布码垛机器人 SMART5 PAL 研制成功，如图 1-1-3 所示，该机器人是专为码垛作业设计的，能满足一般工业部门客户的高质量要求，主要应用在装载、卸载、多个产品拾取、堆垛和高速操作等场合。

同年，德国 KUKA 的机器人产品——气体保护焊接机器人 KR 5arc HW（Hollow Wrist）研制成功，如图 1-1-4 所示，并因此获得了全球著名的红点奖，还获得了“红点奖：优中之优”杰出设计奖。

日本 FANUC 也推出过装配机器人 Robot M-3iA。装配机器人 Robot M-3iA 可采用四轴或六轴模式，具有独特的平行连接结构，还具备轻巧便携的特点，承重极限为 6kg，如图 1-1-5

所示。此外，Robot M-3iA 在同等级机器人（直径 1350mm×高 500mm）中的工作行程最大。六轴模式下的 Robot M-3iA 有一个三轴手腕用于处理复杂的生产线任务，还能按要求旋转零件，几乎可与手工操作媲美。四轴模式下的 Robot M-3iA 具备一个单轴手腕，可用于简单快速的拾取操作，轴的旋转速度可达 4000° /s。另外，手腕的中空设计使电缆可在内部缠绕，大大降低了电缆的损耗。

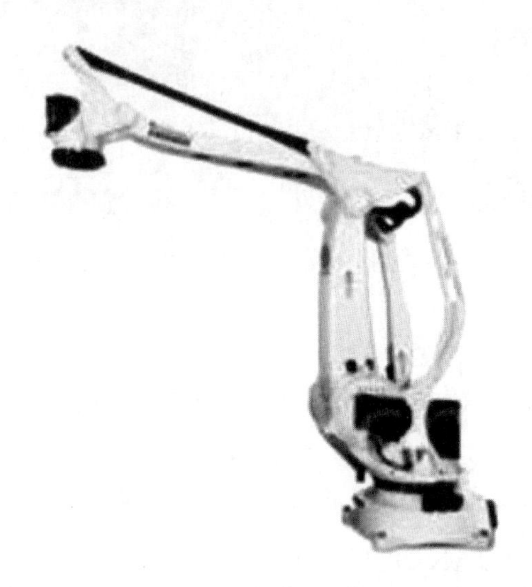

图 1-1-3　COMAU 码垛机器人 SMART5 PAL

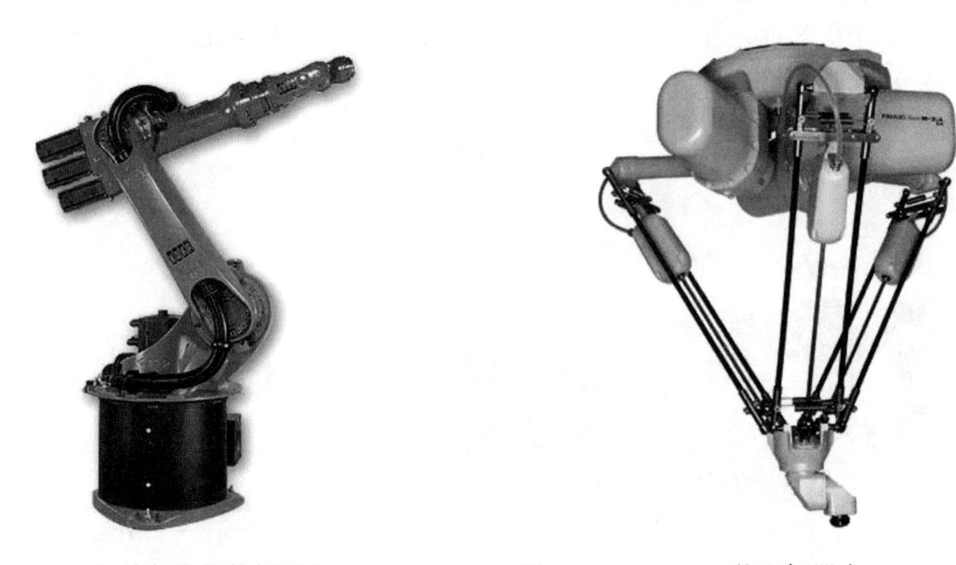

图 1-1-4　KUKA 气体保护焊接机器人 KR 5arc HW　　图 1-1-5　FANUC 装配机器人 Robot M-3iA

国际工业机器人技术日趋成熟，基本沿着两个路径发展：一个是模仿人的手臂，实现多维运动，比较典型的应用是点焊机器人、弧焊机器人；另一个是模仿人的下肢运动，实现物料输送、传递等搬运功能，如搬运机器人。

3．工业机器人的发展趋势

从近几年推出的产品来看，工业机器人技术正向高性能化、智能化、模块化和系统化的方向发展，其发展趋势主要是结构的模块化和可重构化；控制技术的开放化、PC 化和网络化；伺服驱动技术的数字化和分散化；多传感器融合技术的实用化；工作环境设计的优化和作业的柔性化等。

（1）高性能。

工业机器人技术正向高速度、高精度、高可靠性、便于操作和维修的方向发展，且单机价格不断下降。

（2）机械结构向结构的模块化、可重构化方向发展。

例如，关节模块中的伺服电动机、减速机、检测系统三位一体化；由关节模块、连杆模块用重组方式构造机器人整机，国外已有模块化装配机器人产品问世。

（3）本体结构更新加快。

随着技术的进步，机器人本体近 10 年来发展得很快。以 YASKAWA MOTOMAN 产品为例，L 系列机器人持续 10 年，K 系列机器人持续 5 年，SK 系列机器人持续 3 年，如今 YASKAWA 公司又推出了最新的 UP 系列机器人，其最突出的特点是大臂采用新型的非平行四边形的单连杆机构，工作空间增大，自重进一步减少，变得更加轻巧。

（4）控制系统向基于 PC 的开放型控制器方向发展。

控制系统向基于 PC 的开放型控制器方向发展，便于标准化、网络化；器件集成度提高，控制器日渐小巧。

（5）多传感器融合技术的实用化。

机器人中传感器的作用日益重要，除了采用传统的位置、速度、加速度等传感器，装配、焊接机器人还应用了视觉传感器、力传感器等，而遥控机器人则采用视觉传感器、声传感器、力传感器、触觉传感器等的融合技术来进行环境建模及决策控制；多传感器融合配置技术在产品化系统中已有成熟的应用。

（6）多智能体调控制技术。

多智能体调控制技术是目前机器人研究的一个崭新领域，主要对多机器人协作、多机器人通信、多智能体的群体体系结构、机器人相互间的通信与磋商机理、感知与学习方法、建模和规划、群体行为控制等方面进行研究。

三、工业机器人的分类

关于工业机器人的分类，国际上没有制定统一的标准，可以按机器人的技术等级分类、按机器人的结构特征分类、按负载重量分类、按控制方式分类、按自由度分类、按结构分类、按应用分类。下面主要介绍两种工业机器人的分类方法。

1．按机器人的技术等级分类

按照机器人的技术等级可以将工业机器人分为三代。

1）示教再现机器人

第一代工业机器人是示教再现机器人。这类机器人能够按照人类预先示教的轨迹、行为、顺序和速度重复作业。示教可以由操作人员手把手地进行，如操作人员握住机器人上的喷枪，沿喷漆路线示范一遍，机器人动作记住这一连串运动，工作时，自动重复这些运动，从而完成指定位置的涂装工作，这种方式即所谓的“直接示教”，如图 1-1-6（a）所示。但是，更加普遍的方式是通过示教器示教，如图 1-1-6（b）所示，操作人员利用示教器上的开关或按键来控制机器人一步步地运动，机器人自动记录，然后重复。目前在工业现场应用的工业机器人大多属于第一代。

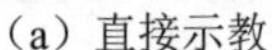
（a）直接示教

（b）示教器示教

图 1-1-6　示教再现工业机器人

2）感知机器人

第二代工业机器人具有环境感知装置，能在一定程度上适应环境的变化，目前已进入应用阶段，如图 1-1-7 所示。以焊接机器人为例，机器人的焊接过程一般是通过示教方式给出机器人的运动曲线，机器人携带焊枪沿着该曲线进行焊接。这就要求工件的一致性要好，即工件被焊接位置十分准确。否则，机器人携带焊枪沿所走的曲线和工件的实际焊缝位置会有偏差。为了解决这个问题，第二代工业机器人（应用于焊接作业时）采用焊缝跟踪技术，先通过传感器感知焊缝的位置，再通过反馈控制，机器人就能够自动跟踪焊缝，从而对示教位置进行修正，即使实际焊缝相对于原始设定的位置有变化，机器人仍然可以很好地完成焊接作业。类似的技术正越来越多地应用于工业机器人。

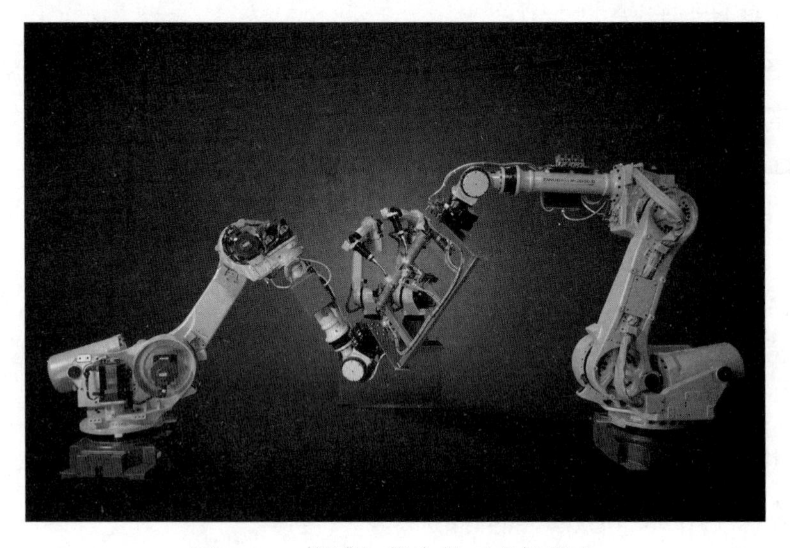

图 1-1-7　有感知能力的工业机器人

3）智能机器人

第三代工业机器人称为智能机器人，如图 1-1-8 所示，具有发现问题，并且能自主地解决问题的能力，目前尚处于实验研究阶段。这类机器人具有多种传感器，不仅可以感知自身的状态，如所处的位置、自身的故障等，还能够感知外部环境的状态，如自动发现路况，测出协作机器人的相对位置、相互作用的力等。更重要的是，它能够根据获得的信息，进行逻辑推理、判断决策，在不断变化的内部状态与外部环境中，自主决定自身的行为。这类机器人不但具有感觉能力，而且具有独立判断、行动、记忆、推理和决策的能力，能适应环境，

与外部对象协调地工作，完成更加复杂的动作，还具备故障自我诊断及修复能力。

图 1-1-8　智能机器人

2. 按机器人的结构特征分类

工业机器人的机械配置形式多种多样，典型机器人的机构运动特征是用其坐标特征来描述的。按基本动作机构不同，工业机器人通常可分为直角坐标机器人、柱面坐标机器人、球面坐标机器人和多关节机器人等。

1）直角坐标机器人

直角坐标机器人具有空间上相互垂直的多个直线移动轴，通常为三个，如图 1-1-9 所示，通过直角坐标方向上的三个独立自由度确定其手部的空间位置，其动作空间为长方体。直角坐标机器人结构简单，定位精度高，空间轨迹易于求解；但其动作空间相对较小，设备的空间因数较低，实现相同的动作空间要求时，机体本身的体积较大。

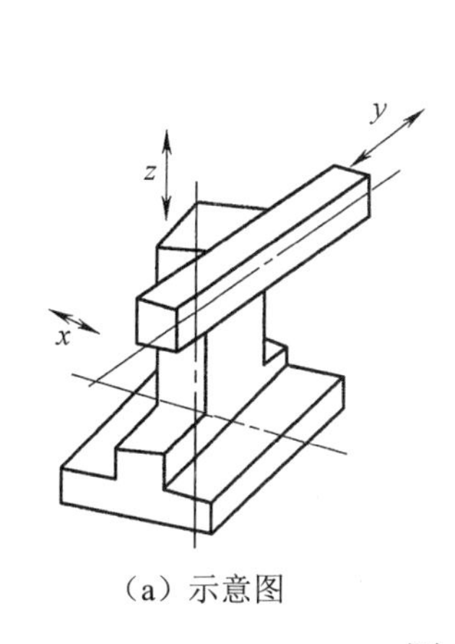

（a）示意图

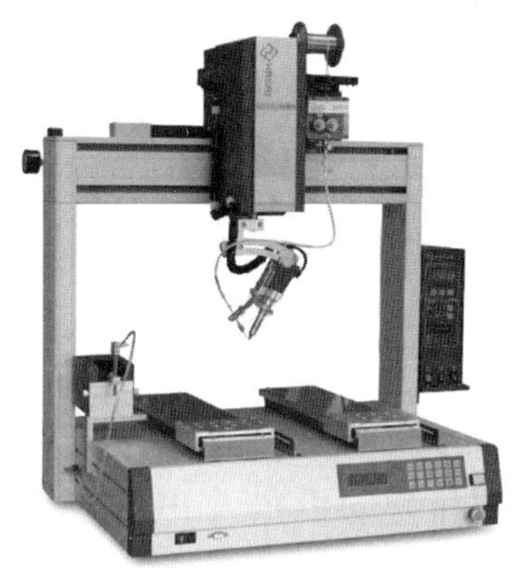

（b）实物图

图 1-1-9　直角坐标机器人

2）柱面坐标机器人

柱面坐标机器人的空间位置机构主要由旋转基座、垂直移动轴和水平移动轴构成，如图 1-1-10 所示。柱面坐标机器人具有一个回转自由度和两个平移自由度，动作空间为圆柱体。这种机器人结构简单、刚性好，但缺点是在机器人的动作范围内，必须有沿轴线前后方向的移动空间，空间利用率较低。

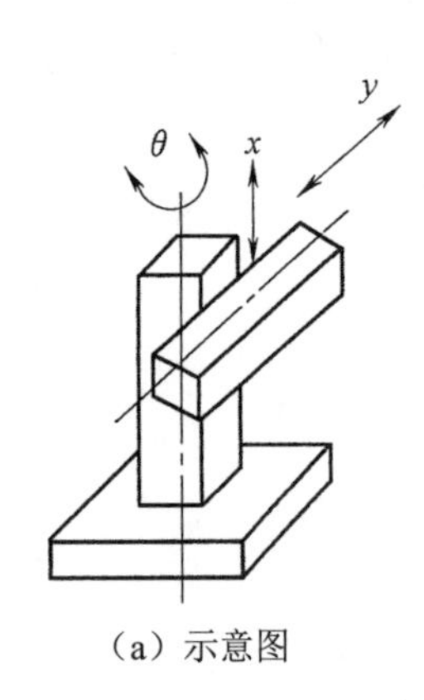

（a）示意图

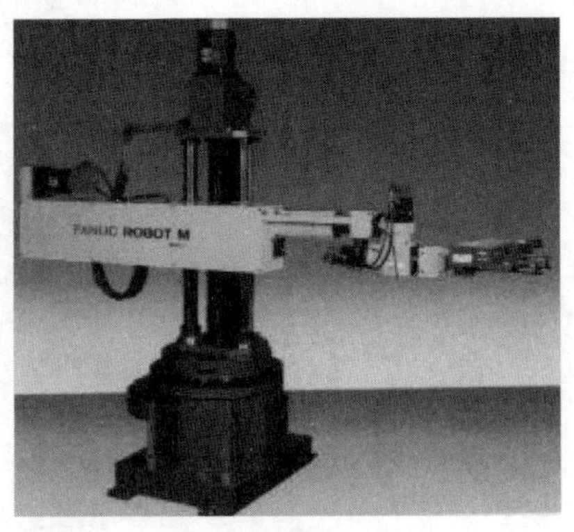

（b）实物图

图 1-1-10　柱面坐标机器人

3）球面坐标机器人

球面坐标机器人如图 1-1-11 所示，其空间位置分别由旋转、摆动和平移三个自由度确定，动作空间形成球面的一部分。其机械手能够前后伸缩移动、在垂直平面上摆动及绕底座在水平面上转动。著名的机器人 Unimate 就是这种类型的机器人。其特点是结构紧凑，所占空间体积小于直角坐标机器人和柱面坐标机器人，但仍大于多关节机器人。

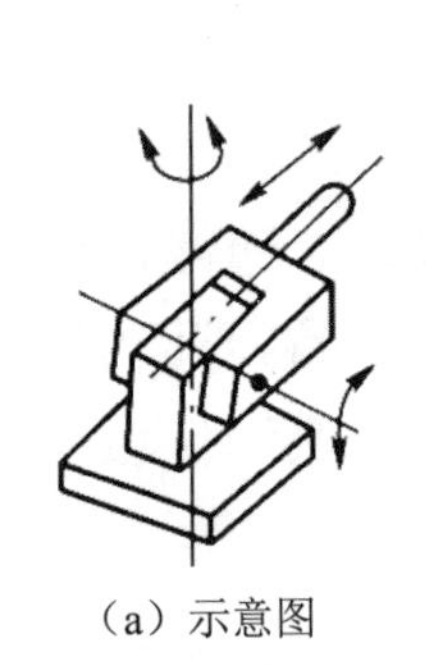
（a）示意图

（b）实物图

图 1-1-11　球面坐标机器人

4）多关节机器人

多关节机器人由多个旋转和摆动机构组合而成。多关节机器人结构紧凑、工作空间大、动作最接近人的动作，对涂装、装配、焊接等多种作业都有良好的适应性，应用范围越来越广。不少著名的机器人都采用这种形式，其摆动方向主要有垂直方向和水平方向两种，因此这类机器人又可分为垂直多关节机器人和水平多关节机器人。例如，美国 Unimation 公司在 20 世纪 70 年代末推出的机器人 PUMA 就是一种垂直多关节机器人，而日本山梨大学研制的机器人 SCARA 则是一种典型的水平多关节机器人。目前世界工业界装机最多的工业机器人是 SCARA 型四轴机器人和串联关节型垂直六轴机器人。

（1）垂直多关节机器人。垂直多关节机器人模拟了人类的手臂功能，由垂直于地面的腰部旋转轴（相对于大臂旋转的肩部旋转轴）、带动小臂旋转的肘部旋转轴及小臂前端的手腕等构成。手腕通常有 2～3 个自由度，其动作空间近似球体，所以也称为多关节球面机器人，如图 1-1-12 所示。其优点是可以自由地实现三维空间的各种姿势，可以生成各种形状复杂的轨迹，相对机器人的安装面积，其动作范围很宽。其缺点是结构刚度较低，动作的绝对位置精度较低。

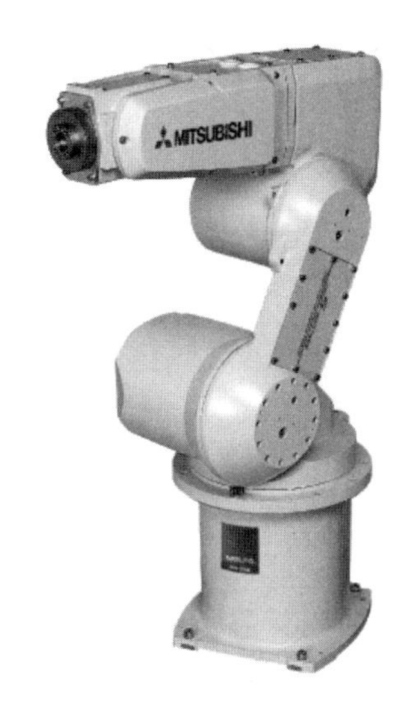

图 1-1-12　垂直多关节机器人

（2）水平多关节机器人。水平多关节机器人在结构上串联配置了两个能够在水平面内旋转的手臂，其自由度可以根据用途选择 2～4 个，动作空间为圆柱体，如图 1-1-13 所示。其优点是在垂直方向上的刚性好，能方便地完成二维平面的作业，已在装配作业中得到普遍应用。

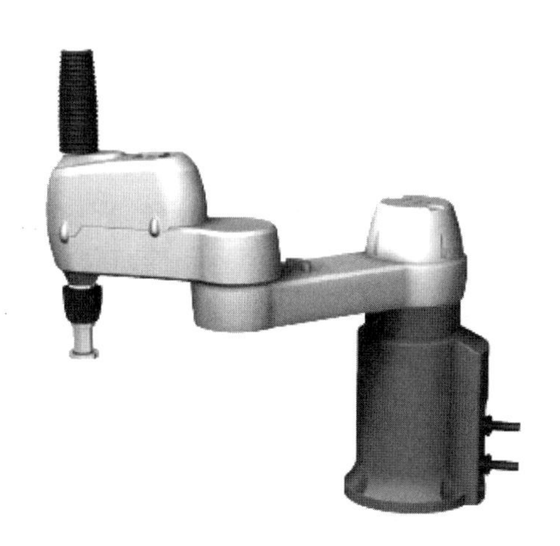

图 1-1-13　水平多关节机器人

四、工业机器人的应用

自 1969 年，美国通用汽车公司用 21 台工业机器人组成了焊接轿车车身的自动生产线后，各工业发达国家都非常重视研制和应用工业机器人。进而也相继形成一批在国际上较有影响力的著名的工业机器人公司。这些公司目前在中国的工业机器人市场也处于领先地位，主要分为日系和欧系两种。具体来说，又可分成“四大家族”和“四小家族”两个阵营，“四大家族”为瑞典 ABB、日本 FANUC、日本 YASKAWA、德国 KUKA；“四小家族”为日本 OTC、PANA、SONIC、NACHI。其中，日本 FANUC 与 YASKAWA、瑞典 ABB 三家企业的机器人销量均突破了 20 万台，德国 KUKA 机器人的销量也突破了 15 万台。国内也涌现了一批工业机器人厂商，这些厂商中既有像沈阳新松机器人自动化股份有限公司这样的国内机器人技术的领先者，也有像南京埃斯顿自动化股份有限公司、广州数控设备有

限公司这些伺服与数控系统厂商。图 1-1-14 所示为近年来工业机器人行业的应用分布，当今世界近 33%的工业机器人集中在汽车领域使用，主要进行搬运、码垛、焊接、涂装和装配等复杂作业。

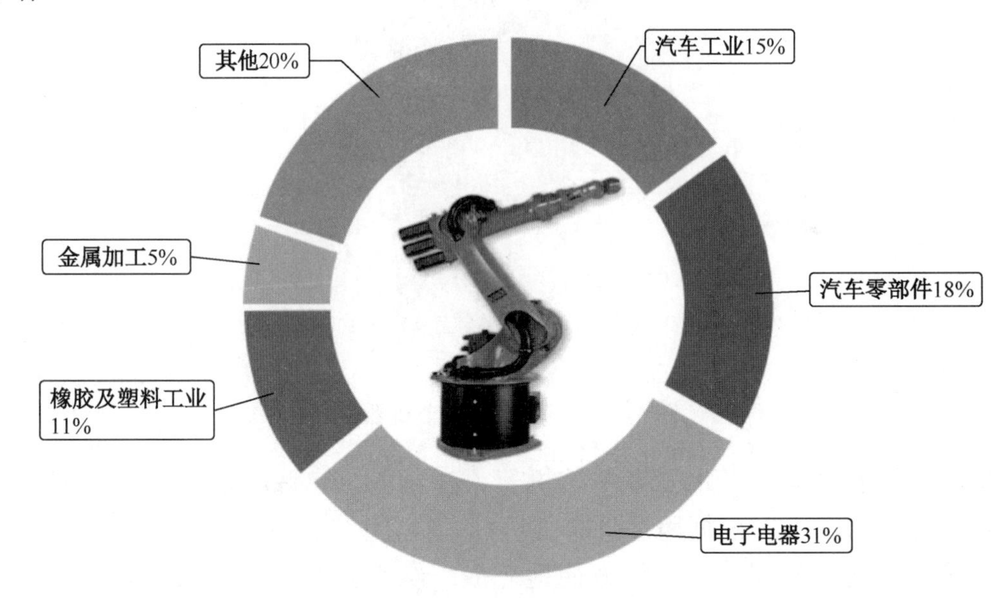

图 1-1-14　近年来工业机器人行业的应用分布

1）机器人搬运

搬运作业是指用一种设备握持工件，将工件从一个加工位置移到另一个加工位置的作业。搬运机器人可安装不同的末端执行器（如机械手爪、真空吸盘、电磁吸盘等）以完成各种不同形状和状态的工件搬运，大大减轻了人类繁重的体力劳动。通过编程控制，可以让多台机器人配合各个工序不同设备的工作时间，实现最优化的流水线作业。搬运机器人具有定位准确、工作节拍可调、工作空间大、性能优良、运行平稳、维修方便等特点。目前世界上使用的搬运机器人已超过 10 万台，广泛应用于机床上下料、自动装配流水线、码垛搬运、集装箱自动搬运等，机器人搬运机床上下料如图 1-1-15 所示。

图 1-1-15　机器人搬运机床上下料

2）机器人码垛

码垛机器人是机电一体化的高新技术产品，如图 1-1-16 所示。它可满足中低量的生产需要，也可按照要求的编组方式和层数，完成对料带、胶块、箱体等各种产品的码垛。码垛机器人替代人工搬运、码垛，能迅速提高企业的生产效率和产量，同时能减少人工搬运造成的错误。机器人码垛可全天候作业，由此每年能节约大量的人力资源成本，达到减员增效的目的。码垛机器人广泛应用于化工、饮料、食品、啤酒、塑料等生产企业，对纸箱、袋装、罐装、啤酒箱、瓶子等各种形状的包装成品都适用。

图 1-1-16　码垛机器人

3）机器人焊接

机器人焊接是目前最广的工业机器人应用领域（如工程机械、汽车制造、电力建设、钢结构等），它能在恶劣的环境下连续工作并能提供稳定的焊接质量，提高了工作效率，减轻了工人的劳动强度。采用机器人焊接是焊接自动化的革命性进步，它突破了焊接刚性自动化（焊接专机）的传统方式，开拓了一种柔性自动化生产方式，实现了在一条焊接机器人生产线同时自动生产若干种焊件的功能，如图 1-1-17 所示。

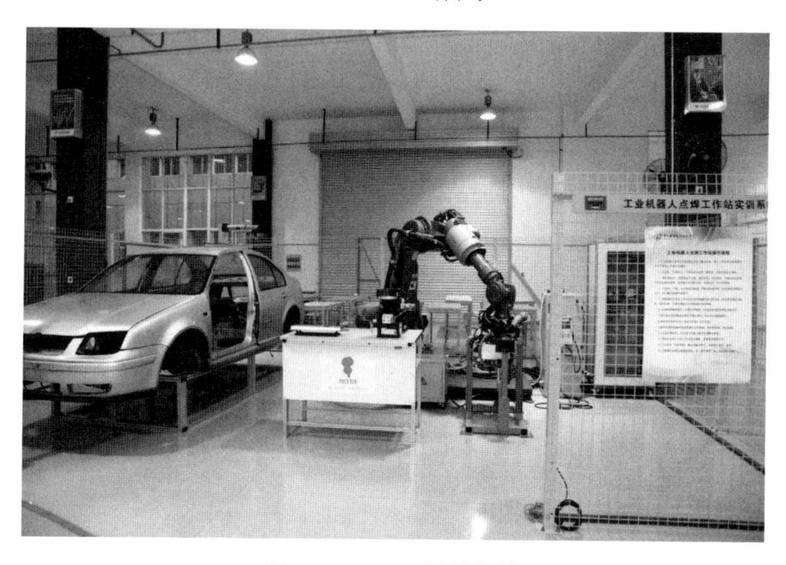

图 1-1-17　机器人焊接

4）机器人涂装

机器人涂装工作站或生产线充分利用了涂装机器人灵活、稳定、高效的特点，适用于生产量大、产品型号多、表面形状不规则的工件外表面涂装，广泛应用于汽车、汽车零配件（如发动机、保险杠、变速箱、弹簧、板簧、塑料件、驾驶室等）、铁路（如客车、机车、油罐车等）、家电（如电视机、电冰箱、洗衣机、电脑、手机等）外壳、建材（如卫生陶瓷）、机械（如减速器）等行业，如图 1-1-18 所示。

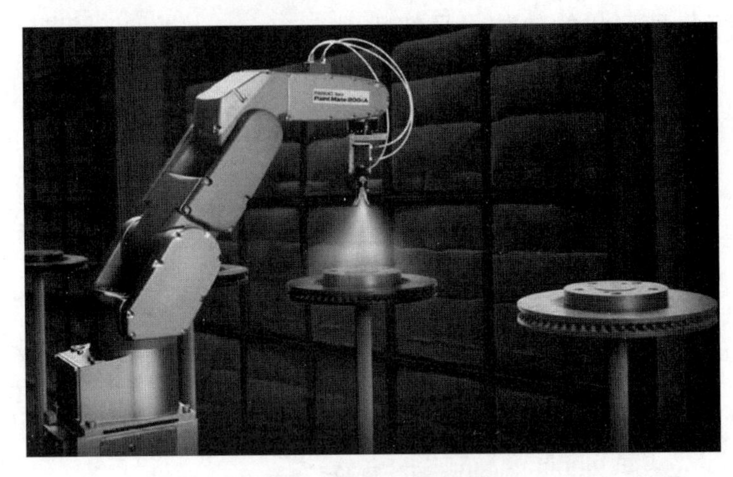

图 1-1-18　机器人涂装

5）机器人装配

装配机器人是柔性自动化系统的核心设备，如图 1-1-19 所示。其末端执行器为适应不同的装配对象而设计成各种手爪，其传感系统用于获取装配机器人与环境和装配对象之间相互作用的信息。与一般的工业机器人相比，装配机器人具有精度高、柔顺性好、工作范围小、能与其他系统配套使用等特点，主要应用于各种电器的制造行业及流水线产品的组装作业，具有高效、精确、可不间断工作等特点。

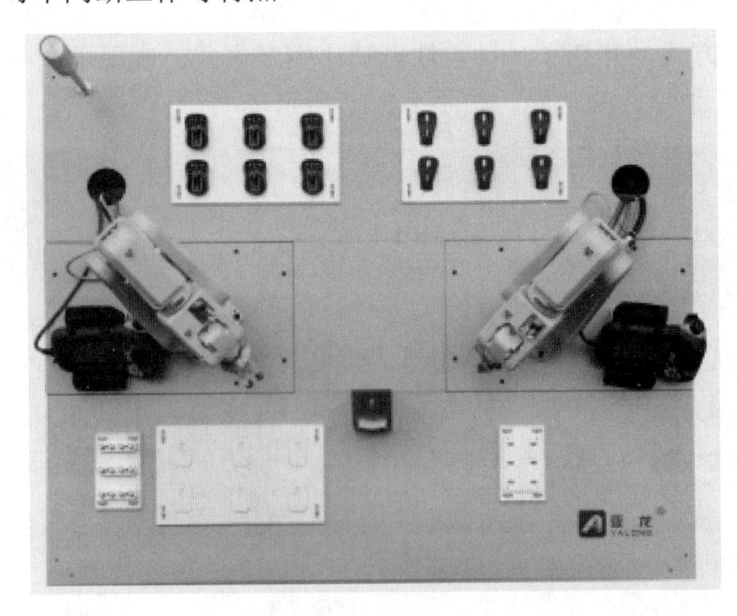

图 1-1-19　装配机器人

综上所述，在工业生产中应用机器人，可以方便迅速地改变作业内容或方式，以满足生产要求的变化，如改变焊缝轨迹、改变涂装位置、变更装配部件或位置等。随着对工业生产线的柔性要求越来越高，对各种机器人的需求也会越来越强烈。

五、工业机器人的安全使用

与一般的自动化设备不同，工业机器人可在动作区域范围内高速自由运动，其最高运行速度可以达到 4m/s，所以在操作机器人时必须严格遵守机器人操作规程，并且熟知工业机器人安全注意事项。

1. 工业机器人安全注意事项

（1）工业机器人的所有操作人员必须对自己的安全负责，在使用工业机器人时必须遵守所有的安全条款，规范操作。

（2）工业机器人程序的编程人员，工业机器人应用系统的设计和调试人员、安装人员必须完成授权培训机构的操作培训后才可单独操作。

（3）在进行工业机器人的安装、维修和保养时切记要关闭总电源。带电操作容易造成电路短路，从而损坏工业机器人，且操作人员也可能有触电危险。

（4）在调试与运行工业机器人时，工业机器人的动作具有不可预测性，所有的动作都有可能产生碰撞从而造成伤害，所以除调试人员以外的所有人员要与工业机器人保持足够的安全距离，一般应与工业机器人工作半径保持 1.5m 以上的距离。

2. 安全操作规程

（1）示教和手动操作工业机器人。

① 不要佩戴手套操作示教盘和操作盘。

② 在点动操作工业机器人时要采用较低倍率的速度以增加对工业机器人的控制时间。

③ 在按下示教盘上的点动键之前要考虑到工业机器人的运动趋势。

④ 要预先考虑好避让工业机器人的运动轨迹，并确认该线路无干涉。

⑤ 机器人周围区域必须清洁，无油、水及杂质等。

⑥ 必须确认现场人员的安全帽、安全鞋、工作服是否齐备。

（2）生产运行。

① 在开机运行前，须知道工业机器人根据所编程序将要执行的全部任务。

② 必须知道所有会控制工业机器人移动的开关、传感器和控制信号的位置和状态。

③ 必须知道工业机器人控制器和外围控制设备上的急停按钮的位置，准备在紧急情况下按这些按钮。

④ 不要认为工业机器人没有移动，其程序就已经全部完成。因为这时工业机器人很有可能是在等待让它继续移动的输入信号。

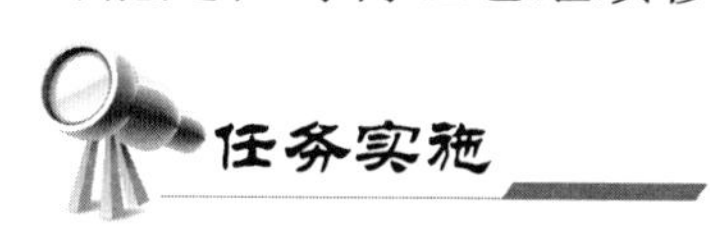

一、任务准备

实施本任务教学所使用的实训设备及工具材料可参考表 1-1-1。

表 1-1-1　实训设备及工具材料

序号	分类	名称	品牌及型号	数量	单位	备注
1	工具	电工常用工具		1	套	
2	设备器材	工业机器人	ABB 型号自定	1	套	
3		工业机器人	KUKA 型号自定	1	套	
4		工业机器人	FANUC 型号自定	1	套	
5		工业机器人	YASKAWA 型号自定	1	套	
6		工业机器人	自定	1	套	

二、观看工业机器人在工厂自动化生产线中的应用录像

记录工业机器人的品牌及型号，查阅相关资料，了解工业机器人的应用场合等并填入表 1-1-2。

表 1-1-2　观看工业机器人在工厂自动化生产线中的应用录像记录表

序号	类型	品牌及型号	应用场合
1	搬运机器人		
2	码垛机器人		
3	装配机器人		
4	焊接机器人		
5	涂装机器人		

三、参观实训室

参观如图 1-1-20 所示的工业机器人编程与操作实训室，记录工业机器人的品牌及型号，并查阅相关资料，了解工业机器人的主要技术指标及特点，填入表 1-1-3。

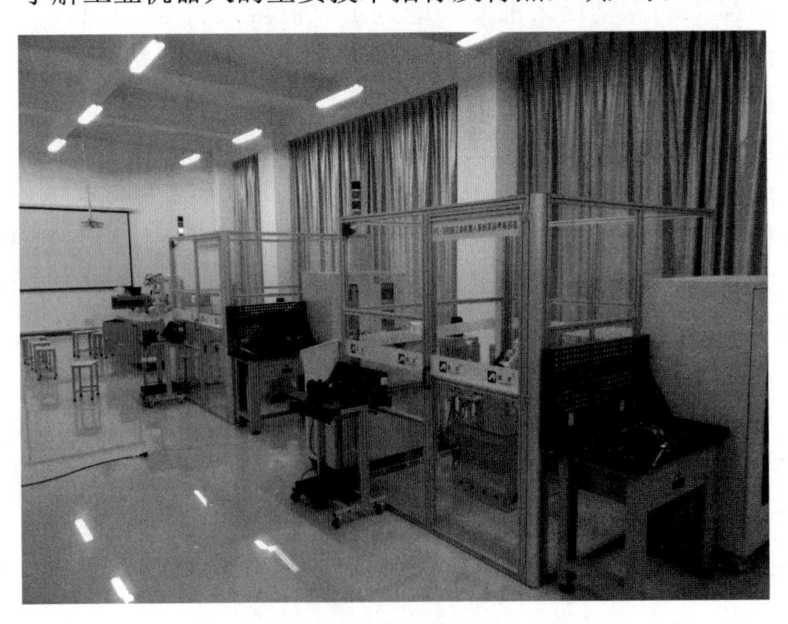

图 1-1-20　工业机器人编程与操作实训室

表 1-1-3　参观实训室记录表

序号	品牌及型号	主要技术指标	特点
1			
2			
3			

四、分组进行简单的机器人操作练习。

在教师的指导下，学生分组进行简单的机器人操作练习，并做好操作记录。

对任务实施的完成情况进行检查，并将结果填入表 1-1-4。

表 1-1-4　任务测评表

序号	主要内容	考核要求	评分标准	配分/分	扣分/分	得分/分
1	观看录像	正确记录工业机器人的品牌及型号，正确描述应用场合	1. 记录工业机器人的品牌、型号有错误或遗漏，每处扣 5 分。 2. 描述主要应用场合有错误或遗漏，每处扣 5 分	20		
2	参观实训室	正确记录工业机器人的品牌及型号，正确描述主要技术指标及特点	1. 记录工业机器人的品牌、型号有错误或遗漏，每处扣 5 分。 2. 描述主要技术指标及特点有错误或遗漏，每处扣 5 分	20		
3	机器人操作练习	1. 观察机器人操作过程，能说出工业机器人的安全注意事项和安全操作规程。 2. 能正确进行工业机器人的操作	1. 不能说出工业机器人的安全注意事项，扣 25 分。 2. 不能说出工业机器人的安全操作规程，扣 25 分。 3. 不能根据控制要求，完成工业机器人的简单操作，扣 50 分	50		
4	安全文明生产	劳动保护用品穿戴整齐，遵守操作规程，讲文明懂礼貌，操作结束要清理现场	1. 操作中违反安全文明生产考核要求的任何一项扣 5 分。 2. 当发现学生有重大事故隐患时，要立即予以制止，并扣 5 分	10		
合　计				100		

任务 2　工业机器人的机械结构和运动控制

✧ 知识目标：

1. 掌握工业机器人的组成及各部分的功能。
2. 熟悉工业机器人控制系统。
3. 了解工业机器人的运动控制。
4. 熟悉示教器的按键功能及使用功能。
5. 掌握工业机器人运动轴和坐标系。
6. 掌握手动控制工业机器人的流程和方法。

✧ 能力目标：

1. 能够正确识别工业机器人的基本组成。
2. 能够正确识别工业机器人控制柜的组成。
3. 会进行工业机器人的系统连接及启动。
4. 能够使用示教器熟练操作工业机器人实现单轴运动、世界坐标运动与用户坐标运动。

工作任务

对工业机器人而言，操作者可以通过示教器来控制机器人关节（轴）动作，也可以通过运行已有的示教程序来实现机器人的自动运行。不过，目前机器人自动运行的程序多数是通过手动操作机器人来创建和编辑的。因此，手动操作机器人是工业机器人示教编程的基础，是完成机器人作业“示教—再现”的前提。本次任务是了解有关工业机器人系统的基本组成、技术参数及运动控制，能够熟练进行机器人坐标系和运动轴的选择，并能够使用示教器熟练操作机器人实现单轴运动、世界坐标运动与用户坐标运动。

相关知识

工业机器人是一种模拟人手臂、手腕和手功能的机电一体化装置，可对物体运动的位置、速度和加速度进行精确控制，从而完成某一工业生产的作业要求。如图 1-2-1 所示，当前工业中应用最多的第一代工业机器人主要由以下几个部分组成：机器人本体（操作机）、控制柜和示教器。对于第二代、第三代工业机器人还包括感知系统和分析决策系统，它们分别由传感器及软件实现。

一、机器人本体

1. 机器人本体的组成

机器人本体是工业机器人的机械主体，是用来完成各种作业的执行机构。一般机器人本体的基本结构主要包括机身、臂部（分为上下臂或大小臂）、腕部。图 1-2-2 所示为 FANUC 六自由

度关节机器人的基本结构，其中，两个基座主要起支撑作用，连接机身与底座关节 J1 可做回转运动，机身与大臂构成肩关节 J2 驱动大臂做俯仰运动，大小臂之间构成肘关节 J3 驱动小臂做俯仰运动。J4、J5、J6 三个关节分别驱动手臂做横摆运动、手腕做俯仰运动与回转运动。六个关节的运动均由交流伺服电动机驱动，以实现大惯量负载运动控制和精确定位的要求。为适应不同的用途，机器人操作机最后一个轴的机械接口通常为一个连接法兰，可接装不同的机械操作装置（习惯上称为末端执行器），如夹紧爪、吸盘、焊枪等。

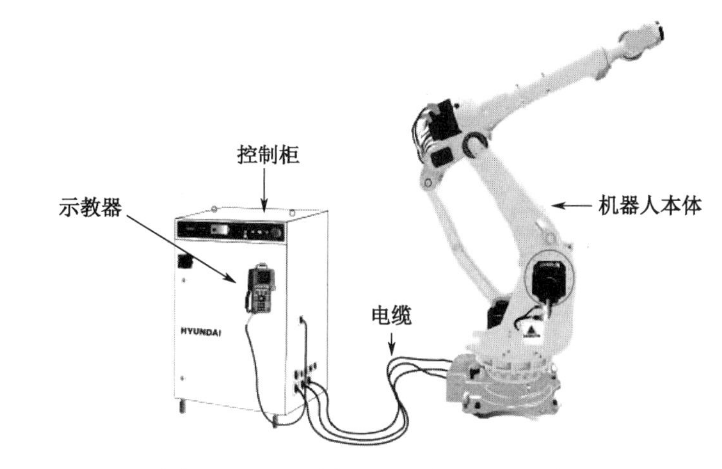

图 1-2-1　工业机器人系统组成示意图

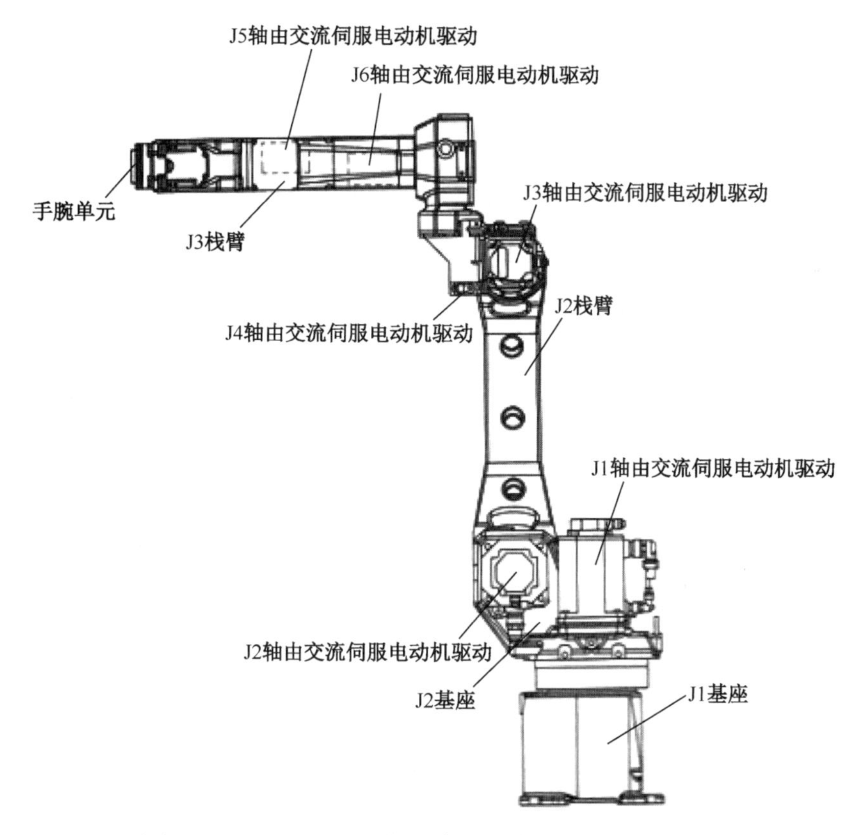

图 1-2-2　FANUC 六自由度关节机器人的基本结构

2．机器人关节轴

1）机器人关节轴方向

机器人六个关节轴可以分别控制，关节轴正负方向的定义如图 1-2-3 所示。

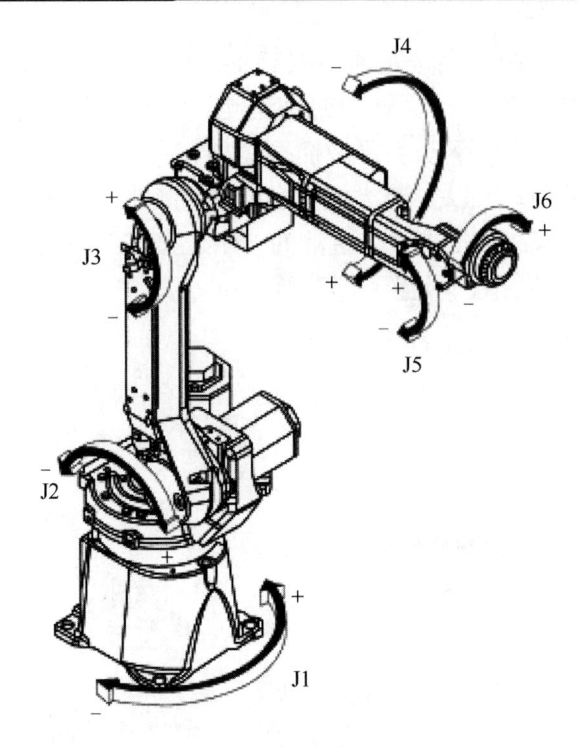

图 1-2-3　关节轴正负方向的定义

2）关节轴极限

在机器人关节轴上分别设有原点和可动范围，控制轴到达可动范围的极限称为超程（OT）。通常情况下，机器人运行时都不会超出可动范围，除非出现伺服系统异常或系统出错等情况，导致原点位置丢失，为了确保机器人运行可靠，对可动范围的限制可采用机械式控制器。

图 1-2-4 所示为机器人 J1 轴的可动范围，其中图 1-2-4（a）所示为未选择机械式控制器，J1 轴的可动范围为-180°～+180°；图 1-2-4（b）所示为选择了机械式控制器，J1 轴的可动范围为-170°～+170°或-172°～+172°。

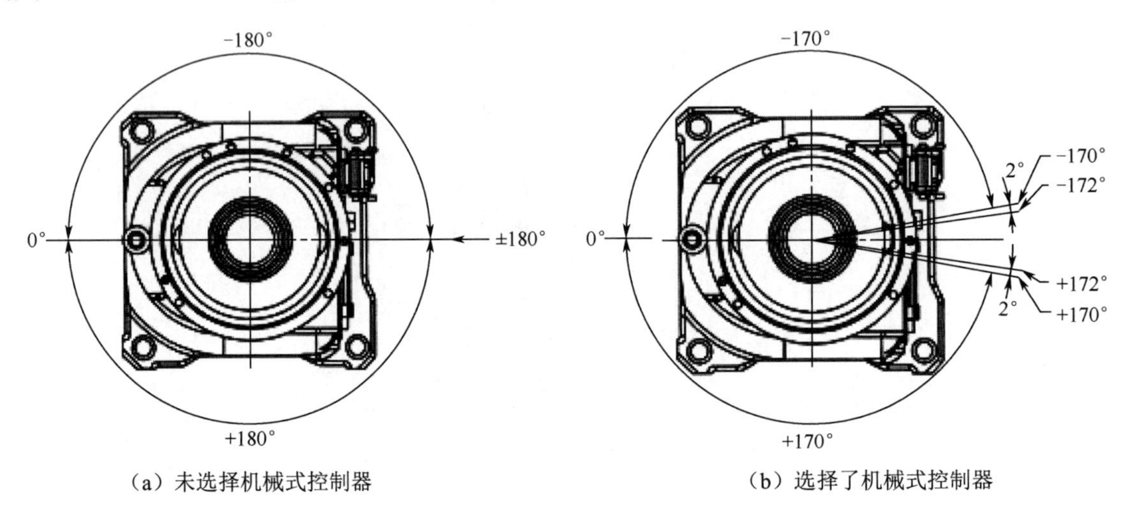

（a）未选择机械式控制器　　（b）选择了机械式控制器

图 1-2-4　机器人 J1 轴的可动范围

3．机器人作业范围

作业范围是机器人运动时手臂末端或手腕中心所能达到的所有点的集合，又称为工作区域。由于末端执行器的形状与尺寸多样，为真实反映机器人的特征参数，一般机器人作业范

围是指不安装末端执行器时的手臂末端或手腕中心所能达到的所有点的集合。

机器人作业范围的形状、大小很重要，如果机器人执行作业时存在不能达到的任务范围，说明机器人的选型或安装存在问题。图 1-2-5 所示为 FANUC M-10i 机器人的作业范围［J5 轴的旋转中心（P 点）能够到达的范围］。

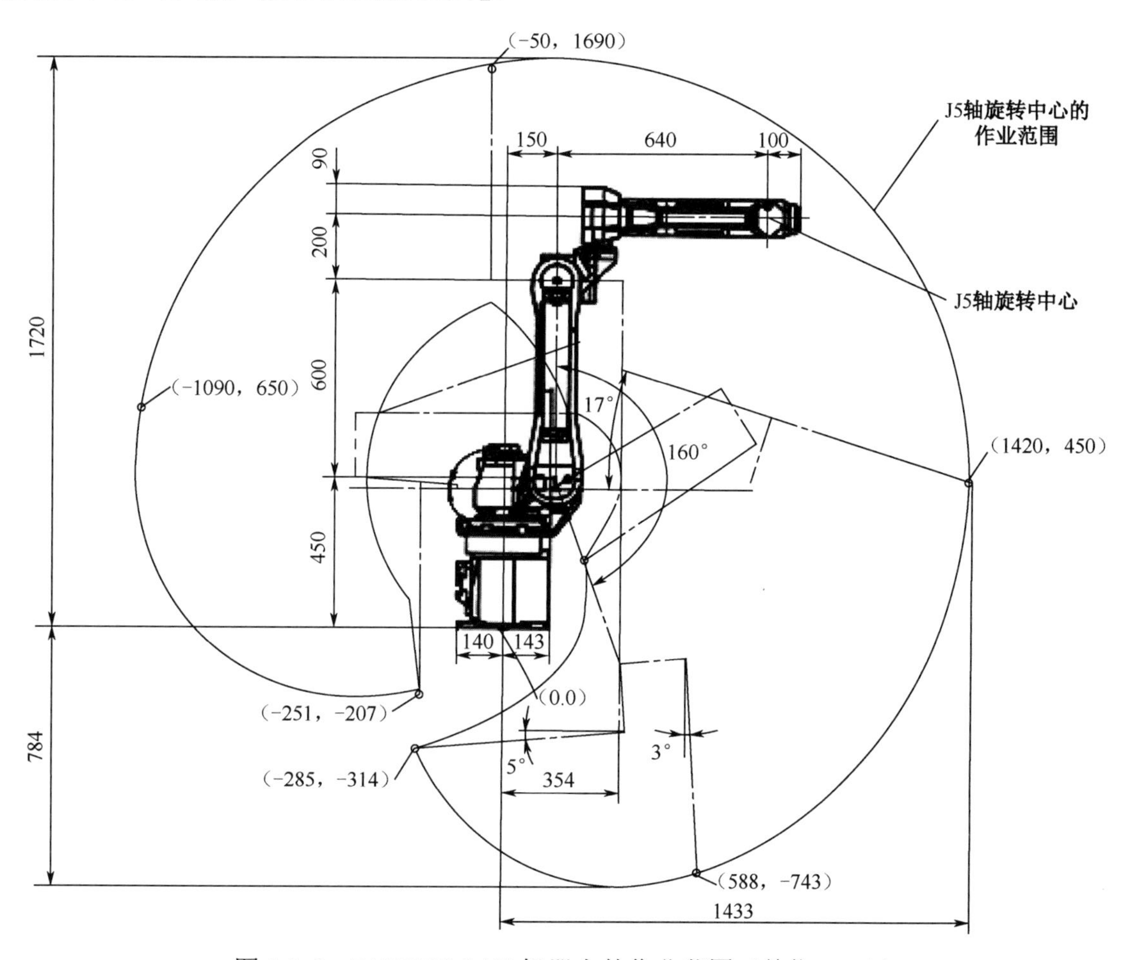

图 1-2-5　FANUC M-10i 机器人的作业范围（单位：mm）

4．末端执行器

工业机器人的手部也称为末端执行器，它是装在工业机器人手腕上直接抓握工件或执行作业的部件。对于工业机器人来说手部是与完成作业好坏、保持作业柔性优势有直接关系的关键部件之一。图 1-2-6、图 1-2-7 所示分别为有指型机械手与无指型机械手（吸盘式）。此外，末端执行器还可以是进行专业作业的工具，如装在机器人手腕上的焊接工具（焊枪）（见图 1-2-8）、喷漆枪等。

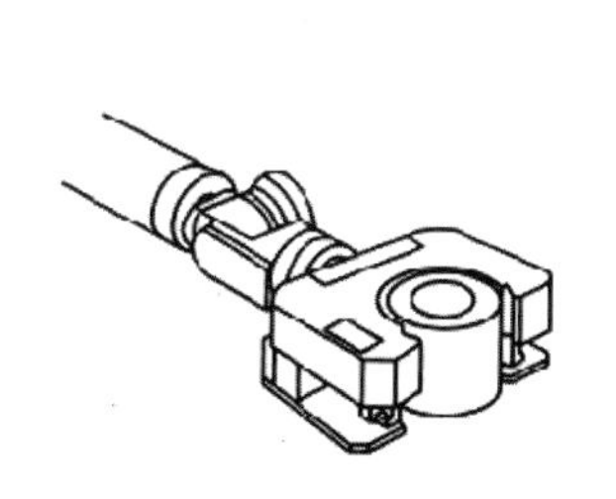

图 1-2-6　有指型机械手

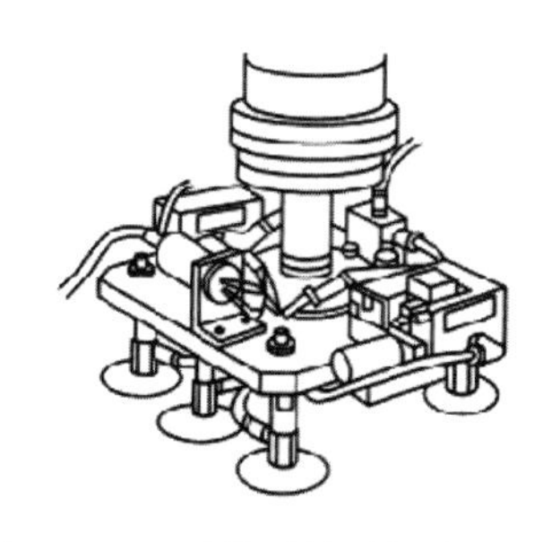

图 1-2-7　无指型机械手（吸盘式）

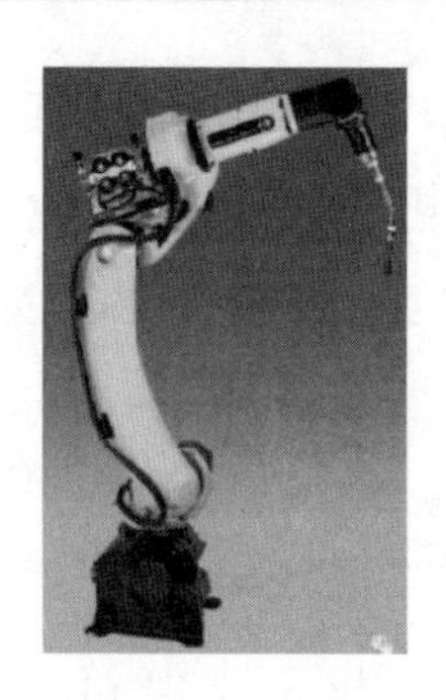

图 1-2-8　机器人焊接工具（焊枪）

5．FANUC M-10iA 机器人技术参数

FANUC M-10iA 机器人的技术参数如表 1-2-1 所示。

表 1-2-1　FANUC M-10iA 机器人的技术参数

项目		技术参数
动作形态		垂直多关节型
控制轴数		J1、J2、J3、J4、J5、J6 共六轴
最大动作范围	J1	−180°～+180°
	J2	−90°～+160°
	J3	−180°～+264.5°
	J4	−190°～+190°
	J5	−140°～+140°（电缆内置 J3 机械臂）
	J6	−270°～+270°（电缆内置 J3 机械臂）
最大动作速度（°/s）	J1	210
	J2	190
	J3	210
	J4	400
	J5	400
	J6	600
机械手腕允许负载力矩/（N·m）	J4	15.7
	J5	9.8
	J6	5.9
机械手腕允许负载惯量/（kg·m^2）	J4	0.63
	J5	0.22
	J6	0.061
安装条件	环境温度	0～45℃
	环境湿度	通常为 75%RH 以下
	允许高度	海拔 1000m 以下
	振动加速度	4.9m/s^2 以下
	其他	不应有腐蚀性气体，噪声在 70dB（A）以下
驱动方式		基于交流伺服电动机的电气伺服驱动
负载能力/kg		6
重复定位精度/mm		±0.08
机器人本体质量/kg		130

6. 机械手腕负载条件

FANUC M-10iA 机器人在使用时，负载应满足负载线图所示范围。FANUC M-10iA 机器人的机械手腕部允许负载线图如图 1-2-9 所示。使用时应同时符合机械手腕允许负载力矩、机械手腕允许负载惯量等要求，相关机械手腕允许负载力矩、机械手腕允许负载惯量要求详见表 1-2-1。

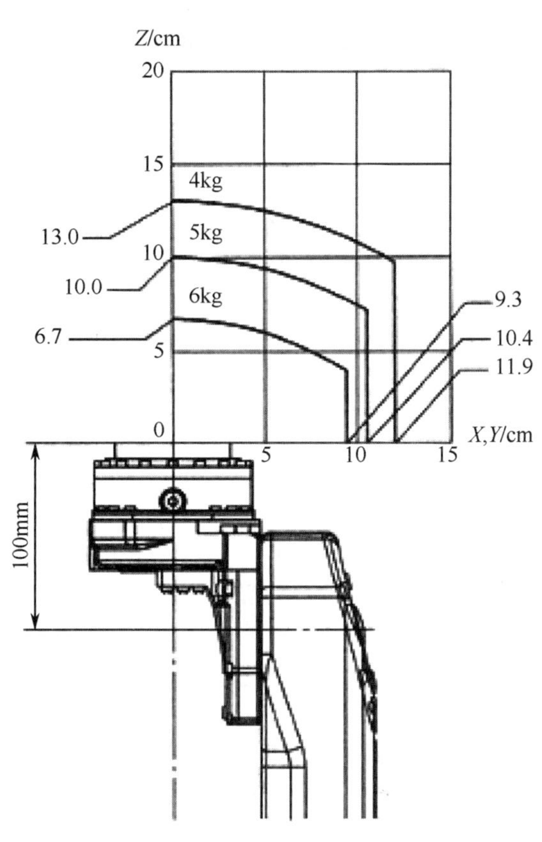

图 1-2-9　FANUC M-10iA 机器人的机械手腕部允许负载线图

二、机器人控制系统

机器人控制系统是工业机器人的重要组成部分。FANUC 机器人控制系统主要分为硬件和软件两部分。硬件部分即控制装置，主要由电源装置、用户接口电路、运动控制电路、存储电路、I/O（输入/输出）电路等构成，其中运动控制电路通过主 CPU（中央处理器）印制电路板控制包含附加轴在内的所有轴的伺服放大器，以实现对关节伺服电动机的运行控制；存储电路可将用户设定的程序和数据存储在主 CPU 印制电路板上的 CMOS（互补金属氧化物半导体）RAM（随机存储器）内；I/O 电路通过 I/O 模块接收或发送信号实现与外围设备的信息交互，遥控 I/O 信号用于与遥控装置间的通信。用户在进行控制装置的操作时，一般使用示教器操作盘和操作面板。图 1-2-10 所示为 FANUC 机器人的控制装置外形图。图 1-2-11 所示为 FANUC R-30iA Mate 控制器的电气连接方框图。

软件主要指机器人轨迹规划算法、关节位置控制程序，以及系统的管理、运行与监控等功能的实现。

FANUC R-30iA Mate 机器人系统采用 32 位 CPU 控制实现机器人运动插补、坐标变换运

算；采用 64 位数字伺服单元，同步控制六轴运动。主板、I/O 印制电路板、急停单元、电源单元（PSU）、后面板、示教器、六轴伺服放大器、操作面板、变压器等构成了控制系统的基本单元，如图 1-2-11 所示。

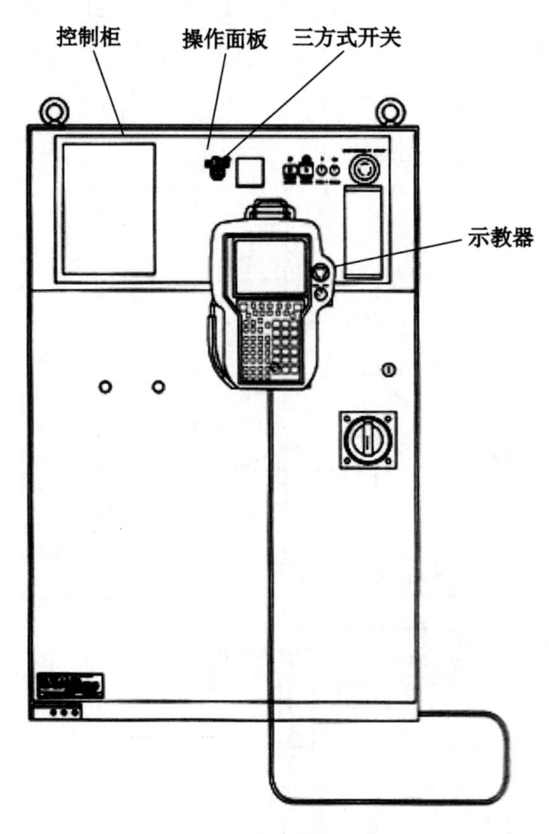

图 1-2-10　FANUC 机器人的控制装置外形图

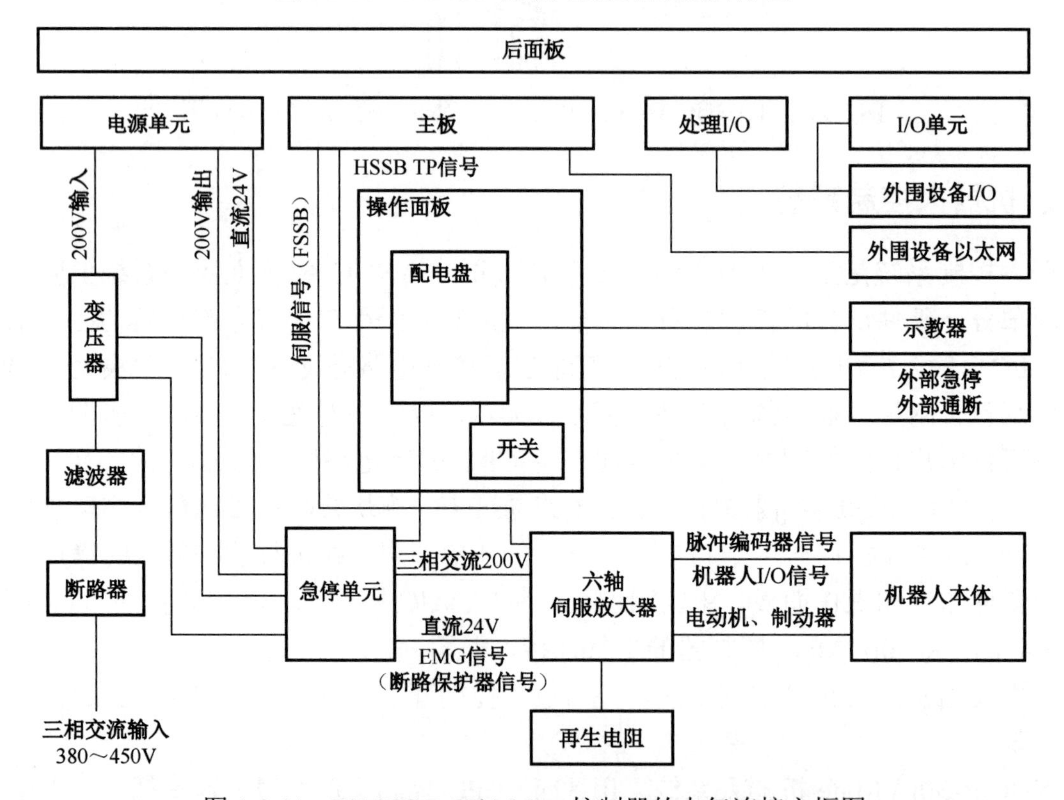

图 1-2-11　FANUC R-30iA Mate 控制器的电气连接方框图

1. 控制单元的功能

1）主板与 I/O 印制电路板

主板上安装有微处理器、存储器及操作面板控制的电路。此外，主板还有伺服系统的位置控制电路。I/O 印制电路板分为处理 I/O 与 I/O 单元，处理 I/O 与 I/O 单元间采用 FANUC I/O Link 连接。

2）急停单元

急停板、电机控制中心（MCC）单元用来对急停系统、伺服放大器的电磁接触器等进行控制。

3）电源单元

电源单元将交流电转换为各类直流电。

4）后面板

后面板用来安装各类控制板的底板，其中电源单元、主板与处理 I/O 均安装在后面板上。

5）示教器

机器人 JOG（手动操作）进给，用户作业程序创建、程序测试、操作执行和状态确认等都是通过示教器进行的。示教器上的液晶显示屏用于显示控制装置状态与数据。

6）六轴伺服放大器

六轴伺服放大器用于伺服电动机的控制、脉冲编码器信号的接收、电动机控制器控制、超程及机械手断裂等方面的控制。

7）操作面板

操作面板上有急停按钮、启动按钮、报警解除按钮、报警灯、三方式开关、断路器等。

8）再生电阻

再生电阻用来释放伺服电动机的反电动势，连接在伺服放大器上。

2. 示教器

示教器也称为示教编程器或示教盒，主要由液晶显示屏和操作按键组成，可由操作人员手持移动。它是机器人的人机交互接口，机器人的所有操作基本上都是通过示教器来完成的，如点动机器人，编写、测试和运行机器人程序，设定、查阅机器人状态设置和位置等。示教时的数据流关系如图 1-2-12 所示。实际操作时，当用户按下示教器上的按键时，示教器通过线缆向主控计算机发出相应的指令代码（S0）；此时，主控计算机上负责串口通信的通信子模块先接收指令代码（S1）；然后由指令解释模块分析判断该指令代码，并进一步向相关模块发送与指令代码相应的消息（S2），以驱动有关模块完成该指令代码要求的具体功能（S3）；同时，为让操作用户时刻掌握机器人的运动位置和各种状态信息，主控计算机的相关模块同时将状态信息（S4）经串口发送给示教器（S5），在液晶显示屏上显示，从而与用户沟通，完成数据的交换功能。因此，示教器实质上就是一个专用的智能终端。

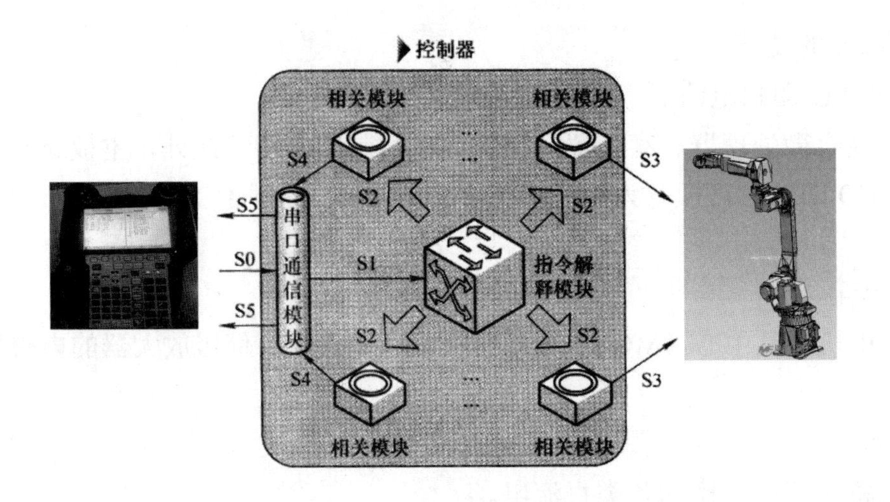

图 1-2-12　示教时的数据流关系

1）示教器的组成

机器人示教器是一种手持式操作装置，用于执行与操作机器人有关的任务，如编写程序、运行程序、修改程序、手动操作、参数配置、监控机器人状态等。示教器由液晶显示屏、LED、监控开关、示教器有效开关（ON/OFF 开关）、迪曼开关和急停按钮等组成。操作机器人时需将示教器置于有效状态，示教器处在无效状态时，不能进行 JOG 进给，程序创建、运行及测试等操作。迪曼开关是机器人伺服使能开关，在示教器处于有效状态下松开迪曼开关时，机器人将进入急停状态。当急停按钮按下时，不管示教器有效开关的状态如何，都使机器人立即进入急停状态。图 1-2-13 所示为示教器的结构示意图。图 1-2-14 所示为示教器状态栏各部分的含义。

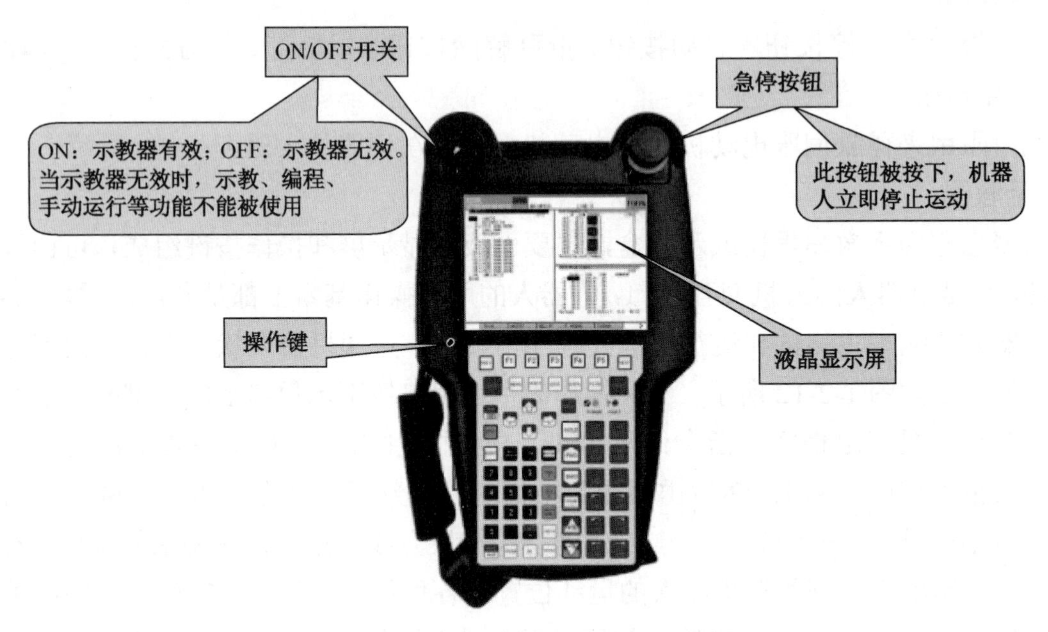

图 1-2-13　示教器的结构示意图

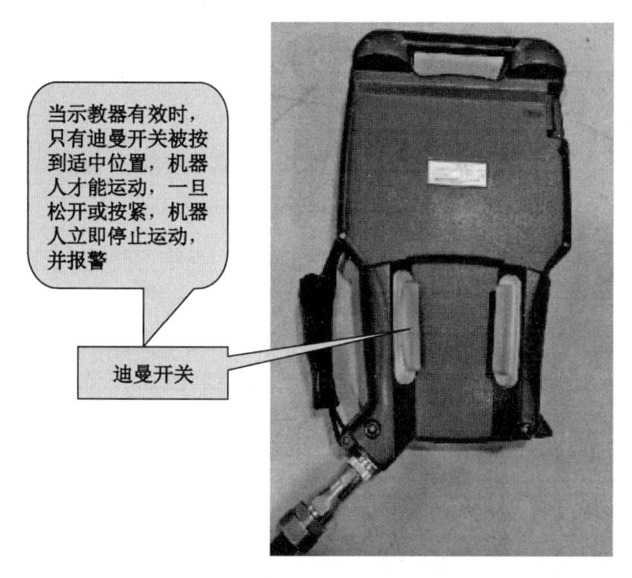
当示教器有效时，只有迪曼开关被按到适中位置，机器人才能运动，一旦松开或按紧，机器人立即停止运动，并报警
迪曼开关

图 1-2-13　示教器的结构示意图（续）

指示灯亮，分别表示：	
Busy	控制器在处理信息
Step	机器人处于单步模式
Hold	机器人正处于Hold （暂停）状态，在此状态中，该指示灯不保持常亮
Fault	有故障发生
Run	正在执行程序
Gun	功能根据应用程序而定
Weld	
I/O	

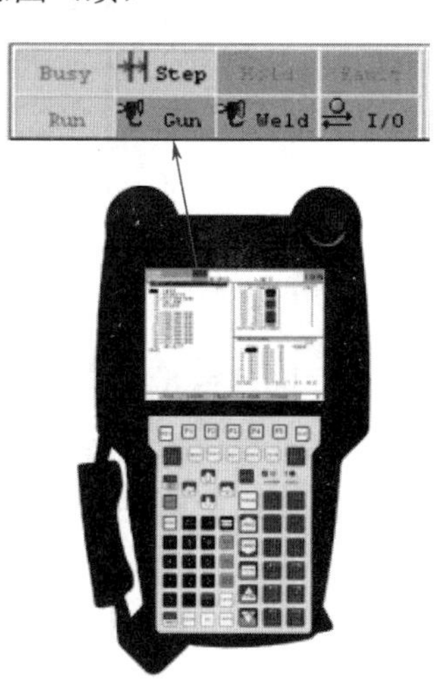
Busy
Step
Run
Gun
Weld
I/O

图 1-2-14　示教器状态栏各部分含义

2）示教器上键控开关的功能

示教器的键控开关有四类，分别为与菜单相关的键控开关、与应用相关的键控开关、与执行相关的键控开关及与编辑相关的键控开关，如图 1-2-15 所示。各类键控开关的功能如表 1-2-2～表 1-2-5 所示。

表 1-2-2　与菜单相关的键控开关

按键	功能
F1 F2 F3 F4 F5	F 功能键，用来选择功能键菜单
NEXT	翻页键，将功能键菜单切换到下一页
MENU	主菜单键，用来显示画面菜单
FCTN	辅助菜单键，用来显示辅助菜单

续表

按键	功能
SELECT	程序选择键，用来显示程序一览画面
EDIT	编辑键，用来显示程序编辑画面
DATA	数据键，用来显示数据画面
OTF	OTF 键，用来显示焊接微调整画面

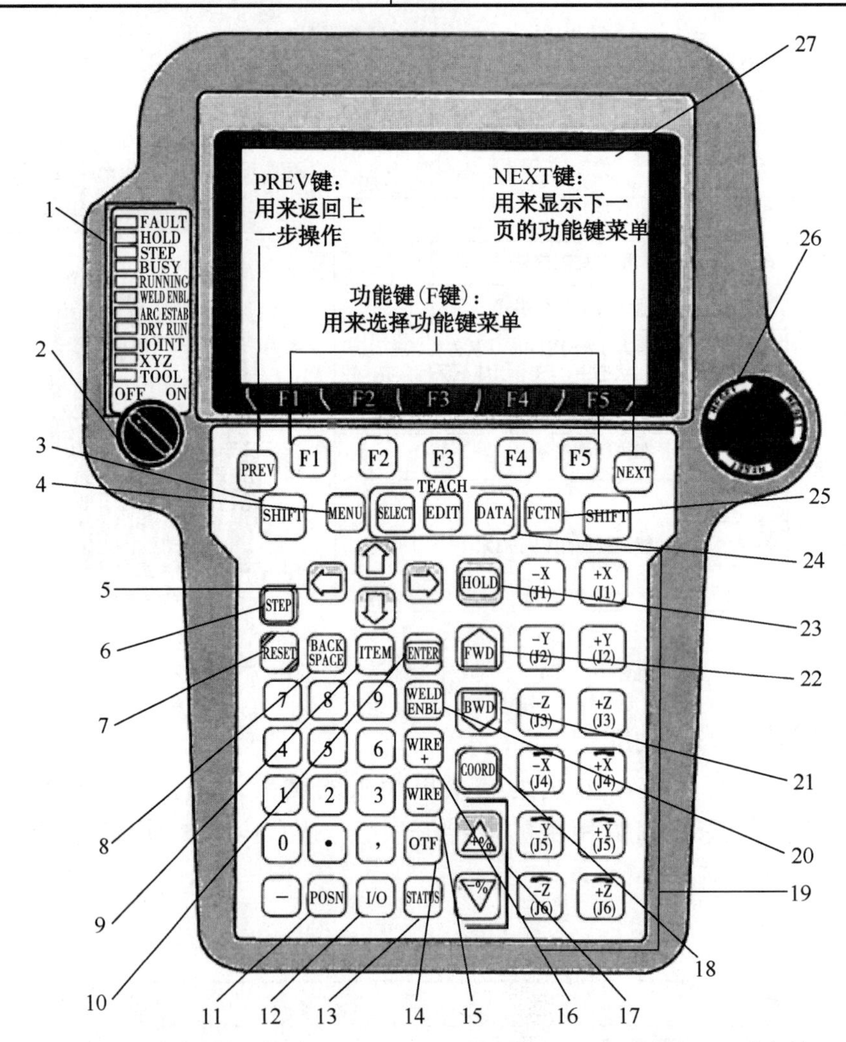

1—状态显示 LED；2—示教器有效开关（ON/OFF）；3—SHIFT 键；4—MENU 键；5—光标键；6—STEP 键；7—RESET 键；8—BACKSPACE 键；9—ITEM 键；10—ENTER 键；11—POSN 键；12—I/O 键；13—STATUS 键；14—OTF 键；15—WIRE 键；16—WIRE+键；17—倍率键；18—COORD 键；19—JOG 键；20—WELD ENBL 键；21—BWD 键；22—FWD 键；23—HOLD 键；24—SELECT 键，EDIT 键，DATA 键；25—FCTN 键；26—急停按钮；27—液晶显示屏。

图 1-2-15　示教器按键

表 1-2-3　与应用相关的键控开关

按键	功能
WIRE +	与 SHIFT 键同时按下时，手动进送金属线
WIRE −	与 SHIFT 键同时按下时，手动回绕金属线
SHIFT	SHIFT 键与其他键同时按下时，可以进行 JOG 进给、位置数据的示教、程序的启动等
−Z (J3) −Y (J2) −X (J1) +Z (J3) +Y (J2) +X (J1) −Z (J6) −Y (J5) −X (J4) +Z (J6) +Y (J5) +X (J4)	JOG 键，与 SHIFT 键同时按下时实现机器人的手动进给
COORD	坐标系切换键，切换顺序：JOINT（关节坐标系）—JGFRM（笛卡儿坐标系）—TOOL（工具坐标系）—USER（用户坐标系）
+% −%	倍率键，可进行速度倍率的变更：VFINE（微速）—FINE（低速）—1%—5%—50%—100%

表 1-2-4　与执行相关的键控开关

按键	功能
FWD BWD	FWD（前进）键、BWD（后退）键，在同时按下 SHIFT 键时用于程序的启动。程序执行中松开 SHIFT 键时，程序暂停
HOLD	暂停建，用来中断程序的执行
ENTER	回车键，用于单步运转与连续运转的切换

表 1-2-5　与编辑相关的键控开关

按键	功能
PREV	返回键，用于将显示状态返回到前面的状态
ENTER	回车键，用来数值的输入和菜单的选择
BACK SPACE	退格键，用于删除光标位置前一数字或字符
↑ ← → ↓	光标键，用于移动光标
ITEM	项目选择键，用于输入行编号后移动光标

3）示教器上 LED 的含义

示教器上 LED 的详细分布如图 1-2-16 所示，LED 显示名称与含义如表 1-2-6 所示。

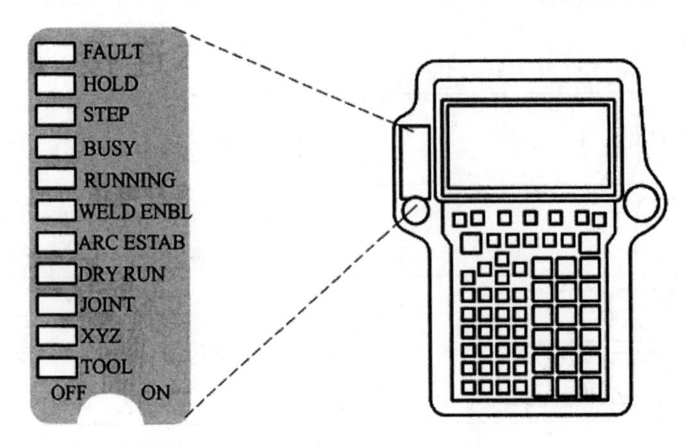

图 1-2-16　示教器上 LED 的详细分布

表 1-2-6　LED 显示名称与含义

LED 显示	含义
FAULT（报警）	表示报警
HOLD（保持）	表示按下了 HOLD 按钮，或者输入了 HOLD 信号
STEP（步进）	表示机器人处在步进运转方式下
BUSY（处理中）	表示机器人正在进行某项作业。除了程序的执行，还可以出现在打印机和软驱操作过程中
RUNNING（程序执行）	表示正在执行程序
WELD ENBL（可以焊接）	表示弧焊处于有效状态
ARC ESTAB（电弧产生中）	表示正在执行弧焊
DRY RUN（空运行）	表示空运行处于有效状态
JOINT（手动关节）	表示手动进给坐标系为关节坐标系
XYZ（手动笛卡儿坐标系）	表示手动进给坐标系为 JOG 坐标系、世界坐标系或用户坐标系
TOOL（手动工具）	表示手动进给坐标系为工具坐标系

4）示教器的手持方式

示教器的手持方式如图 1-2-17 所示。用左手持或双手持，四指穿过张紧带，指头触摸后面板上的迪曼开关，掌心与拇指握紧示教器。

图 1-2-17　示教器的手持方式

3. 操作面板

控制柜操作面板如图 1-2-18 所示，上面附带按钮、开关与连接器等。可以通过操作面板上配置的按钮，进行程序的启动、报警的解除等操作。标准操作面板上没有电源开关按钮，电源的通断操作通过控制装置的断路器进行。

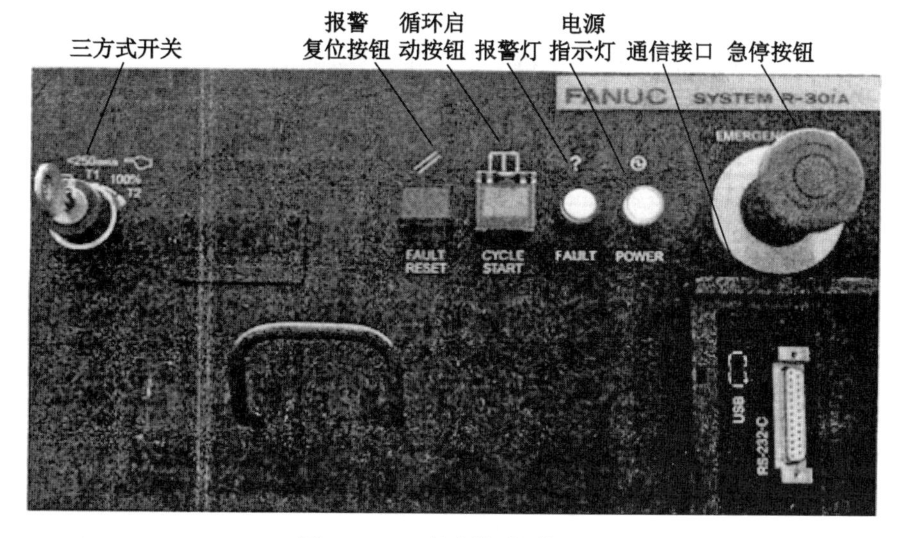

图 1-2-18　控制柜操作面板

三、机器人本体连接

1. 本体与控制柜的连接

机器人本体与控制柜之间的连接电缆包括动力电缆、信号电缆与接地线，如图 1-2-19 所示。机器人本体侧电缆连接于基座背面的连接器，如图 1-2-20 所示。

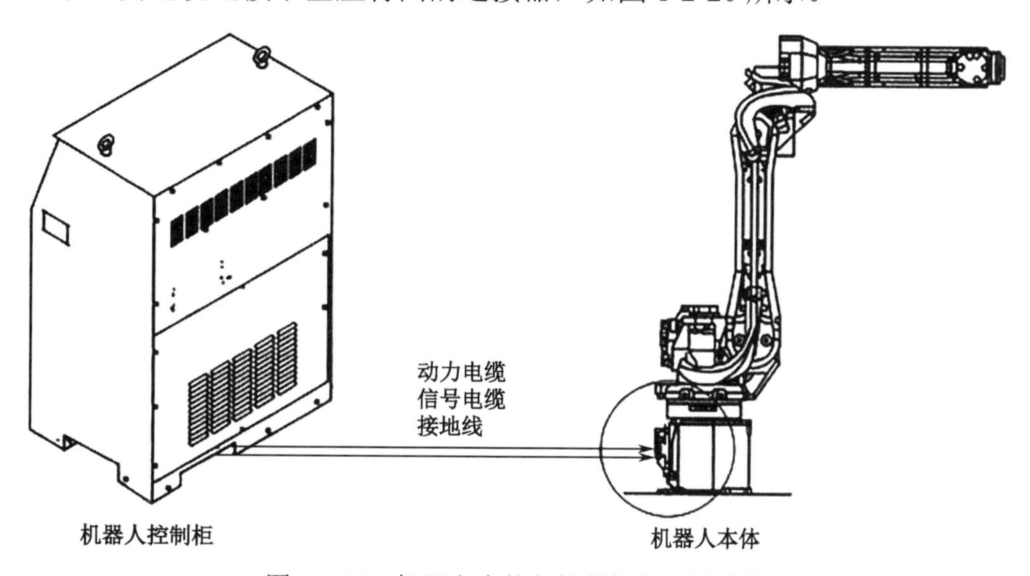

图 1-2-19　机器人本体与控制柜间的连接图

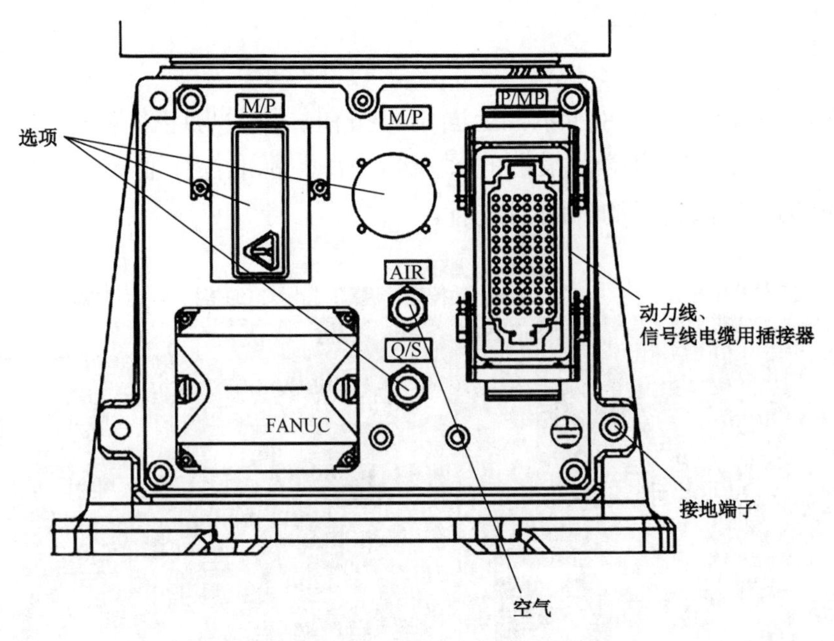

图 1-2-20　基座背面的连接器图

2．压缩空气配管

配有气动手爪、真空吸盘等装置的机器人需要进行压缩空气配管，压缩空气配管指供给机器人的压缩空气需要配置相应的供气管路。图 1-2-21 给出了安装有气动三联件（空气过滤器、减压阀与油雾器）的压缩空气配管实例。在油雾器中注入透平油，一直注入到规定油位为止。

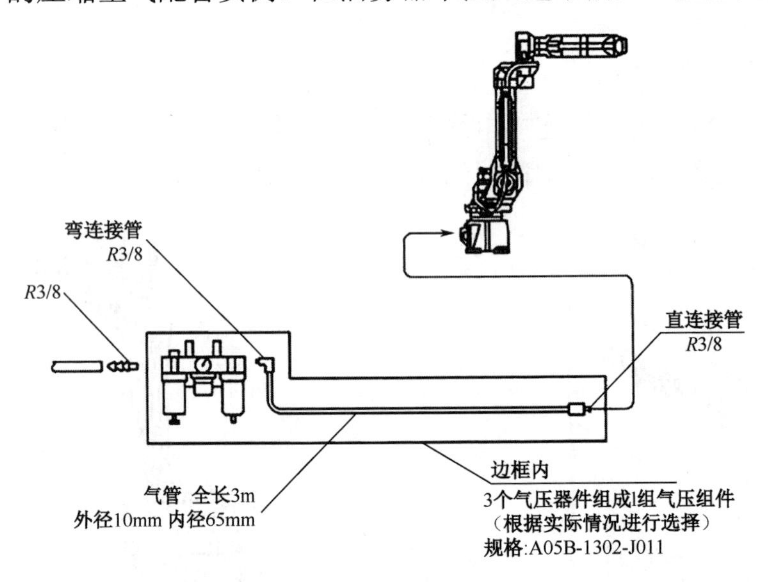

图 1-2-21　压缩空气配管实例

四、机器人坐标系的分类

机器人坐标系是为了确定机器人的位置和姿态而在机器人上或空间上定义的位置坐标系。机器人坐标系可分为关节坐标系和笛卡儿坐标系两大类。

1．关节坐标系

关节坐标系是设定在机器人关节中的坐标系，六轴关节机器人有六个关节坐标 J1～J6，

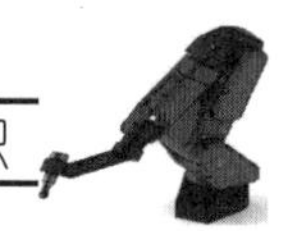

如图 1-2-22 所示。

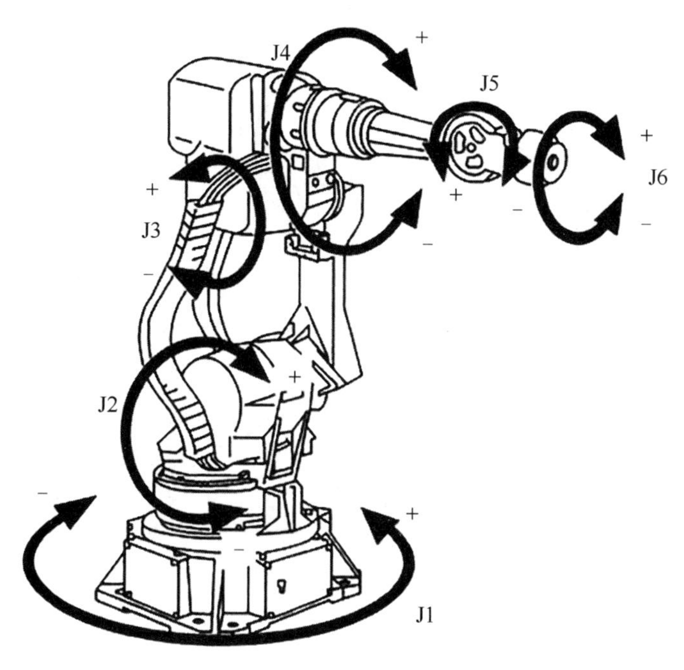

图 1-2-22　机器人关节坐标系

2. 笛卡儿坐标系

机器人笛卡儿坐标系可分为世界坐标系（World）、手动坐标系（Jgfrm）、工具坐标系（User）等。上述全部坐标系的共同点为，它们都是由右手定则来确定的，当已知两个坐标方向时，剩余的坐标方向是唯一的，笛卡儿坐标系如图 1-2-23 所示。旋转坐标系以右手螺旋前进方向为正时，围绕 X、Y 和 Z 轴线转动分别定义为 w、p、r，如图 1-2-24 所示。

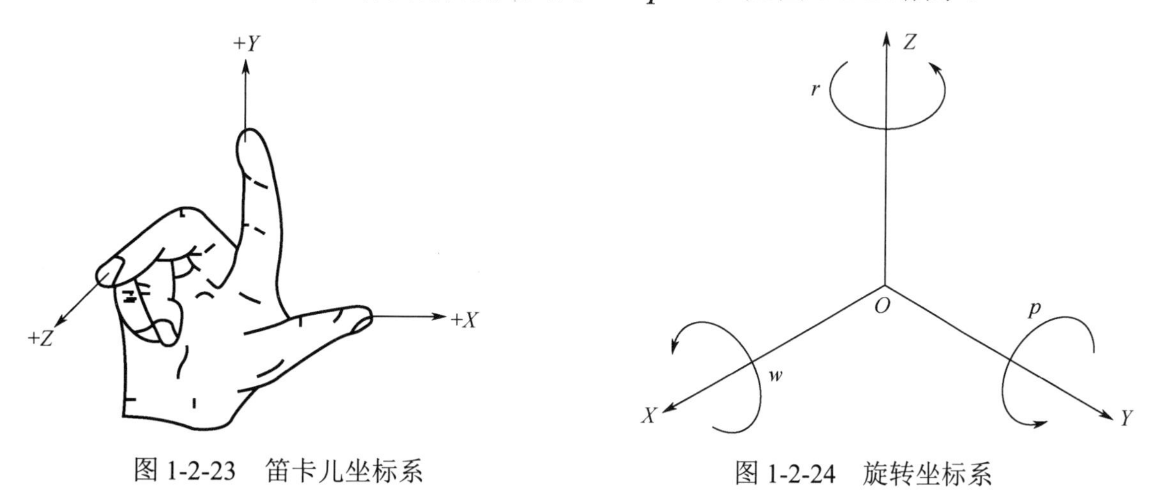

图 1-2-23　笛卡儿坐标系　　图 1-2-24　旋转坐标系

1）世界坐标系

世界坐标系又称为通用坐标系，是被固定在空间上的标准直角坐标系，其固定在由机器人事先确定的位置，如图 1-2-25 所示。它用于位置数据的示教与执行，用户坐标系、手动坐标系等都是基于世界坐标系而设定的。

2）手动坐标系

手动坐标系是在作业区域中为了有效进行手动运动控制而在机器人作业空间内定义的

笛卡儿坐标系。手动坐标系只有在手动控制坐标轴并选择了手动坐标系时才生效，其原点没有特殊含义。在没有定义的情况下，手动坐标系与世界坐标系相同。

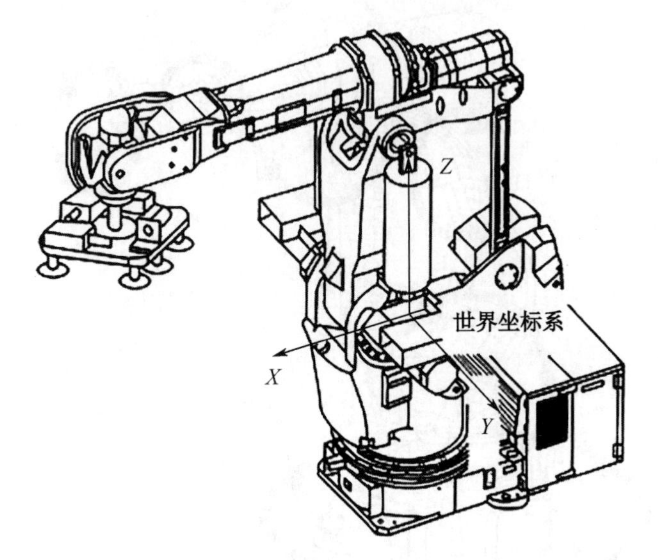

图 1-2-25　机器人世界坐标系

3）机械接口坐标系

机械接口坐标系是以机械接口为参照系的坐标系，默认设置时其原点是机械接口的中心，也就是 J6 轴的法兰盘中心，如图 1-2-26 所示。Z_m 轴的正方向垂直于机械接口平面，并指向末端执行器；X_m 轴的正方向由机械接口平面与世界坐标系中的 X−Z 平面（或平行于 X−Z 的平面）的交线来定义，一般远离世界坐标系中的 Z 轴。

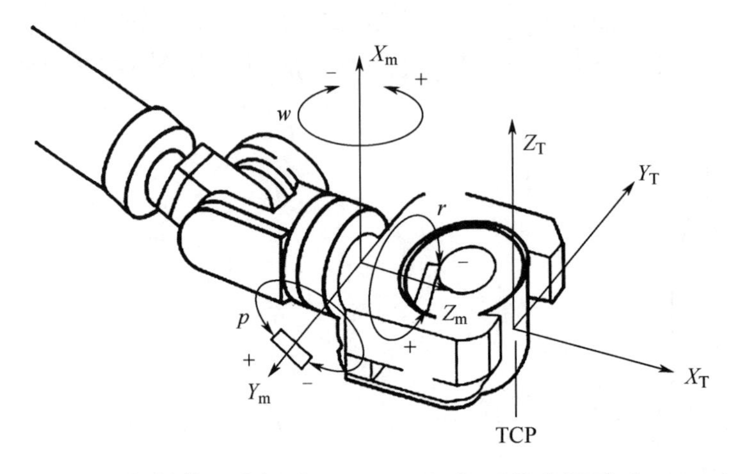

图 1-2-26　机械接口坐标系（$X_mY_mZ_m$）与工具坐标系（$X_TY_TZ_T$）

4）工具坐标系

工具坐标系是表示工具中心点（Tool Center Point，TCP）和工具姿态的直角坐标系。一般以 TCP 为原点，取工具方向为 Z 轴。未定义工具坐标系时，由机械接口坐标系来替代工具坐标系，如图 1-2-26 中的工具坐标系（$X_TY_TZ_T$）是由机械接口坐标系（$X_mY_mZ_m$）经平移、旋转变换后得到的。

5）用户坐标系

用户坐标系是用户对每个作业空间定义的笛卡儿坐标系，通过相对世界坐标系原点位置及 X 轴、Y 轴、Z 轴周围的旋转角 w、p、r 来定义。它一般用于位置寄存器的示教与执行，位置补偿指令的执行等。未定义时，用户坐标系由世界坐标系所取代，如图 1-2-27 所示。

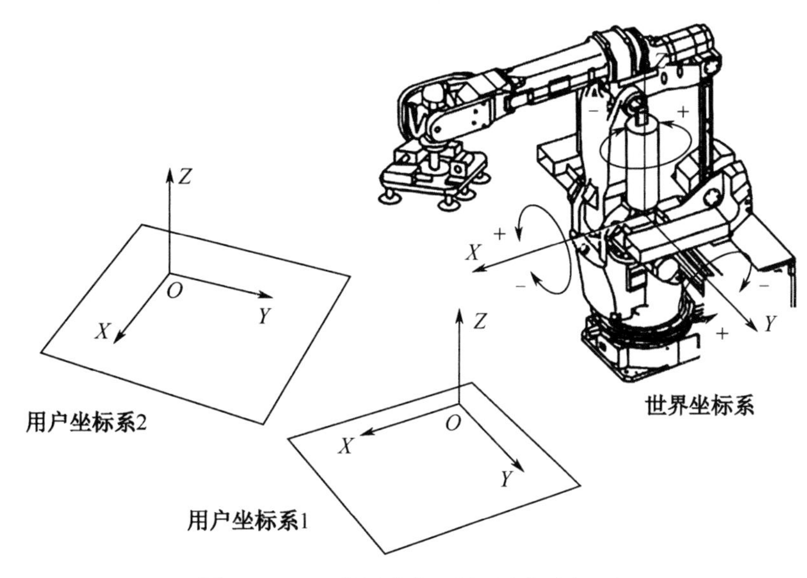

图 1-2-27　世界坐标系与用户坐标系

五、机器人的手动控制

机器人的手动控制是通过示教器上的按键操作机器人的一种进给方式，而程序中动作指令的示教，需要先手动控制机器人移动到达目标位置后，再记录该位置。

1．机器人的启动方式

机器人接通电源时通常执行冷启动或热启动的内部处理，通电前需要确认系统的启动方式。FANUC 机器人有四种启动方式：初始化启动、控制启动、冷启动和热启动。在日常作业中，一般使用冷启动或热启动，这由系统变量 Use Hot Start 来设定；日常运转中不采用初始化启动与控制启动，一般在机器人维修时使用。

1）初始化启动

执行初始化启动时，将删除所有程序、恢复默认值。初始化完成后，自动进入控制系统。

2）控制启动

执行控制启动时，可以进行系统变量更改、系统文件读取及机器人设定等操作。另外还可以从控制启动菜单的辅助菜单执行机器人冷启动。

3）冷启动

冷启动是在停电处理无效（系统变量 Use Hot Start 为 FALSE）的情况下执行常规通电操作时使用的一种启动方式。此时程序的执行状态为“结束”状态，输出信号全部断开。冷启动完成后，可以操作机器人。即使在停电处理有效（系统变量 Use Hot Start 为 TRUE）时，也可以通过通电时的操作执行冷启动。

4）热启动

热启动是在停电处理有效且执行常规通电操作时所使用的一种启动方式。程序的执行状态及输出信号保持电源切断时的状态。热启动完成后，可以进行机器人的操作。

2．三方式开关

三方式开关是安装在控制面板或操作箱上的钥匙操作开关，有 AUTO、T1、T2 三种方式，如图 1-2-28 所示。在实际应用时，根据机器人的运动条件和使用情况选择最合适的机器人操作方式。

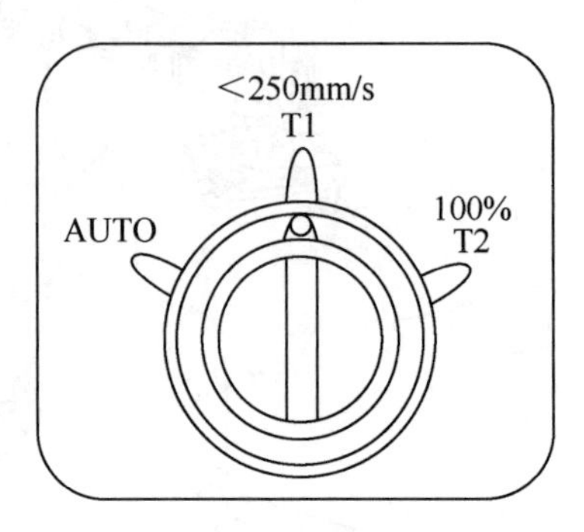

图 1-2-28　三方式开关

使用三方式开关切换操作时，在示教器画面上显示提示信息，机器人暂停。将钥匙从开关上拔出，可将开关固定在相应位置上。但在数据链路服务（DLS）、双链规格情况下，不能在 T2 方式下拔出钥匙固定开关。

1）T1 方式

T1 方式是对机器人进行动作位置示教时所使用的方式。此外，该方式还用于低速下对机器人路径、程序顺序等进行确认。在 T1 方式下运行程序需借助示教器，机器人 TCP 和法兰盘的速度被限制在 250mm/s 以下。例如，示教速度为 300mm/s 时，TCP 与法兰盘的速度被限制在 250mm/s；而示教速度为 200mm/s 时，TCP 与法兰盘的速度一般不受限制。有时虽然示教速度达不到 250mm/s，但因刀具姿态发生变化，如拐角部分，法兰盘的速度在某些情况下会超过 250mm/s，此时动作速度将受到限制。另外，限制的速度与倍率的选择也有关系，在示教速度超过 250mm/s 时，若倍率为 100%，则速度被限制在 250mm/s，而若倍率为 50%，速度被限制在 125mm/s，通过降低倍率可以进一步放慢速度。

开关处在 T1 方式下，拔下钥匙可将操作方式固定在 T1 方式。开关处在 T1 方式时，若将示教器有效开关置于 OFF，机器人停止并显示错误信息；若要解除错误，须将示教器有效开关置于 ON，再按下“RESET”键。

2）T2 方式

T2 方式是对所创建程序进行确认的一种方式。在 T1 方式下，由于速度受到限制，不能对原有机器人的轨迹、正确的循环时间进行确认。选择 T2 方式，手动操作机器人时，TCP 和法兰盘的速度被限制在 250mm/s 以下，但程序执行时的机器人速度基本不受限制，因此可在示教速度下操作机器人来对轨迹和循环时间进行确认。

开关处在 T2 方式时，拔下钥匙可将操作方式固定在 T2 方式，但需注意 CE/RIA 规格下无法拔出钥匙。开关处在 T2 方式时，若将示教器有效开关置于 OFF，机器人停止并显示错误信息；若要解除错误，需将示教器有效开关置于 ON，再按下“RESET”键。

3）AUTO 方式

AUTO 方式是生产时所使用的一种方式，此时可以由外部装置、操作面板执行程序，但不能通过示教器来执行程序，也不能通过示教器手动操作机器人。开关处在 AUTO 方式的位置时，通过拔下钥匙可将操作方式固定在 AUTO 方式。开关处于 AUTO 方式时，若将示教器有效开关置于 ON 时，机器人停止并显示错误信息；若要解除错误，须将示教器有效开关置于 OFF，再按下“RESET”键。

在开启安全栅栏进行作业的情况下，需将三方式开关切换至 T1 或 T2 方式后才可以操作机器人。

3. 机器人的手动进给

机器人手动进给是通过按示教器上的按键来操作机器人的一种进给方式。在程序中对动作语句进行示教时，需要借助手动控制将机器人移动到目标位置。手动进给要素是指速度倍率与手动进给坐标系的选取。

1）速度倍率

速度倍率是手动进给要素之一，用相对于手动进给最大速度的百分比（%）来表示。速度倍率 100%表示机器人在该设定下可以运动到最大速度。直线进给时 FINE（低速）的步进量为 0.1mm，关节进给时，每步大约移动 0.001°；VFINE（微速）的步宽为 FINE 步宽的 1/10。若要改变速度倍率，可按倍率键，单独按下倍率键时的速度倍率按 VFINE→FINE→1%→5%→50%→100%的顺序改变；当系统变量$SHFTOV_ENB 为 1 时，若同时按下 SHIFT 键与倍率键，速度倍率将按 VFINE→FINE→5%→50%→100%的顺序改变。当安全速度信号（*SFSPD）为 OFF 时，速度倍率降低到系统变量$SCR. $FENCOVRD 的设定值，在此状态下，手动速度倍率最大只能上升到系统变量$SCR. $SFJOGOVLIM 所指定的上限值。

倍率键在示教器上的分布与操作如图 1-2-29 所示。

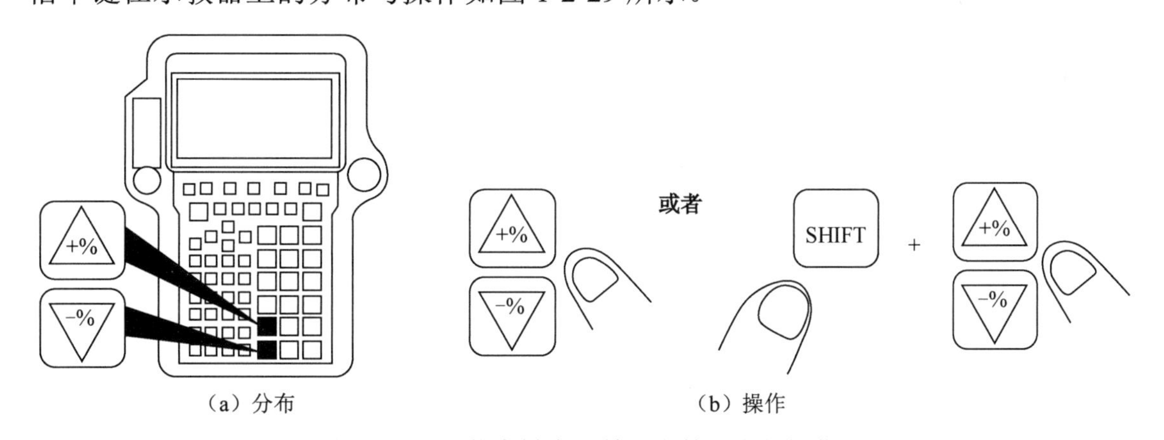

图 1-2-29　倍率键在示教器上的分布与操作

2）手动进给坐标系

手动进给坐标系分为手动关节坐标系（JOINT）、手动笛卡儿坐标系［*XYZ*，分为 JOG 坐标系（JGFRM）与用户坐标系（USER）］与手动刀具坐标系（TOOL）三类。

选择手动关节坐标系时可使各轴沿着关节坐标系独立运动，如图 1-2-22 所示。选择手动笛卡儿坐标系时，将使机器人的 TCP 沿着用户坐标系或 JOG 坐标系的 *X* 轴、*Y* 轴、*Z* 轴运动；还可以使机器人刀具围绕用户坐标系或 JOG 坐标系的 *X* 轴、*Y* 轴、*Z* 轴旋转，如图 1-2-30 所示。在手动刀具坐标系下，将使 TCP 沿着机器人的机械手腕部分所定义的手动刀具坐标系的 X 轴、Y 轴、Z 轴运动；还可实现刀具围绕手动刀具坐标系的 X 轴、Y 轴、Z 轴的旋转运动，如图 1-2-28 所示。

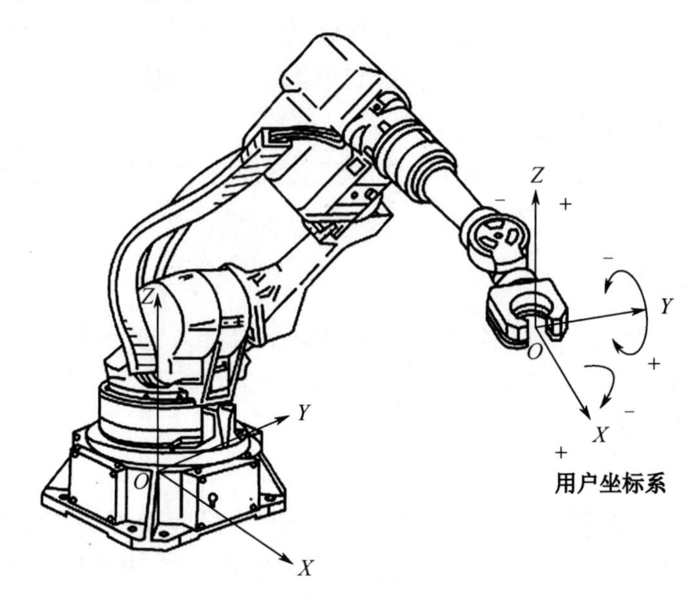

图 1-2-30　手动笛卡儿坐标系

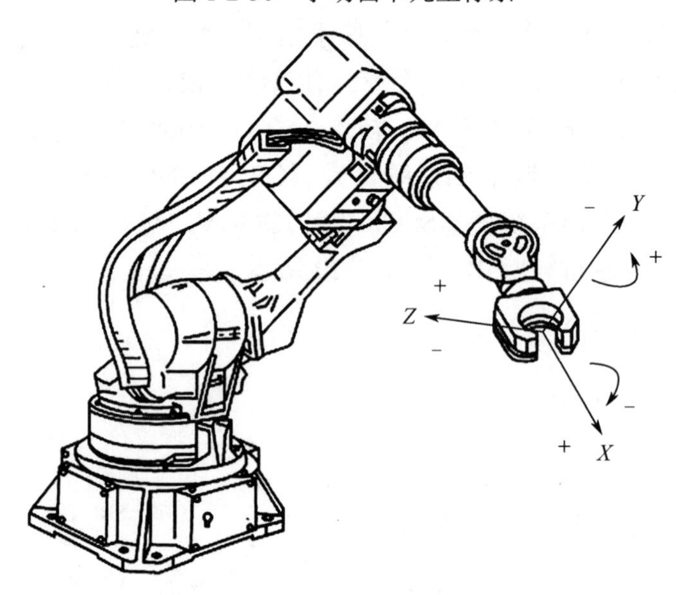

图 1-2-31　手动刀具坐标系

按下示教器上的“COORD”键可选择手动进给坐标系，如图 1-2-32 所示，当前所选的手动进给坐标系的类型显示在示教器的画面右边，同时示教器上对应的手动进给坐标系指示灯（LED）点亮。手动进给坐标系画面显示的切换顺序为：JOINT→JGFRM→TOOL→USER→JOINT；示教器上 LED 指示灯显示的切换顺序为：JOINT→XYZ→TOOL→XYZ→JOINT。

在按住“SHIFT”键的同时按下“COORD”键，显示手动菜单，然后通过简单的操作可改变当前所选的手动坐标系的编号、组编号及副组（机器人或附加轴）的选择等。

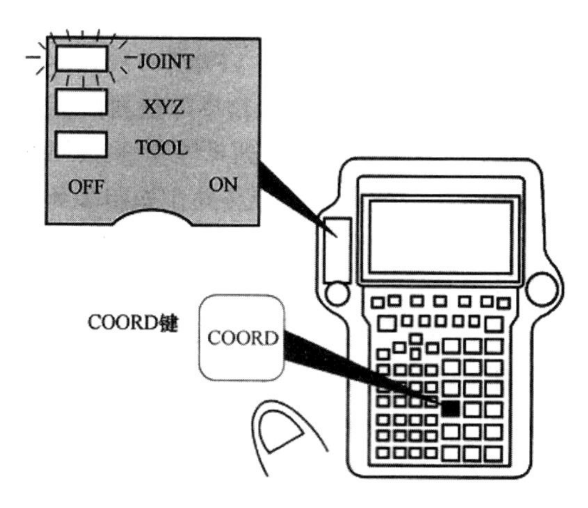

图 1-2-32　坐标系的手动切换控制

3）手动进给操作步骤

机器人手动进给操作步骤如表 1-2-7 所示。

表 1-2-7　机器人手动进给操作步骤

步骤	操作方法	操作提示
1	按下“COORD”键，在示教器上显示执行手动进给坐标系	手动进给坐标系 JOINT　关节JOG JGFRM　笛卡儿JOG USER　笛卡儿JOG TOOL　刀具JOG JOINT 30%　1/6 JOINT 30%
2	按下倍率键，调节示教器上所显示的倍率值	+%　−%　或　SHIFT + +%　−%
3	手持示教器并按下其背面的迪曼开关	执行手动进给时必须按住迪曼开关 迪曼开关
4	将示教器的有效开关置于 ON。此时若松开迪曼开关，机器人将报警。要解除报警，需重新按下迪曼开关，接着按下示教器上的“RESET”键解除报警	示教器有效开关

续表

步骤	操作方法	操作提示
5	在按住“SHIFT”键的同时按下手动方向键，执行手动进给；松开“JOG”键，机器人停止运行	倍率处在 FINE 或 VFINE 的状态下，每移动一次机器人应先松开一次“JOG”键并再次按下该“JOG”键
6	若需切换到机械手腕关节进给则按下“FCTN”键，显示出辅助菜单	FCTN 用来显示辅助菜单
7	选择“5 TOGGLE WRIST JOG”选项（机械手腕进给切换）	机械手腕关节进给方式，显示“W/TOOL”标记，按下“FCTN”键，解除所选方式 SAMPLE1 W/TOOL 30 % 1/6
8	若需切换到副组，按下“FCTN”键，显示辅助菜单，选择“4 TOGGLE SUB GROUP”选项	辅助菜单： 3 CHANGE GROUP 4 TOGGLE SUB GROUP 5 TOGGLE WRIST JOG 选择“4 TOGGLE SUB GROUP”选项，将手动控制从机器人标准切换到副组，再按一次“FCTN”键，返回控制
9	结束手动进给时，将示教器有效开关置于 OFF，松开迪曼开关	

任务实施

一、任务准备

实施本任务教学所使用的实训设备及工具材料可参考表 1-2-8。

表 1-2-8　实训设备及工具材料

序号	分类	名称	型号规格	数量	单位	备注
1	工具	电工常用工具		1	套	
2	设备器材	六轴机器人本体	FANUC	1	台	
3		控制柜	FANUC R-30iB	1	套	
4		示教器		1	套	
5		示教器电缆		1	条	
6		机器人动力电缆		1	条	
7		机器人编码器电缆		1	条	

二、认识机器人控制柜

本任务采用 FANUC 公司生产的 FANUC R-30iB 控制柜，如图 1-2-33 所示。FANUC R-30iB 控制柜以先进动态建模技术为基础，对机器人性能实施自动优化，大幅提升了 FANUC 机器人执行任务的效率。FANUC R-30iB 控制柜包括开关按钮、模式切换按钮、I/O 板、动力电缆、编码器电缆、示教器电缆、通信电缆等。机器人的运动算法全部集成在控制柜里面，实现强大的数据运算和各种运行逻辑的控制。

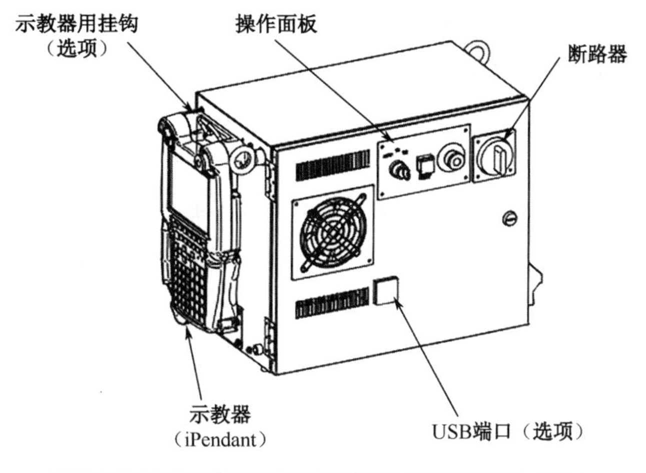

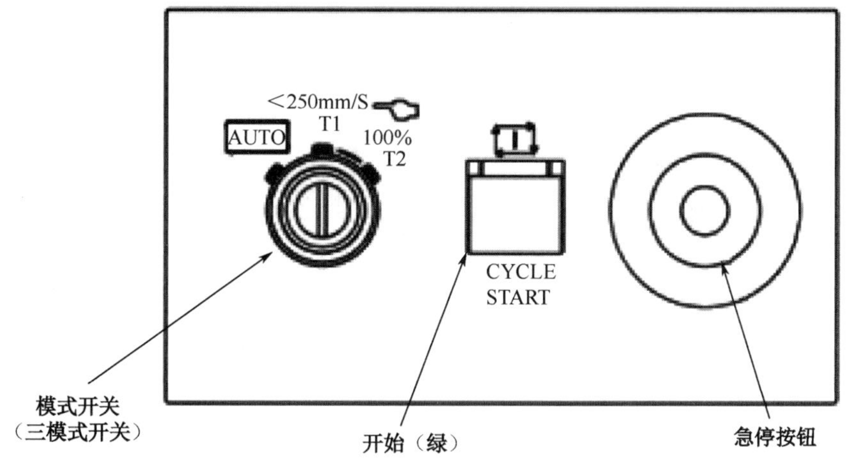

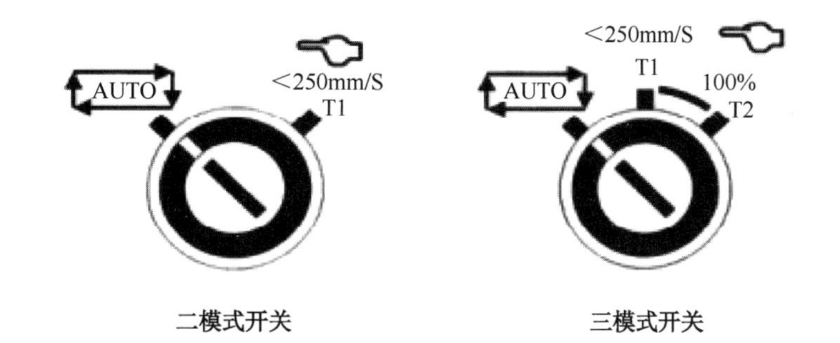

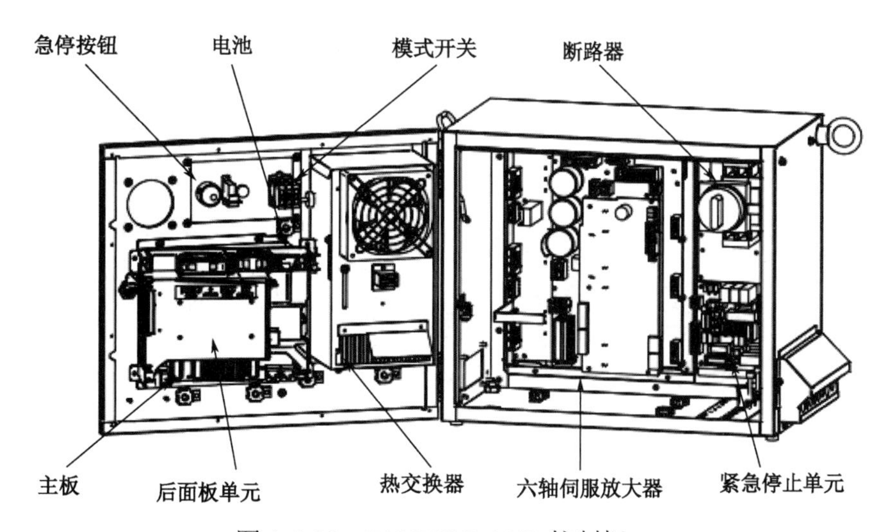

图 1-2-33　FANUC R-30iB 控制柜

三、工业机器人系统的启动

1. 工业机器人系统的连接

按照如图 1-2-34 所示的工业机器人系统的接线图进行工业机器人系统的连接。

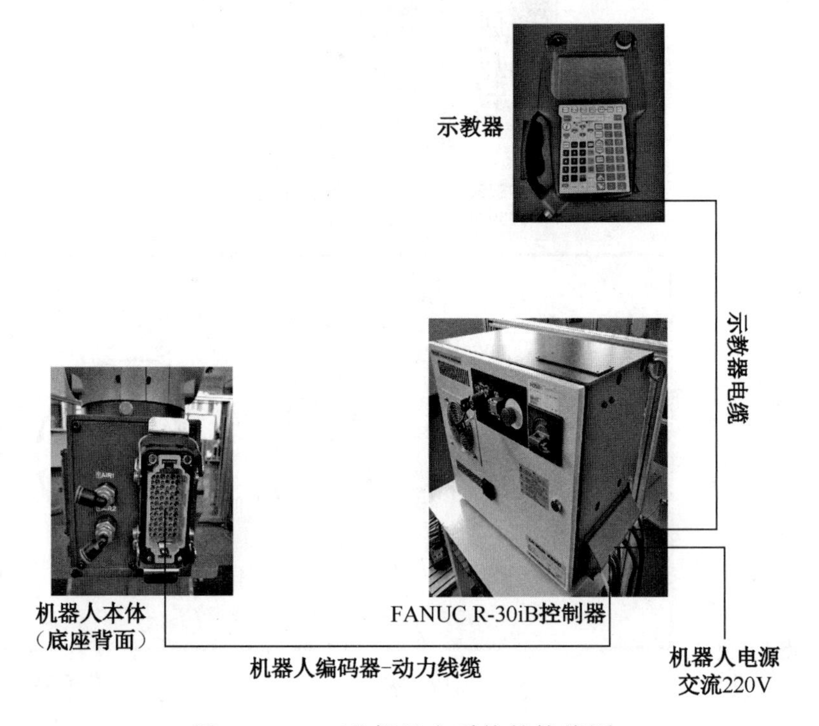

图 1-2-34　工业机器人系统的接线图

2. 系统的启动

（1）系统控制柜的“模式选择”开关选择“演示”选项后，在指导教师的许可下接通系统电源，如图 1-2-35 所示。将操作控制柜内的“漏电保护开关”“断路器”依次往上打，开启电源。

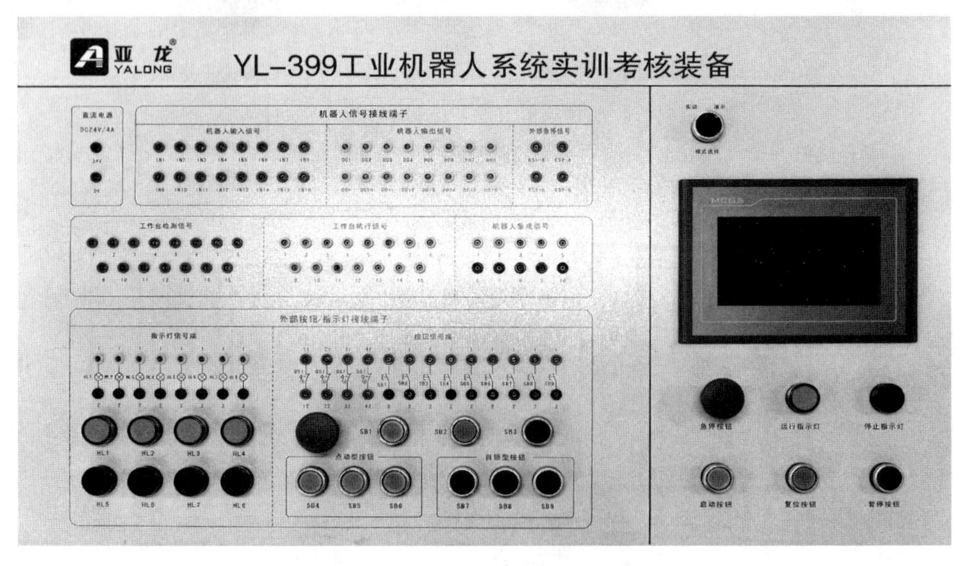

图 1-2-35　操作控制柜电源操作面板

（2）将机器人控制柜背面的电源开关从水平状态旋转到垂直状态（从 OFF 旋转到 ON），

机器人系统开机完成。将“自动/手动钥匙旋钮”旋转到右边手型图案或“T1<250mm/s”挡位，使机器人进入手动模式。

四、手动操控工业机器人

1．单轴运动控制

（1）左手持机器人示教器，右手按示教器的“COORD”键来选择机器人的运动模式，当示教器显示屏中的通知栏显示“关节坐标”时即可，如图 1-2-36 所示。

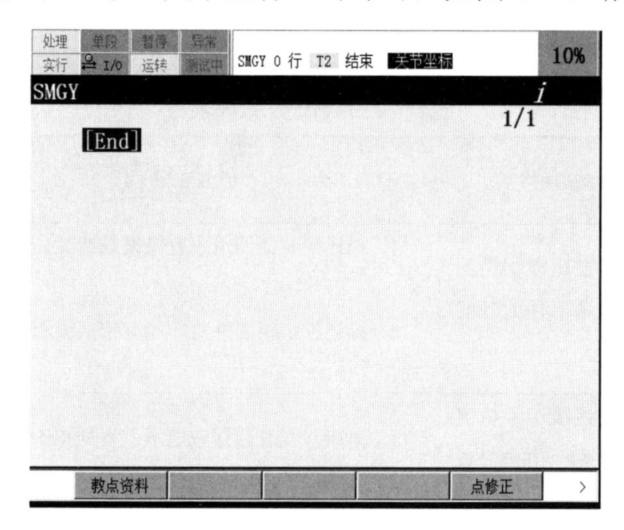

图 1-2-36　进入关节运动模式

（2）左手按住示教器背面迪曼开关的同时按住“SHIFT”键，右手再按 J1、J2、J3、J4、J5、J6 键来控制单个轴的正反方向运动。模式选择界面如图 1-2-37 所示。

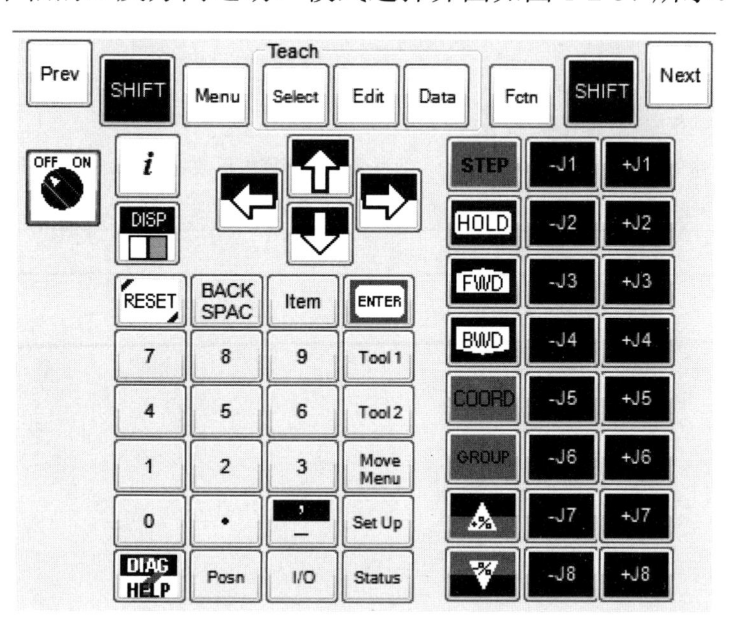

图 1-2-37　模式选择界面

2．世界坐标与用户坐标运动控制

（1）按“COORD”键，选择世界坐标运动模式。左手按住示教器背面的迪曼开关，先按“RESET”键再按住“SHIFT”键，右手按 J1、J2、J3 键来控制机器人在 X 轴、Y 轴、Z 轴的正反方向做直线运动。

（2）按“COORD”键，选择用户坐标运动模式。左手按住示教器背面的迪曼开关，先按“RESET”键再按住“SHIFT”键，右手按 J4、J5、J6 键来控制机器人在 w 轴、p 轴、r 轴的正反方向围绕着法兰盘中心运动。

任务测评

对任务实施的完成情况进行检查，并将结果填入表 1-2-9。

表 1-2-9　任务测评表

序号	主要内容	考核要求	评分标准	配分/分	扣分/分	得分/分
1	认识控制柜	正确描述控制柜的组成及各部件的功能说明	1．描述控制柜的组成有错误或遗漏，每处扣5分。 2．描述控制柜部件的功能有错误或遗漏，每处扣5分	20		
2	机器人系统启动	正确连接工业机器人控制系统，并能完成系统的启动	1．系统接线有错误或遗漏，每处扣5分。 2．未能启动系统，每处扣10分	20		
3	手动操控工业机器人	单轴运动控制，世界坐标与用户运动控制	1．不能完成单轴运动控制，扣20分。 2．不能完成世界坐标运动模式控制，扣20分。 3．不能完成用户坐标运动模式控制，扣20分。 4．不能根据控制要求完成工业机器人手动操纵操作，扣50分	50		
4	安全文明生产	劳动保护用品穿戴整齐，遵守操作规程，讲文明懂礼貌，操作结束要清理现场	1．操作中违反安全文明生产考核要求的任何一项扣5分。 2．当发现学生有重大事故隐患时，要立即予以制止，并扣5分	10		
合　计				100		

模块二 工业机器人编程与操作

任务 1　工业机器人工具坐标系的标定与测试

学习目标

✧ 知识目标：

1. 掌握工业机器人 TCP 的定义。
2. 掌握工业机器人 TCP 的设定方法。
3. 掌握工业机器人用户坐标系的设定方法。
4. 掌握工业机器人手动坐标系的设定方法。

✧ 能力目标：

1. 能熟练调节工业机器人位置与姿态。
2. 能完成焊枪夹具的 TCP 设定。

工作任务

图 2-1-1 所示为工业机器人 TCP 单元工作站。本任务是采用示教编程方法，操作机器人实现 TCP 的示教。

具体控制要求如下。

（1）利用 TCP 定位工具建立焊枪夹具的 TCP。

（2）使用重定位功能实现焊枪夹具的姿态变化。

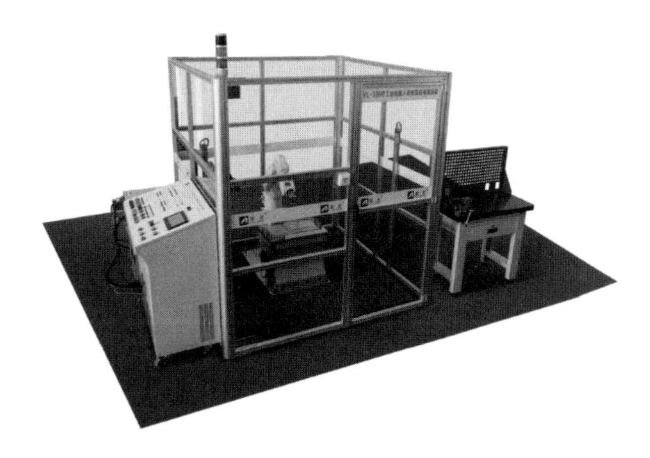

图 2-1-1　工业机器人 TCP 单元工作站

相关知识

一、工具数据的定义

工具数据（Tool Data）用于描述安装在机器人第六轴上的工具的 TCP、质量、重心等参数。执行程序时，机器人将 TCP 移至编程位置，程序中所描述的速度与位置就是 TCP 在对应工件坐标系的速度与位置。所有机器人在手腕处都有一个预定义的工具坐标系，该坐标系被称为 too10。这样就能将一个或多个新工具坐标系定义为 too10 的偏移值。图 2-1-2 所示为常见工具的 TCP。

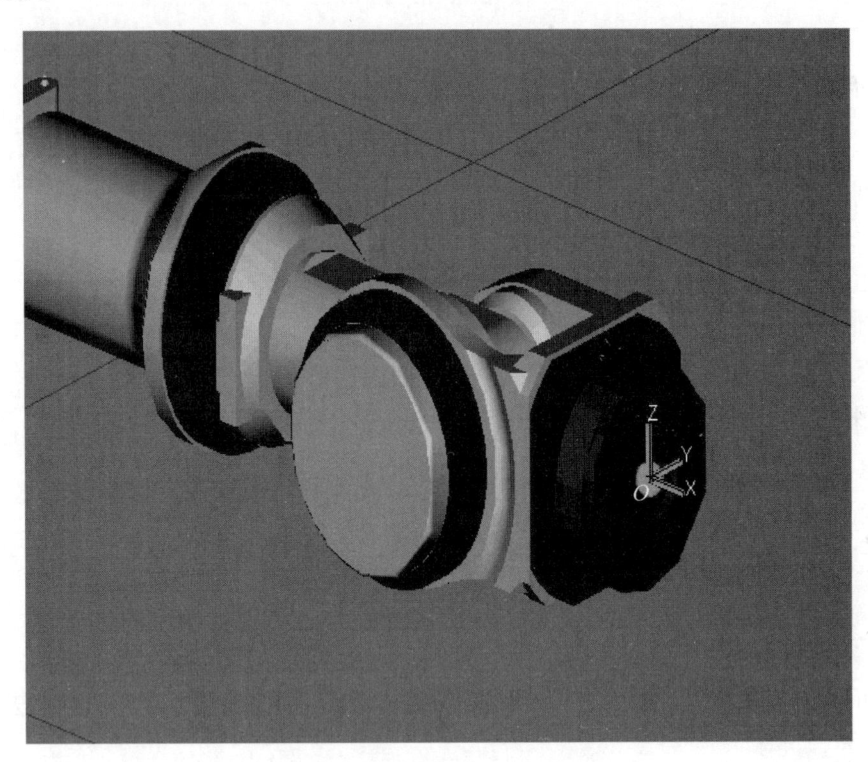

图 2-1-2　常见工具的 TCP

二、机器人工具坐标系的设定

工具坐标系既可以在坐标系设定画面上定义，也可以通过改写系统变量的方法来定义，共可定义 10 个工具坐标系，并可根据实际情况进行切换。

1. 坐标系画面设定法

在坐标系设定画面上有三种方法来定义工具坐标系：三点法、六点法与直接输入法。

1）三点法

三点法只能用于设定 TCP 的位置，需要在工具姿态(w,p,r)中输入标准值(0,0,0)。示教时使参考点 1、2、3 以不同的姿态从三个趋近方向指向同一点，如图 2-1-3 所示，机器人控制系统将根据示教数据自动计算出 TCP 的位置。具体设定操作步骤如表 2-1-1 所示。

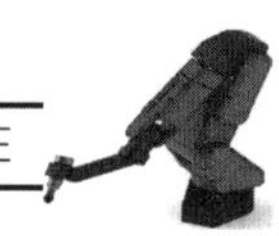

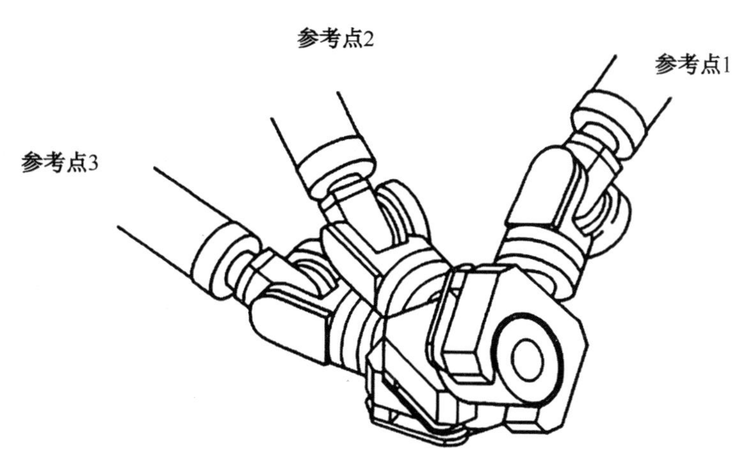

图 2-1-3 应用三点法自动设定 TCP

表 2-1-1 应用三点法设定工具坐标系的操作步骤

步骤	操作方法	操作提示
1	按“MENU”键，显示画面菜单	MENU
2	选择“6 SETUP”（设定）选项	5 I/O 6 SETUP 7 FILE
3	按“F1”[TYPE（画面）]键，显示画面切换菜单	4 Frames 5 Macro F1
4	选择“4 Frames”（坐标系）选项	
5	按“F3”[OTHER（坐标）]键	OTHER 1 1 Tool Frame 2 Jog Frame 3 User Frame 4 Cell Frame 5 Cell Floor [TYPE] DETAIL [OTHER] F1 F3
6	选择“1 Tool Frame”（工具坐标系）选项	
7	出现工具坐标系一览画面，将光标指向将要设定的工具坐标系编号所在行	MAIN LINE 0 T2 ABORTED JOINT 100 SETUP Frames Tool Frame / Direct Entry 5/10 X Y Z Comment 1 0.0 -.0 0.0 [Eoat1] 2 0.0 0.0 0.0 [Eoat2] 3 0.0 0.0 0.0 [Eoat3] 4 0.0 0.0 0.0 [Eoat4] 5 0.0 0.0 0.0 [Eoat5] 6 0.0 0.0 0.0 [Eoat6] 7 0.0 0.0 0.0 [Eoat7] 8 0.0 0.0 0.0 [Eoat8] 9 0.0 0.0 0.0 [Eoat9] 10 0.0 0.0 0.0 [Eoat10] [TYPE] DETAIL [OTHER] CLEAR SETIND
8	按“F2”[DETAIL（详细）]键，出现所选坐标系编号的工具坐标系设定画面	[TYPE] DETAIL [OTHER] F2

续表

步骤	操作方法	操作提示
9	按“F2”[METHOD（方法）]键	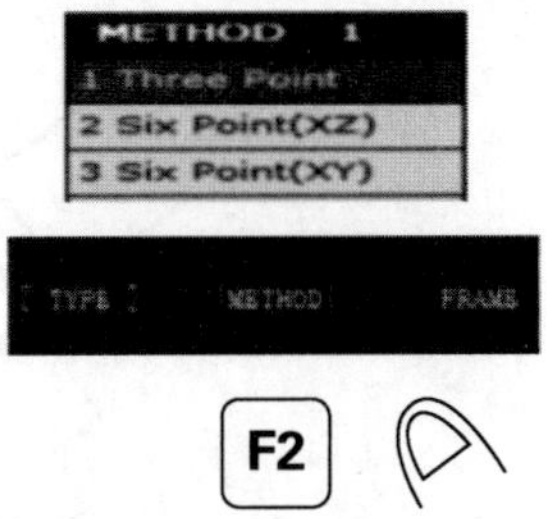 METHOD 1 1 Three Point 2 Six Point(XZ) 3 Six Point(XY) [TYPE] METHOD FRAME F2
10	选择“1 Three Point”（三点法）选项	
11	输入注释语句，步骤如下。 （1）将光标移动到“Comment”（注释）行，按“ENTER”键。 （2）使用单词、英文字母。 （3）按相应的功能键输入注释。 （4）注释行输入完毕后，按“ENTER”键	刀具坐标系设定画面： 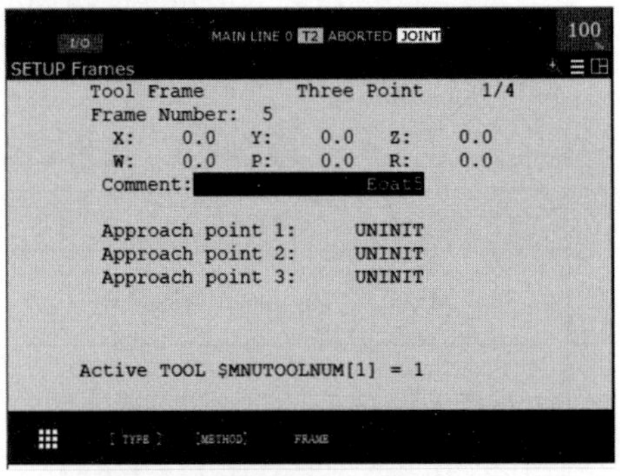 SETUP Frames Tool Frame Three Point 1/4 Frame Number: 5 X: 0.0 Y: 0.0 Z: 0.0 W: 0.0 P: 0.0 R: 0.0 Comment: Eoat5 Approach point 1: UNINIT Approach point 2: UNINIT Approach point 3: UNINIT Active TOOL $MNUTOOLNUM[1] = 1 [TYPE] [METHOD] FRAME
12	记录参考点，其步骤如下。 （1）将光标移动至各参考点。 （2）在手动方式下将机器人移至记录点 （3）同时按下“SHIFT”键与“F5”[RECORD（位置存储）]键，记录参考点位置数据。参考点数据存储完成时，右侧显示“RECORDED”。 （4）对所有参考点示教后，显示“USED”（使用完毕），工具坐标系设定完毕	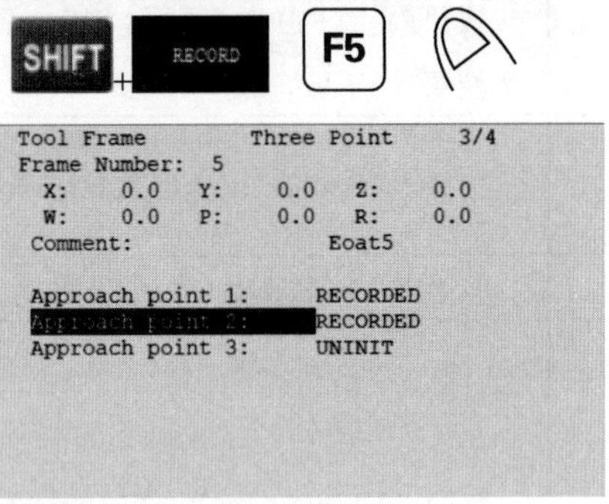 SHIFT + RECORD F5 Tool Frame Three Point 3/4 Frame Number: 5 X: 0.0 Y: 0.0 Z: 0.0 W: 0.0 P: 0.0 R: 0.0 Comment: Eoat5 Approach point 1: RECORDED Approach point 2: RECORDED Approach point 3: UNINIT
13	在按住“SHIFT”键的同时按下“F4”[MOVE_TO（移动）]键，即可使机器人移至所存储的点	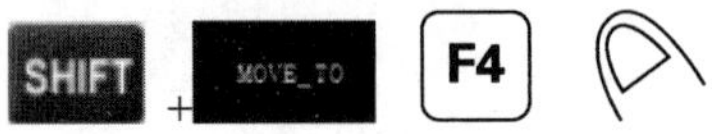 SHIFT + MOVE_TO F4
14	要确认已记录的各点位置数据，将光标指向各参考点，按“ENTER”键，此时将出现详细位置数据画面	要返回原先的画面，按“PREV”键
15	按“PREV”键后显示刀具坐标系一览画面	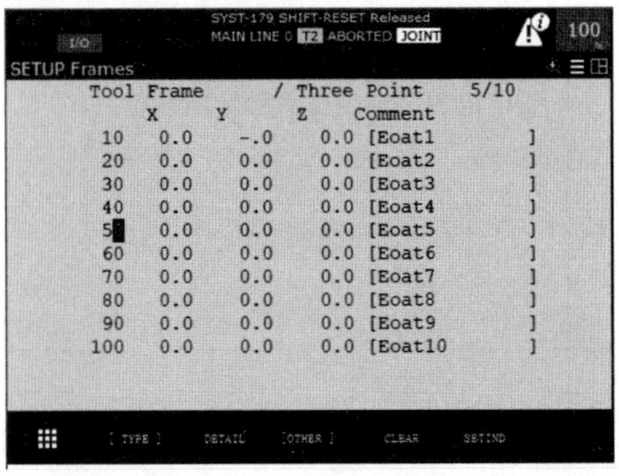 SETUP Frames Tool Frame / Three Point 5/10 X Y Z Comment 1 0.0 -.0 0.0 [Eoat1] 2 0.0 0.0 0.0 [Eoat2] 3 0.0 0.0 0.0 [Eoat3] 4 0.0 0.0 0.0 [Eoat4] 5 0.0 0.0 0.0 [Eoat5] 6 0.0 0.0 0.0 [Eoat6] 7 0.0 0.0 0.0 [Eoat7] 8 0.0 0.0 0.0 [Eoat8] 9 0.0 0.0 0.0 [Eoat9] 10 0.0 0.0 0.0 [Eoat10] [TYPE] DETAIL [OTHER] CLEAR SETIND

续表

步骤	操作方法	操作提示
16	要将所设定的工具坐标系作为当前工具坐标系，可按“F5”[SETIND（切换）]键	[OTHER]　CLEAR　SETIND F5
17	若要删除所设定的坐标系数据，按“F4”[CLEAR（擦除）]键	[OTHER]　CLEAR　SETIND F4

2）六点法

六点法设定 TCP 位置的方法与三点法相同，但还要完成工具姿态的设定。工具姿态的设定也采用示教的方法，通过选择在笛卡儿坐标系或工具坐标系下进行手动操作，分别示教方位原点（Orient Origin Point）、平行于工具坐标系 X 轴方向上的一点（X Direction Point）、Z 轴方向上的一点（Z Direction Point），示教过程中需保持工具的倾斜不变，将得到与工具坐标系平行的坐标系，工具坐标系的原点为工具的 TCP，如图 2-1-4 所示。具体设定操作步骤如表 2-1-2 所示。

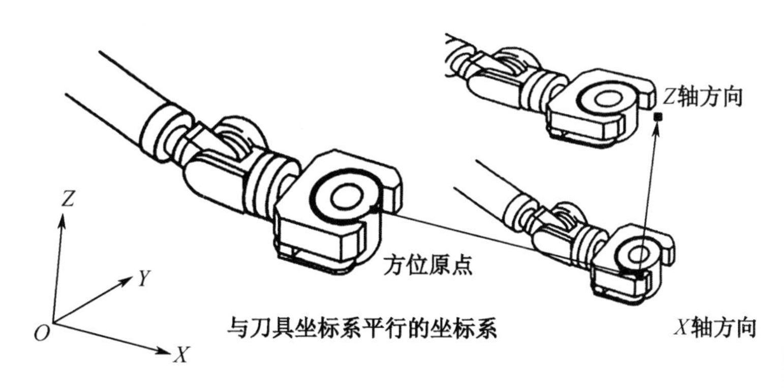

图 2-1-4　六点法中工具姿态的示教

表 2-1-2　应用六点法设定工具坐标系的操作步骤

步骤	操作方法	操作提示
1	显示工具坐标系一览画面	详见表 2-1-1 中的操作步骤
2	将光标指向将要设定的工具坐标系编号所在行	MAIN LINE 0 T2 ABORTED JOINT 100 SETUP Frames Tool Frame / Direct Entry 5/10 X Y Z Comment 10 0.0 -.0 0.0 [Eoat1] 20 0.0 0.0 0.0 [Eoat2] 30 0.0 0.0 0.0 [Eoat3] 40 0.0 0.0 0.0 [Eoat4] 50 0.0 0.0 0.0 [Eoat5] 60 0.0 0.0 0.0 [Eoat6] 70 0.0 0.0 0.0 [Eoat7] 80 0.0 0.0 0.0 [Eoat8] 90 0.0 0.0 0.0 [Eoat9] 100 0.0 0.0 0.0 [Eoat10] [TYPE] DETAIL [OTHER] CLEAR SETIND

续表

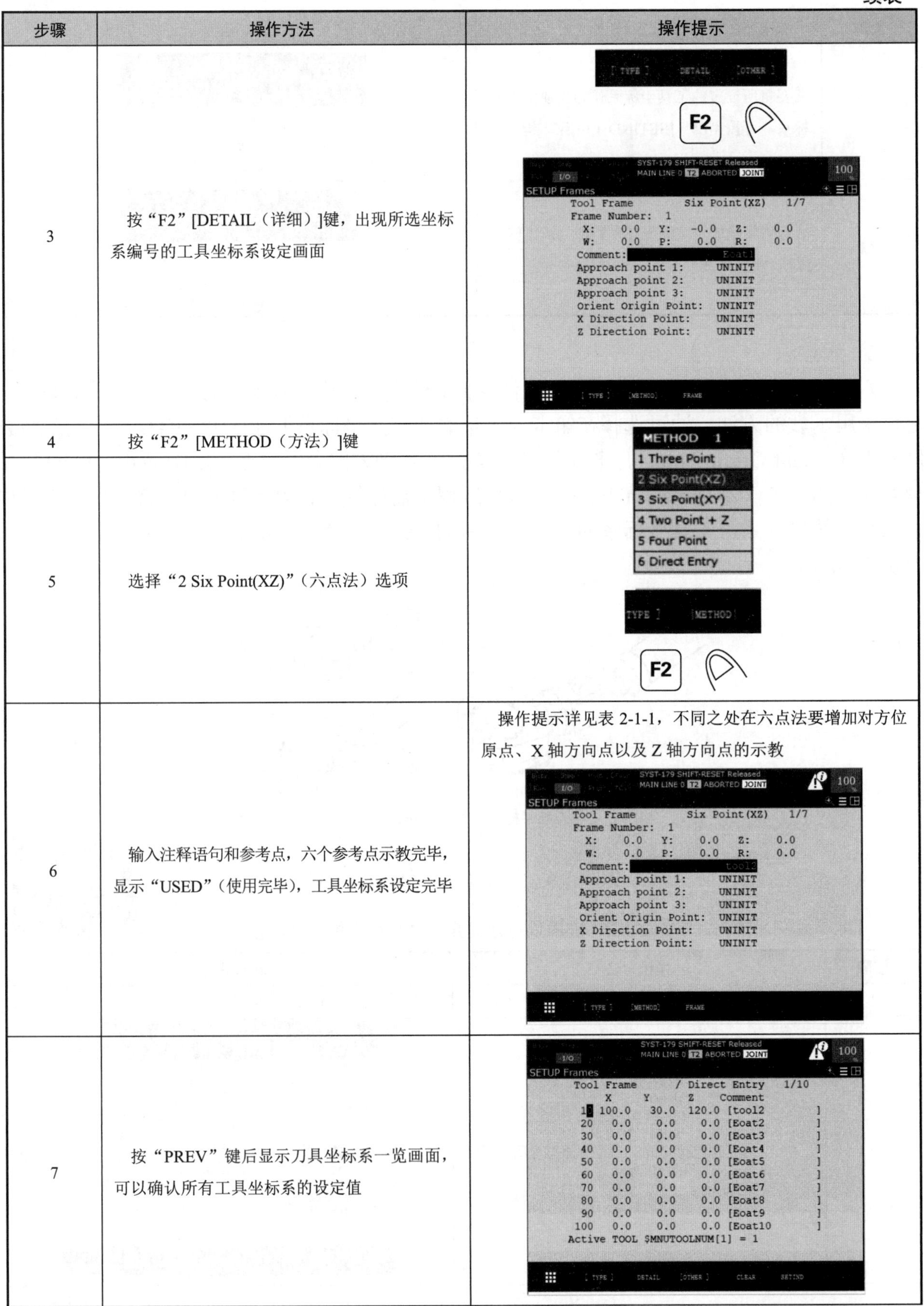

步骤	操作方法	操作提示
3	按“F2”[DETAIL（详细）]键，出现所选坐标系编号的工具坐标系设定画面	
4	按“F2”[METHOD（方法）]键	
5	选择“2 Six Point(XZ)”（六点法）选项	
6	输入注释语句和参考点，六个参考点示教完毕，显示“USED”（使用完毕），工具坐标系设定完毕	操作提示详见表 2-1-1，不同之处在六点法要增加对方位原点、X 轴方向点以及 Z 轴方向点的示教
7	按“PREV”键后显示刀具坐标系一览画面，可以确认所有工具坐标系的设定值	

续表

步骤	操作方法	操作提示
8	要将所设定的工具坐标系作为当前工具坐标系，可按“F5”[SETIND（切换）]键，并输入工具坐标系编号	[OTHER] CLEAR SETIND F5
9	若要删除所设定的坐标系数据，按“F4”[CLEAR（擦除）]键	[OTHER] CLEAR SETIND F4

3）直接输入法

采用直接输入法时，将直接输入 TCP 相对于机械接口坐标系的位置坐标(X,Y,Z)及工具坐标系（$X_tY_tZ_t$）的旋转角(w,p,r)。直接输入法中旋转角的定义如图 2-1-5 所示。具体设定操作步骤如表 2-1-3 所示。

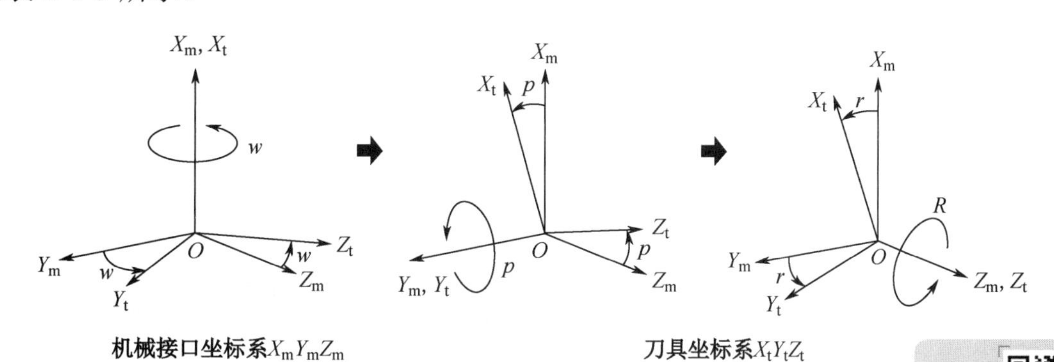

图 2-1-5　直接输入法中旋转角的定义

视频讲解　操作步骤

表 2-1-3　应用直接输入法设定工具坐标系的操作步骤

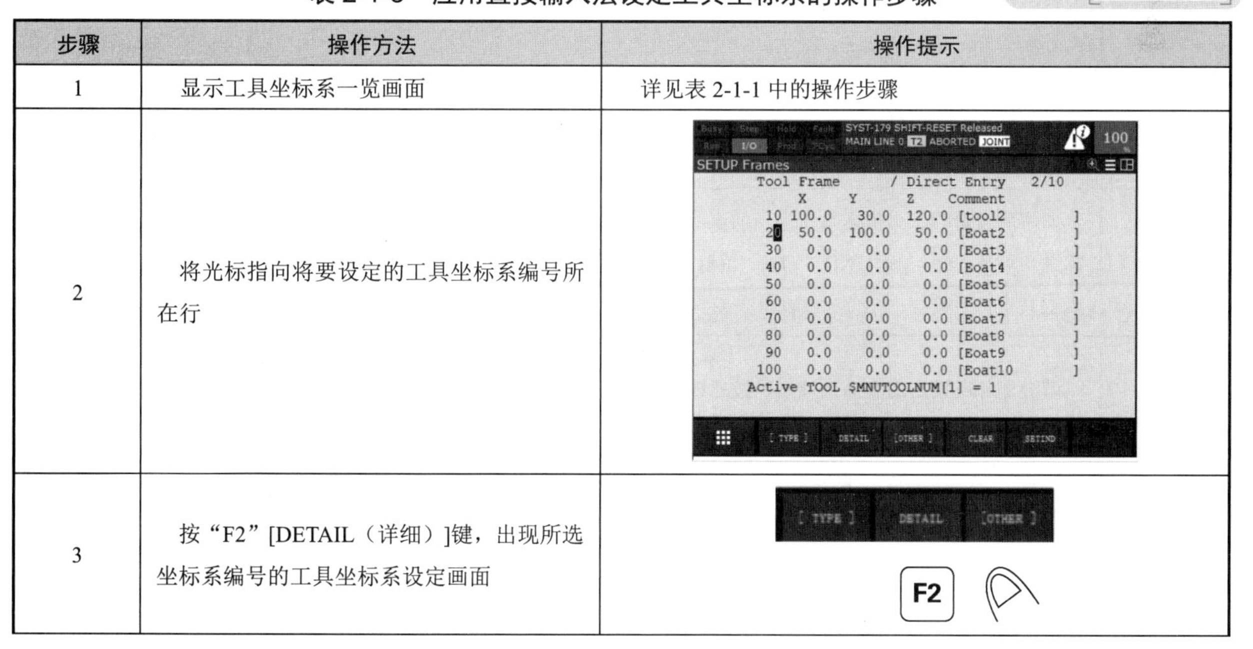

步骤	操作方法	操作提示
1	显示工具坐标系一览画面	详见表 2-1-1 中的操作步骤
2	将光标指向将要设定的工具坐标系编号所在行	SETUP Frames Tool Frame / Direct Entry 2/10 X Y Z Comment 1 100.0 30.0 120.0 [tool2] 2 50.0 100.0 50.0 [Eoat2] 3 0.0 0.0 0.0 [Eoat3] 4 0.0 0.0 0.0 [Eoat4] 5 0.0 0.0 0.0 [Eoat5] 6 0.0 0.0 0.0 [Eoat6] 7 0.0 0.0 0.0 [Eoat7] 8 0.0 0.0 0.0 [Eoat8] 9 0.0 0.0 0.0 [Eoat9] 10 0.0 0.0 0.0 [Eoat10] Active TOOL $MNUTOOLNUM[1] = 1 [TYPE] DETAIL [OTHER] CLEAR SETIND
3	按“F2”[DETAIL（详细）]键，出现所选坐标系编号的工具坐标系设定画面	[TYPE] DETAIL [OTHER] F2

续表

步骤	操作方法	操作提示
4	按“F2”[METHOD（方法）]键	METHOD 1 1 Three Point 2 Six Point(XZ) 3 Six Point(XY) 4 Two Point + Z 5 Four Point 6 Direct Entry [TYPE] [METHOD] FRAME F2
5	选择“6 Direct Entry”（直接输入法）选项	
6	输入注释语句和工具坐标系的坐标	SYST-179 SHIFT-RESET Released MAIN LINE 0 T2 ABORTED JOINT 100 SETUP Frames Tool Frame Direct Entry 7/7 Frame Number: 3 1 Comment: tool3 2 X: 0.000 3 Y: 0.000 4 Z: 120.000 5 W: 90.000 6 P: 0.000 7 R: 180.000 Configuration: N D B, 0, 0, 0 [TYPE] [METHOD] FRAME
7	按“PREV”键后显示刀具坐标系一览画面，可以确认所有工具坐标系的设定值	MAIN LINE 0 T2 ABORTED JOINT 100 SETUP Frames Tool Frame / Direct Entry 3/10 X Y Z Comment 10 100.0 30.0 120.0 [tool2] 20 50.0 100.0 50.0 [Eoat2] 30 0.0 0.0 120.0 [tool3] 40 0.0 0.0 0.0 [Eoat4] 50 0.0 0.0 0.0 [Eoat5] 60 0.0 0.0 0.0 [Eoat6] 70 0.0 0.0 0.0 [Eoat7] 80 0.0 0.0 0.0 [Eoat8] 90 0.0 0.0 0.0 [Eoat9] 100 0.0 0.0 0.0 [Eoat10] Active TOOL $MNUTOOLNUM[1] = 1 [TYPE] DETAIL [OTHER] CLEAR SETIND
8	要将所设定的工具坐标系作为当前工具坐标系，可按“F5”[SETIND（切换）]键，输入工具坐标系编号	[OTHER] CLEAR SETIND F5
9	若要删除所设定的坐标系数据，按“F4”[CLEAR（擦除）]键	[OTHER] CLEAR SETIND F4

2．系统变量设定法

系统变量$MNUTOOL[group，i]（$i$=1～10）用于设定工具坐标系中各轴的坐标（$X$、$Y$、$Z$、$w$、$p$、$r$），其中 group 为组号，i 为工具坐标系编号。系统变量$MNUTOOLNUM[group]用于设定当前使用的工具坐标系编号。应用系统变量设定法设定工具坐标系的操作步骤如表 2-1-4 所示。

表 2-1-4　应用系统变量设定法设定工具坐标系的操作步骤

步骤	操作方法	操作提示
1	按下“MENU”键，显示画面菜单	
2	选择“0 --NEXT--”（下一页）选项，选择“6 SYSTEM”（系统）选项	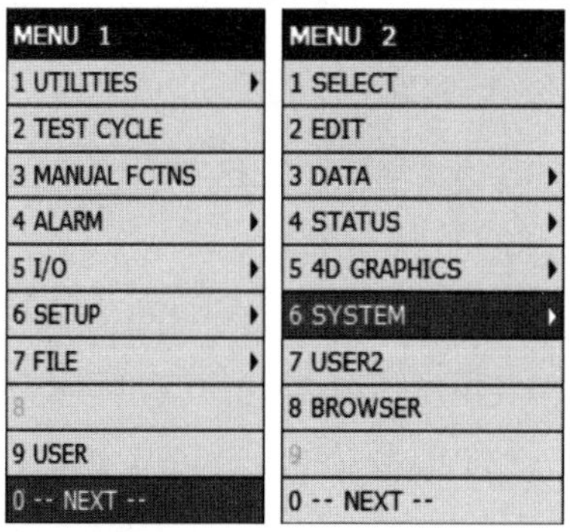
3	按“F1”[TYPE（画面）]键	 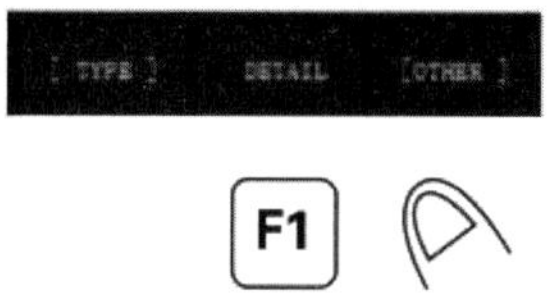
4	选择“2 Variables”（系统变量）选项	
5	出现系统变量画面后，将光标移至待修改的系统变量，以系统变量$MNUTOOL[1，10]为例，按“F2”[DETAIL（细节）]键	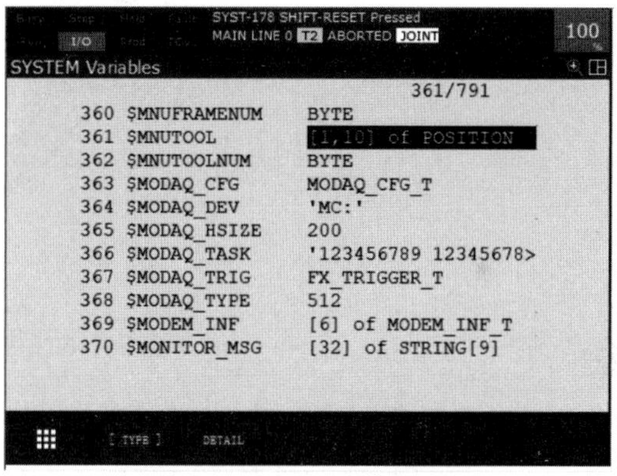 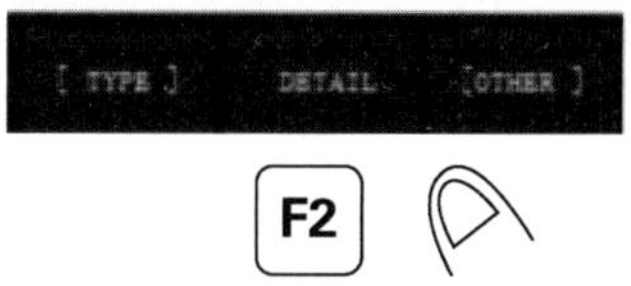
6	输入工具偏置量后按“ENTER”键确认	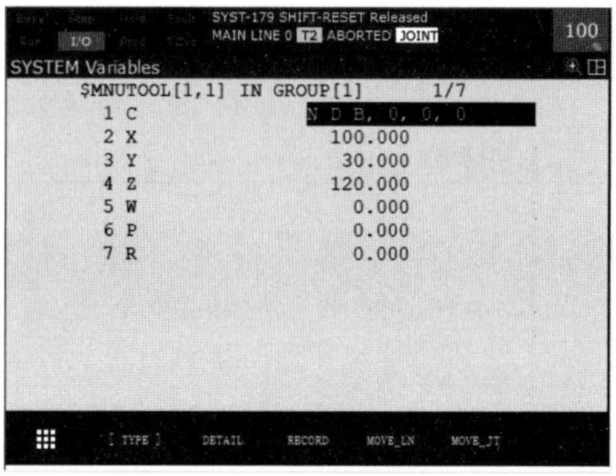

三、机器人用户坐标系的设定

用户坐标系既可以在坐标系设定画面上定义，也可以通过改写系统变量的方法来定义，可定义 9 个用户坐标系，并可根据实际情况进行切换。

1．坐标系画面设定法

在坐标系设定画面上有三种方法来设定工具坐标系：三点法、四点法与直接输入法。

1）三点法

三点法是对用户坐标系中的方向原点、*X* 轴方向上的一点（*X* Direction Point）及 *Y* 轴方向的一点（*Y* Direction Point）进行示教，根据方向原点与 *X* 轴正方向上的一点可以确定 *X* 轴的正方向，同样根据方向原点与 *Y* 轴正方向上的一点可以确定 *Y* 轴的正方向，而 *Z* 轴的正方向则根据右手定则来确定，如图 2-1-6 所示。具体设定操作步骤如表 2-1-5 所示。

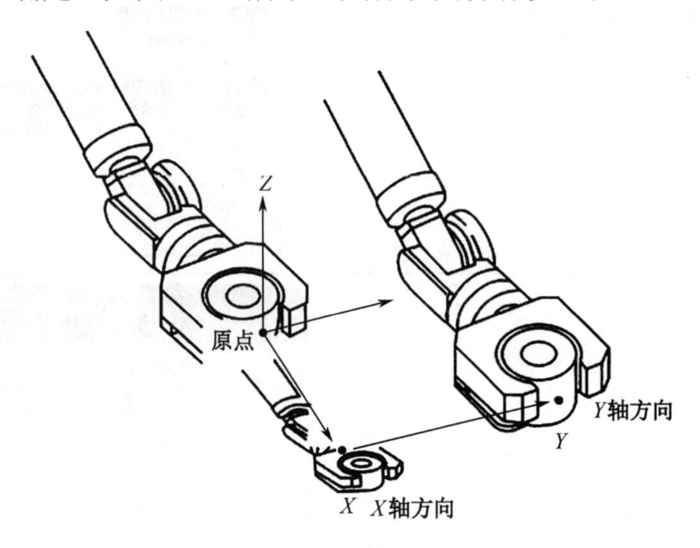

图 2-1-6　用户坐标系的三点法

表 2-1-5　应用三点法设定用户坐标系的操作步骤

步骤	操作方法	操作提示
1	按“MENU”键，显示画面菜单	MENU
2	选择“6 SETUP”（设定）选项	5 I/O 6 SETUP 7 FILE
3	按“F1”[TYPE（画面）]键，显示画面切换菜单	4 Frames 5 Macro [TYPE] DETAIL OTHER F1
4	选择“4 Frame”（坐标系）选项	

续表

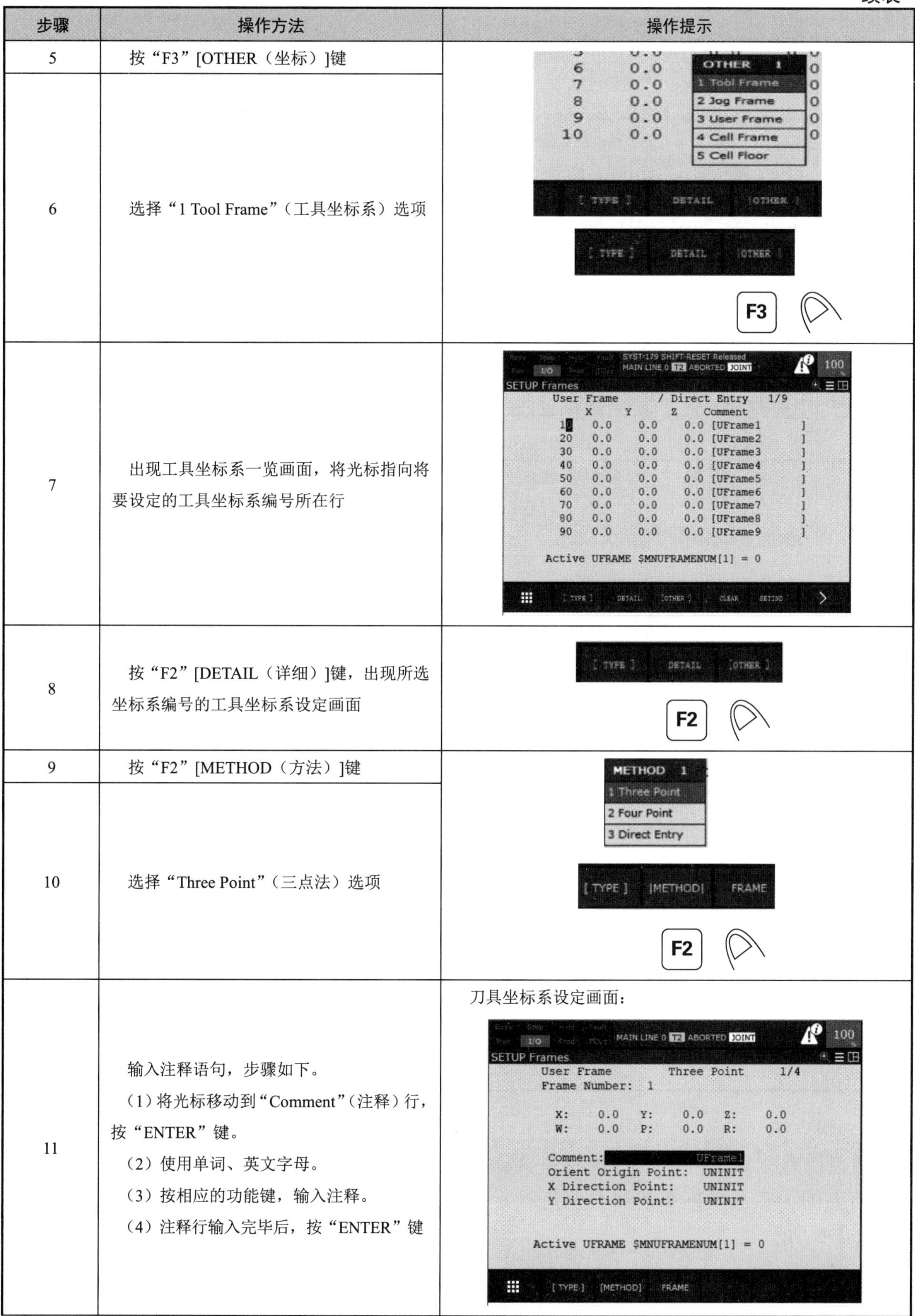

步骤	操作方法	操作提示
5	按“F3”[OTHER（坐标）]键	
6	选择“1 Tool Frame”（工具坐标系）选项	
7	出现工具坐标系一览画面，将光标指向将要设定的工具坐标系编号所在行	
8	按“F2”[DETAIL（详细）]键，出现所选坐标系编号的工具坐标系设定画面	
9	按“F2”[METHOD（方法）]键	
10	选择“Three Point”（三点法）选项	
11	输入注释语句，步骤如下。 （1）将光标移动到“Comment”（注释）行，按“ENTER”键。 （2）使用单词、英文字母。 （3）按相应的功能键，输入注释。 （4）注释行输入完毕后，按“ENTER”键	刀具坐标系设定画面：

续表

步骤	操作方法	操作提示
12	记录参考点，其步骤如下。 （1）将光标移动至各参考点。 （2）在手动方式下将机器人移至记录点。 （3）同时按下“SHIFT”键与“F5”[RECORD（位置存储）]键，记录参考点位置数据。参考点数据存储完成时，右侧显示“RECORDED”。 （4）对所有参考点示教后，显示“USED”（使用完毕），工具坐标系设定完毕	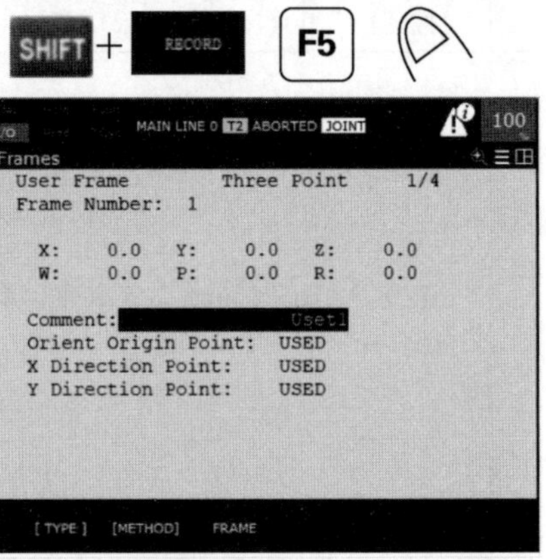 SHIFT + RECORD F5 SETUP Frames User Frame Three Point 1/4 Frame Number: 1 X: 0.0 Y: 0.0 Z: 0.0 W: 0.0 P: 0.0 R: 0.0 Comment: Uset1 Orient Origin Point: USED X Direction Point: USED Y Direction Point: USED [TYPE] [METHOD] FRAME
13	在按住“SHIFT”键的同时按下“F4”[MOVE_TO（移动）]键，即可使机器人移至所存储的点	 SHIFT + MOVE_TO F4
14	要确认已记录的各点位置数据，将光标指向各参考点，按“ENTER”键，此时将出现详细位置数据画面	要返回原先的画面，按“PREV”键
15	按“PREV”键后显示刀具坐标系一览画面	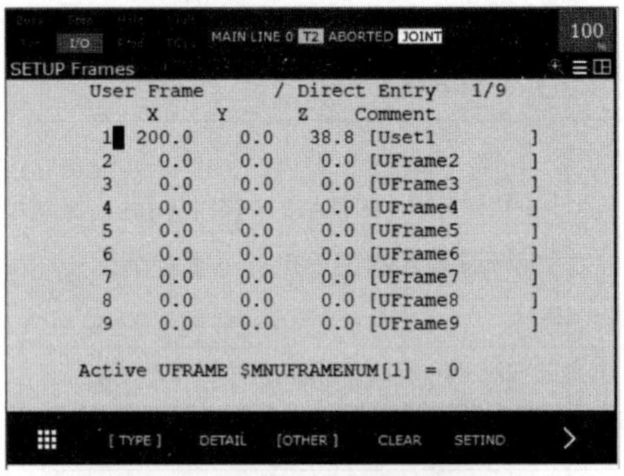 SETUP Frames User Frame / Direct Entry 1/9 X Y Z Comment 1 200.0 0.0 38.8 [Uset1] 2 0.0 0.0 0.0 [UFrame2] 3 0.0 0.0 0.0 [UFrame3] 4 0.0 0.0 0.0 [UFrame4] 5 0.0 0.0 0.0 [UFrame5] 6 0.0 0.0 0.0 [UFrame6] 7 0.0 0.0 0.0 [UFrame7] 8 0.0 0.0 0.0 [UFrame8] 9 0.0 0.0 0.0 [UFrame9] Active UFRAME $MNUFRAMENUM[1] = 0 [TYPE] DETAIL [OTHER] CLEAR SETIND
16	要将所设定的工具坐标系作为当前工具坐标系，可按“F5”[SETIND（切换）]键	 [OTHER] CLEAR SETIND F5
17	若要删除所设定的坐标系数据，按“F4”[CLEAR（擦除）]键	 [OTHER] CLEAR SETIND F4

2）四点法

四点法是采用平行于用户坐标系 X 轴的开始点（方向原点）、X 轴方向上的一点、Y 轴方向上的一点及坐标系的原点来进行示教的方法，如图 2-1-7 所示。具体设定操作步骤如表 2-1-6 所示。

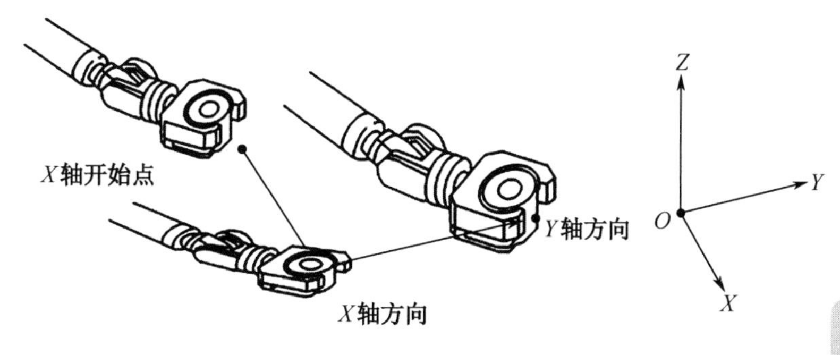

图 2-1-7 用户坐标系的四点法

表 2-1-6 应用四点法设定用户坐标系的操作步骤

步骤	操作方法	操作提示
1	显示用户坐标系一览画面	详见表 2-1-5 中的操作步骤
2	将光标指向将要设定的用户坐标系编号所在行	MAIN LINE 0 T2 ABORTED JOINT 100 SETUP Frames User Frame / Direct Entry 2/9 X Y Z Comment 1 200.0 0.0 38.8 [Uset1] 2 0.0 0.0 0.0 [UFrame2] 3 0.0 0.0 0.0 [UFrame3] 4 0.0 0.0 0.0 [UFrame4] 5 0.0 0.0 0.0 [UFrame5] 6 0.0 0.0 0.0 [UFrame6] 7 0.0 0.0 0.0 [UFrame7] 8 0.0 0.0 0.0 [UFrame8] 9 0.0 0.0 0.0 [UFrame9] [TYPE] DETAIL [OTHER] CLEAR SETIND
3	按“F2”[DETAIL（详细）]键，出现所选坐标系编号的用户坐标系设定画面	[TYPE] DETAIL [OTHER] F2
4	按“F2”[METHOD（方法）]键	METHOD 1 1 Three Point 2 Four Point 3 Direct Entry [TYPE] [METHOD] FRAME F2
5	选择“2 Four Point”（四点法）选项	
6	输入注释语句和参考点，直至设定完成	详见表 2-1-5，不同之处在于四点法要增加系统原点的示教
7	按“PREV”键后显示用户坐标系一览画面，可以确认所有用户坐标系的设定值	MAIN LINE 0 T2 ABORTED JOINT 100 SETUP Frames User Frame / Direct Entry 2/9 X Y Z Comment 1 200.0 0.0 38.8 [Uset1] 2 1243.6 525.0 38.4 [Uset2] 3 0.0 0.0 0.0 [UFrame3] 4 0.0 0.0 0.0 [UFrame4] 5 0.0 0.0 0.0 [UFrame5] 6 0.0 0.0 0.0 [UFrame6] 7 0.0 0.0 0.0 [UFrame7] 8 0.0 0.0 0.0 [UFrame8] 9 0.0 0.0 0.0 [UFrame9] Active UFRAME $MNUFRAMENUM[1] = 0 [TYPE] DETAIL [OTHER] CLEAR SETIND

续表

步骤	操作方法	操作提示
8	要将所设定的用户坐标系作为当前用户坐标系，可按“F5”[SETIND（切换）]键，并输入用户坐标系编号	[OTHER] CLEAR SETIND F5
9	若要删除所设定的坐标系数据，按“F4”[CLEAR（擦除）]键	[OTHER] CLEAR SETIND F4

3）直接输入法

与工具坐标系的直接输入法类似，用户坐标系也可以采用直接输入法设定，不过此时直接输入的坐标是相对于世界坐标系的用户坐标系原点位置(X,Y,Z)及世界坐标系 X 轴、Y 轴与 Z 轴周围的旋转角(w,p,r)的值。直接示教法中旋转角(w,p,r)含义如图 2-1-8 所示。具体设定操作步骤如表 2-1-7 所示。

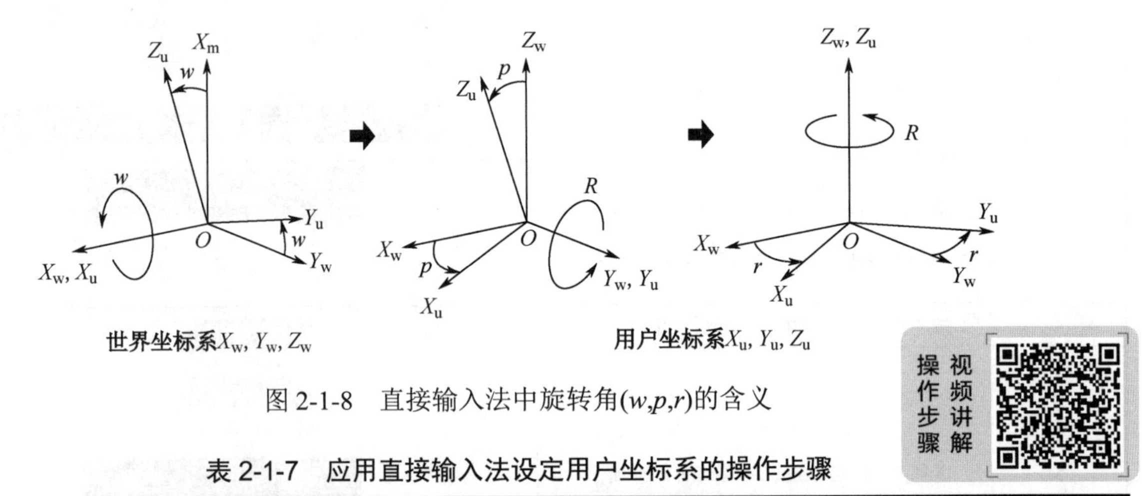

图 2-1-8 直接输入法中旋转角(w,p,r)的含义

操作步骤视频讲解

表 2-1-7 应用直接输入法设定用户坐标系的操作步骤

步骤	操作方法	操作提示
1	显示工具坐标系一览画面	详见表 2-1-6 中的操作步骤
2	将光标指向将要设定的用户坐标系编号所在行	SETUP Frames User Frame / Direct Entry 3/9 X Y Z Comment 1 200.0 0.0 38.8 [Uset1] 2 1243.6 525.0 38.4 [Uset2] 3 0.0 0.0 0.0 [UFrame3] 4 0.0 0.0 0.0 [UFrame4] 5 0.0 0.0 0.0 [UFrame5] 6 0.0 0.0 0.0 [UFrame6] 7 0.0 0.0 0.0 [UFrame7] 8 0.0 0.0 0.0 [UFrame8] 9 0.0 0.0 0.0 [UFrame9] [TYPE] DETAIL [OTHER] CLEAR SETIND

续表

步骤	操作方法	操作提示
3	按“F2”[DETAIL（详细）]键，出现所选坐标系编号的用户坐标系设定画面	[TYPE] DETAIL [OTHER] F2
4	按“F2”[METHOD（方法）]键	METHOD 1 1 Three Point 2 Four Point 3 Direct Entry [TYPE] [METHOD] FRAME F2
5	选择“3 Direct Entry”（直接输入法）选项	
6	输入注释语句和用户坐标	MAIN LINE 0 T2 ABORTED JOINT 100 SETUP Frames User Frame Direct Entry 1/7 Frame Number: 3 1 Comment: User3 2 X: 1243.000 3 Y: -525.200 4 Z: 43.900 5 W: 0.513 6 P: 1.300 7 R: 0.300 Configuration: N D B, 0, 0, 0 [TYPE] [METHOD] FRAME MOVE_TO RECORD
7	按 PREV 键后显示用户坐标系一览画面，可以确认所有用户坐标系的设定值	MAIN LINE 0 T2 ABORTED JOINT 100 SETUP Frames User Frame / Direct Entry 3/9 X Y Z Comment 1 200.0 0.0 38.8 [Uset1] 2 1243.6 525.0 38.4 [Uset2] 3 1243.0 -525.2 43.9 [User3] 4 0.0 0.0 0.0 [UFrame4] 5 0.0 0.0 0.0 [UFrame5] 6 0.0 0.0 0.0 [UFrame6] 7 0.0 0.0 0.0 [UFrame7] 8 0.0 0.0 0.0 [UFrame8] 9 0.0 0.0 0.0 [UFrame9] Active UFRAME $MNUFRAMENUM[1] = 0 [TYPE] DETAIL [OTHER] CLEAR SETIND
8	要将所设定的用户坐标系作为当前用户坐标系，可按“F5”[SETIND（切换）]键，并输入用户坐标系编号	[OTHER] CLEAR SETIND F5
9	若要删除所设定的坐标系数据，按“F4”[CLEAR（擦除）]键	[OTHER] CLEAR SETIND F4

2．系统变量设定法

系统变量$MNUFRAME[group，i]（*i*=1～9）用于设定用户坐标系中各轴的坐标（*X*、*Y*、*Z*、*w*、*p*、*r*），其中 group 为组号，i 为用户坐标系编号。系统变量$MNUFRAMENUM[group]用于设定当前使用的用户坐标系编号。通过改写系统变量设定用户坐标系的操作步骤详见表 2-1-4。

四、手动坐标系的设定

JOG（手动）坐标系只在手动进给坐标系中选择了 JOG 坐标系时才使用。它的原点没有特殊含义。另外，JOG 坐标系不受程序执行以及用户坐标系的切换等影响，JOG 坐标系如图 2-1-9 所示。

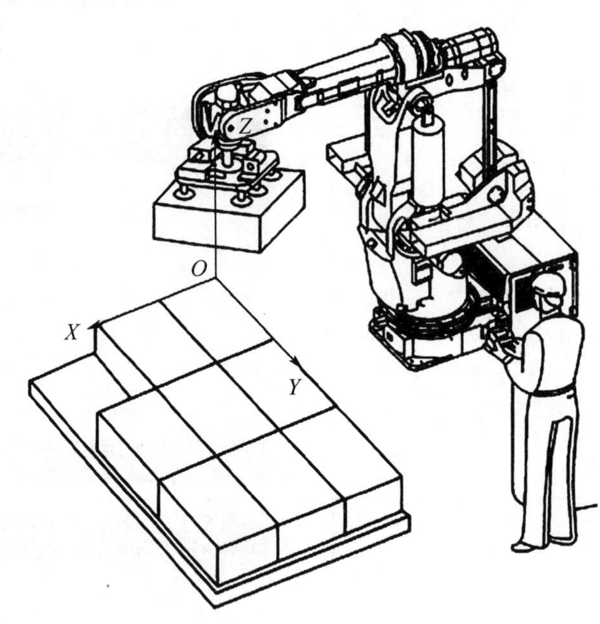

图 2-1-9　JOG 坐标系

在坐标系设定画面上有两种设置 JOG 坐标系的方法：三点法和直接输入法，设定完成时系统变量$JOG-GROUP[group]、$JOGFRAME 将被改写，共可定义 5 个 JOG 坐标系，并可根据实际情况进行切换。未设定 JOG 坐标系时，手动坐标系由世界坐标系替代。

1）三点法

三点法中定义的三点分别为坐标原点、*X* 轴方向的一点、*X*-*Y* 平面上的一点。具体设定操作步骤如表 2-1-8 所示。

表 2-1-8　应用三点法设定 JOG 坐标系的操作步骤

步骤	操作方法	操作提示
1	按“MENU”键，显示画面菜单	MENU
2	选择“6 SETUP”（设定）选项	5 I/O 6 SETUP 7 FILE

续表

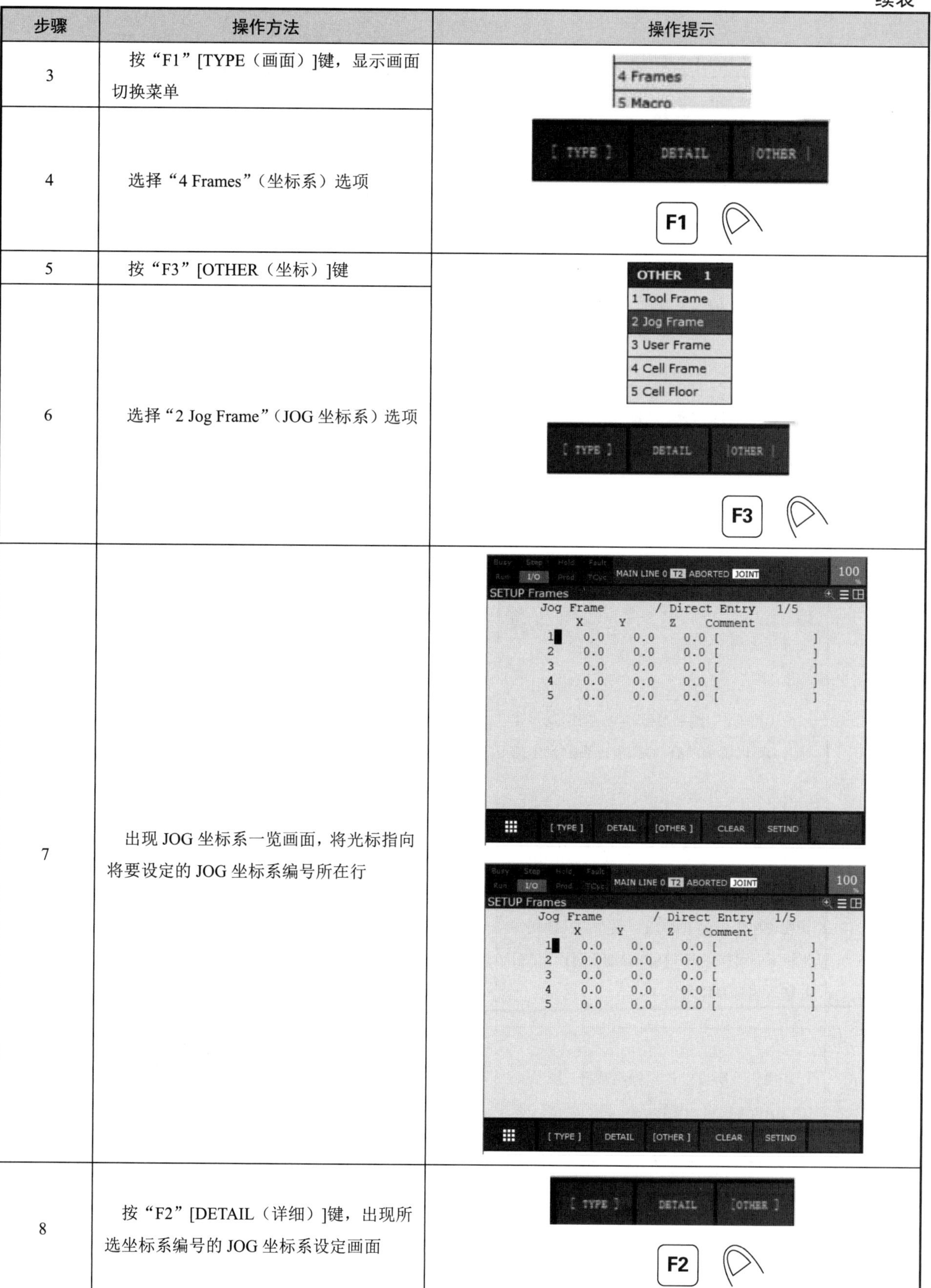

步骤	操作方法	操作提示
3	按“F1”[TYPE（画面）]键，显示画面切换菜单	
4	选择“4 Frames”（坐标系）选项	
5	按“F3”[OTHER（坐标）]键	
6	选择“2 Jog Frame”（JOG 坐标系）选项	
7	出现 JOG 坐标系一览画面，将光标指向将要设定的 JOG 坐标系编号所在行	
8	按“F2”[DETAIL（详细）]键，出现所选坐标系编号的 JOG 坐标系设定画面	

续表

步骤	操作方法	操作提示
9	按“F2”[METHOD（方法）]键	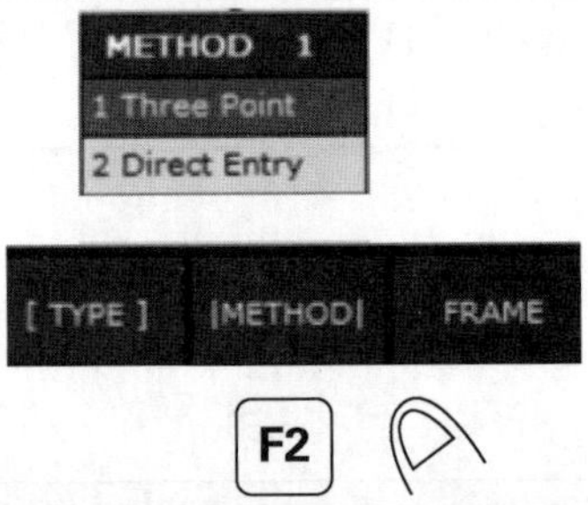METHOD 1 1 Three Point 2 Direct Entry [TYPE] [METHOD] FRAME F2
10	选择“1 Three Point”（三点法）选项	
11	输入注释语句与参考点	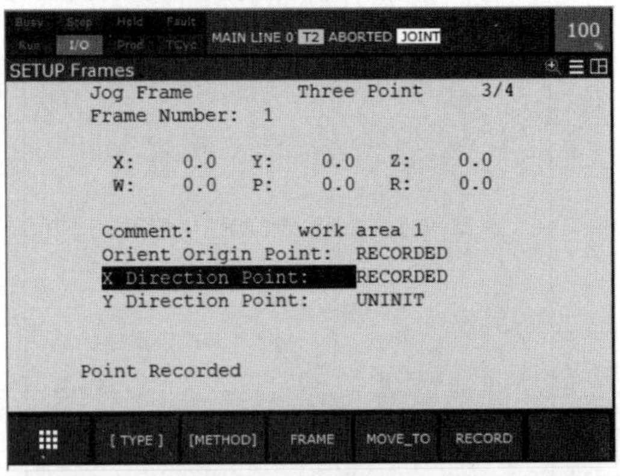MAIN LINE 0 T2 ABORTED JOINT 100 SETUP Frames Jog Frame Three Point 3/4 Frame Number: 1 X: 0.0 Y: 0.0 Z: 0.0 W: 0.0 P: 0.0 R: 0.0 Comment: work area 1 Orient Origin Point: RECORDED X Direction Point: RECORDED Y Direction Point: UNINIT Point Recorded [TYPE] [METHOD] FRAME MOVE_TO RECORD
12	按“PREV”键后显示 JOG 坐标系一览画面，可以确认所有 JOG 坐标系的设定值	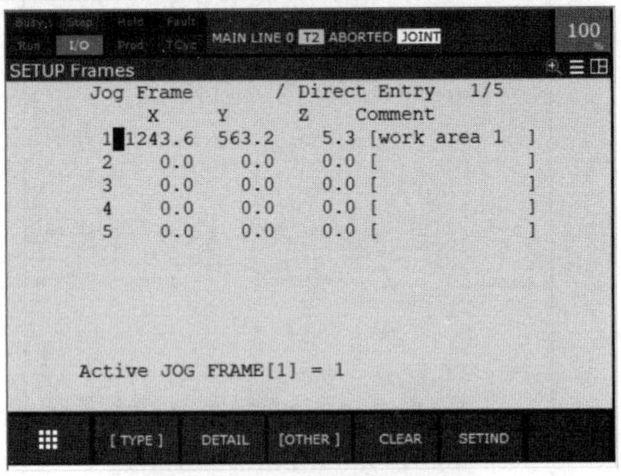MAIN LINE 0 T2 ABORTED JOINT 100 SETUP Frames Jog Frame / Direct Entry 1/5 X Y Z Comment 1 1243.6 563.2 5.3 [work area 1] 2 0.0 0.0 0.0 [ ] 3 0.0 0.0 0.0 [ ] 4 0.0 0.0 0.0 [ ] 5 0.0 0.0 0.0 [ ] Active JOG FRAME[1] = 1 [TYPE] DETAIL [OTHER] CLEAR SETIND
13	要将所设定的JOG坐标系作为当前用户坐标系，可按“F5”[SETIND（切换）]键，并输入坐标系编号	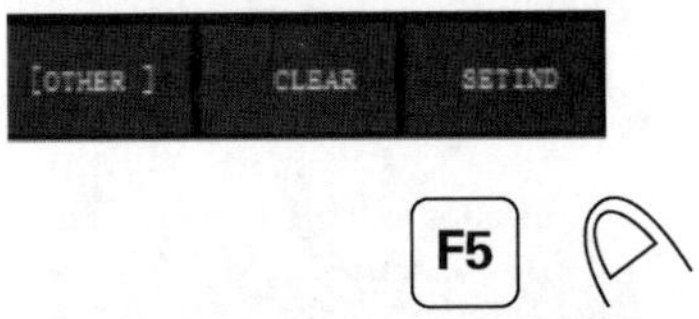[OTHER] CLEAR SETIND F5
14	若要删除所设定的坐标系数据，按“F4”[CLEAR（擦除）]键	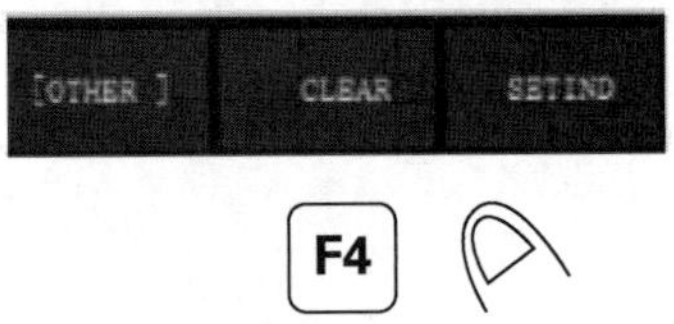[OTHER] CLEAR SETIND F4

2）直接输入法

采用直接输入法直接输入相对于世界坐标系的坐标系原点位置（X，Y，Z）及 X 轴、Y 轴与 Z 轴周围的旋转角 w、p、r 的值，具体设定操作步骤如表 2-1-9 所示。

表 2-1-9　应用直接教法设定 JOG 坐标系的操作步骤

步骤	操作方法	操作提示
1	显示 JOG 坐标系一览画面	详见表 2-1-8 中的操作步骤
2	将光标指向将要设定的 JOG 坐标系编号所在行	MAIN LINE 0 T2 ABORTED JOINT 100 SETUP Frames Jog Frame / Direct Entry 2/5 X Y Z Comment 1 1243.6 563.2 5.3 [work area 1] 2 0.0 0.0 0.0 [ ] 3 0.0 0.0 0.0 [ ] 4 0.0 0.0 0.0 [ ] 5 0.0 0.0 0.0 [ ] [TYPE] DETAIL [OTHER] CLEAR SETIND
3	按“F2”[DETAIL（详细）]键，出现所选坐标系编号的用户坐标系设定画面	[TYPE] DETAIL [OTHER] F2
4	按“F2”[METHOD（方法）]键	Configuration: METHOD 1 1 Three Point 2 Direct Entry [TYPE] [METHOD] FRAME F2
5	选择“2 Direct Entry”（直接输入法）选项	
6	输入注释语句和用户坐标	MAIN LINE 0 T2 ABORTED JOINT 100 SETUP Frames Jog Frame Direct Entry 4/7 Frame Number: 2 1 Comment: work area 2 2 X: 1563.200 3 Y: 356.200 4 Z: 36.000 5 W: 0.000 6 P: 0.000 7 R: 0.000 Configuration: N D B, 0, 0, 0 [TYPE] [METHOD] FRAME MOVE_TO RECORD
7	按“PREV”键后显示 JOG 坐标系一览画面，可以确认所有 JOG 坐标系的设定值	MAIN LINE 0 T2 ABORTED JOINT 100 SETUP Frames Jog Frame / Direct Entry 2/5 X Y Z Comment 1 1243.6 563.2 5.3 [work area 1] 2 1563.2 356.2 36.0 [work area 2] 3 0.0 0.0 0.0 [ ] 4 0.0 0.0 0.0 [ ] 5 0.0 0.0 0.0 [ ] Active JOG FRAME[1] = 1 [TYPE] DETAIL [OTHER] CLEAR SETIND

续表

步骤	操作方法	操作提示
8	要将所设定的JOG坐标系作为当前用户坐标系，可按“F5”[SETIND（切换）]键，并输入坐标系编号	[OTHER] CLEAR SETIND F5
9	若要删除所设定的坐标系数据，按“F4”[CLEAR（擦除）]键	[OTHER] CLEAR SETIND F4

一、任务准备

实施本任务教学所使用的实训设备及工具材料可参考表2-1-10。

表2-1-10　实训设备及工具材料

序号	分类	名称	型号规格	数量	单位	备注
1	工具	内六角扳手	5.0mm	1	个	钳工台
2	设备材料	内六角螺钉	M5	6	颗	模块存放柜
3		轨迹模块	包含TCP示教器	1	个	模块存放柜
4		焊枪夹具		1	套	模块存放柜

二、TCP单元的安装

在模块存放柜内找到轨迹模块，用内六角扳手将轨迹示教板从托盘上拆除，并安装到机器人操作对象承载平台上，如图2-1-10所示。

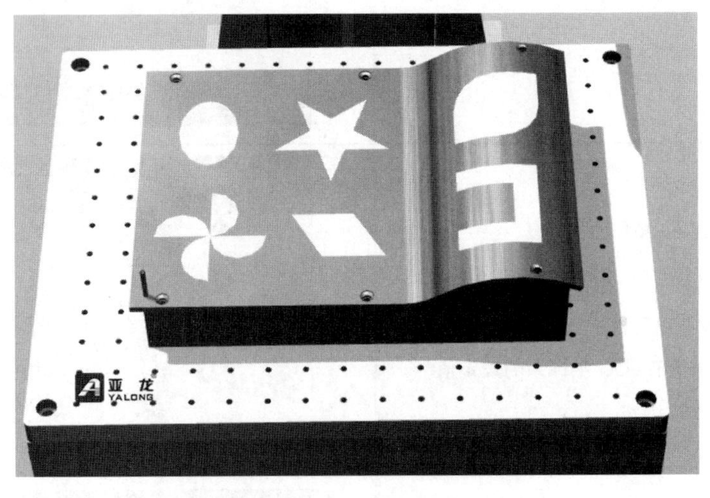

图2-1-10　TCP单元整体布局

三、焊枪夹具的安装

本套件训练采用焊枪夹具，该夹具包含机器人末端连接法兰与焊枪夹具两部分。先采用4颗M5不锈钢内六角螺钉把机器人末端连接法兰安装到机器人J6轴法兰盘上，再采用两颗M5不锈钢内六角螺钉把焊枪夹具安装到机器人末端法兰上，如图2-1-11所示。

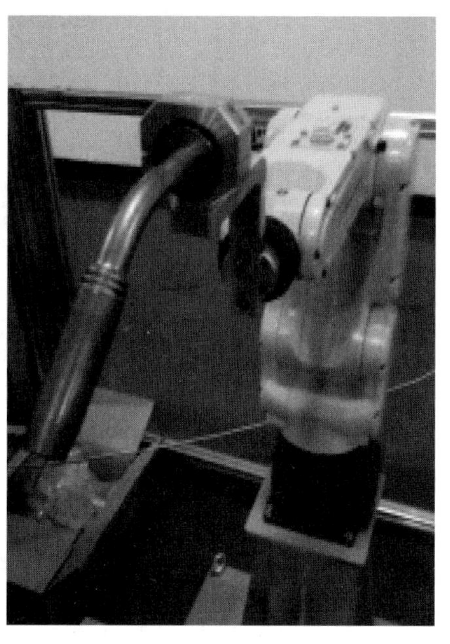

图2-1-11　焊枪夹具的安装

四、三点法设定TCP

用三点法设定TCP的方法及步骤如下。

（1）依次按键："MENU"（菜单）→"SETUP"（设置）→"F1"（类型）→"Frames"（坐标系）进入工具坐标系设置界面，如图2-1-12所示。

TP - Robot Controller1

处理 单步 暂停 异常 实行 I/O 运转 测试中　RSR 0 行 AUTO 结束 关节坐标　100%

SETUP Frames

Cell Frame　　直接数值输入　1/10

	X	Y	Z	注解
1	0.0	0.0	0.0	[Eoat1]
2	0.0	0.0	0.0	[Eoat2]
3	0.0	0.0	0.0	[Eoat3]
4	0.0	0.0	0.0	[Eoat4]
5	0.0	0.0	0.0	[Eoat5]
6	0.0	0.0	0.0	[Eoat6]
7	0.0	0.0	0.0	[Eoat7]
8	0.0	0.0	0.0	[Eoat8]
9	0.0	0.0	0.0	[Eoat9]
10	0.0	0.0	0.0	[ ]

选择完成的工具坐标号码[G:1] = 1

[类型]　细节　[坐标]　清除　设定号码

图2-1-12　工具坐标系设定界面

（2）按“F3”（坐标）键选择“1 工具坐标”选项进入工具坐标系的设置界面，如图 2-1-13 所示。

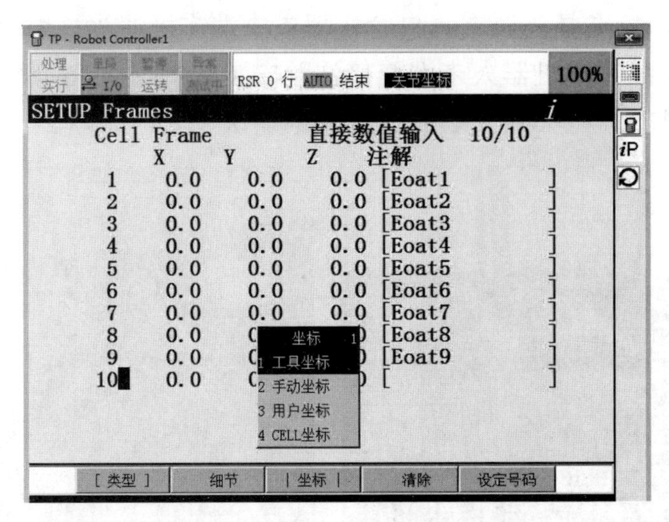

图 2-1-13 新建工具名称界面

（3）移动光标到所需设置的 TCP，按“F2”（方法）键进入详细界面，如图 2-1-14 所示。

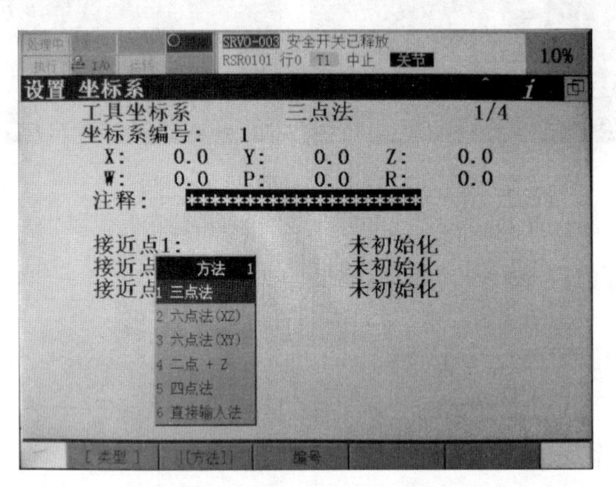

图 2-1-14 三点法选择界面

（4）按“F2”（方法）键，如图 2-1-14 所示，移动光标，选择所用的设置方法“三点法”选项，按“ENTER”键确认，如图 2-1-15 所示。

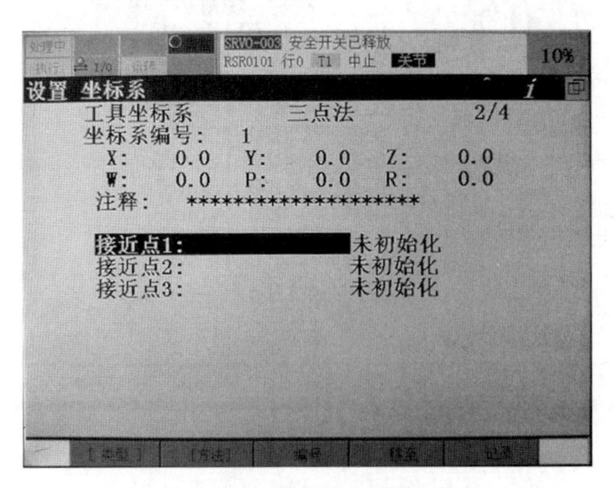

图 2-1-15 三点法的确认

（5）记录接近点 1。

移动光标到接近点 1（Approach Point 1），把示教坐标切换成全局坐标（WORLD）后移动机器人，使工具尖端接触到基准点；按“SHIFT”+“F5”（记录）键记录，如图 2-1-16 所示。

（6）记录接近点 2。

移动光标到接近点 2（Approach Point 2），把示教坐标切换成关节坐标（JOINT）后旋转 J6 轴（法兰面）至少 90°，不要超过 360°；把示教坐标切换成全局坐标（WORLD）后移动机器人使工具尖端接触到基准点，按“SHIFT”+“F5”（记录）键记录，如图 2-1-17 所示。

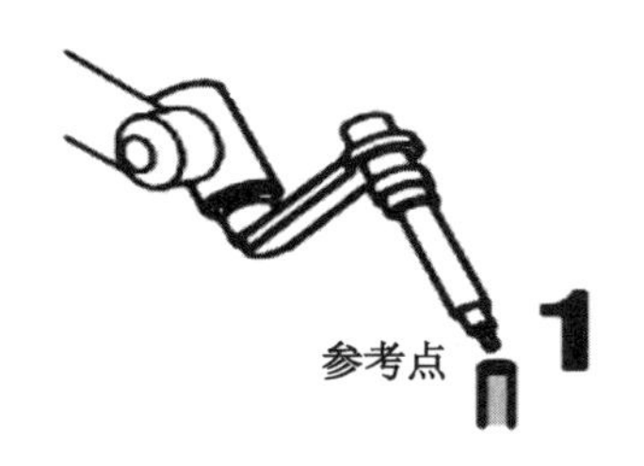

图 2-1-16　记录接近点 1 的位置

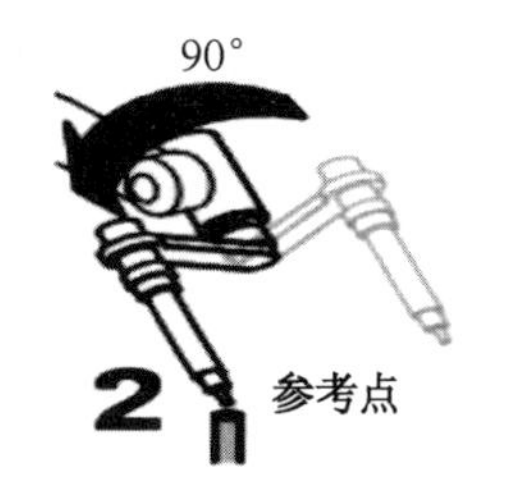

图 2-1-17　记录接近点 2 的位置

（7）记录接近点 3。

移动光标到接近点 3（Approach Point 3），把示教坐标切换成关节坐标（JOINT），旋转 J4 轴和 J5 轴，不要超过 90°，把示教坐标切换成全局坐标（WORLD）后移动机器人使工具尖端接触到基准点，按“SHIFT”+“F5”（记录）键记录，如图 2-1-18 所示。

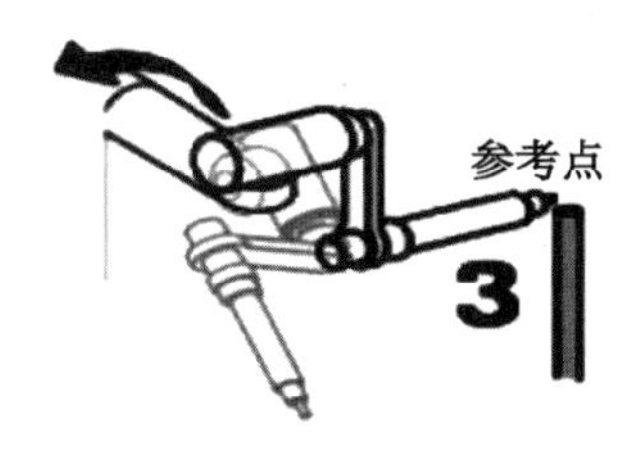

图 2-1-18　记录接近点 2 的位置

（8）当三个点记录完成后，自动计算生成新的工具坐标系，如图 2-1-19 所示。

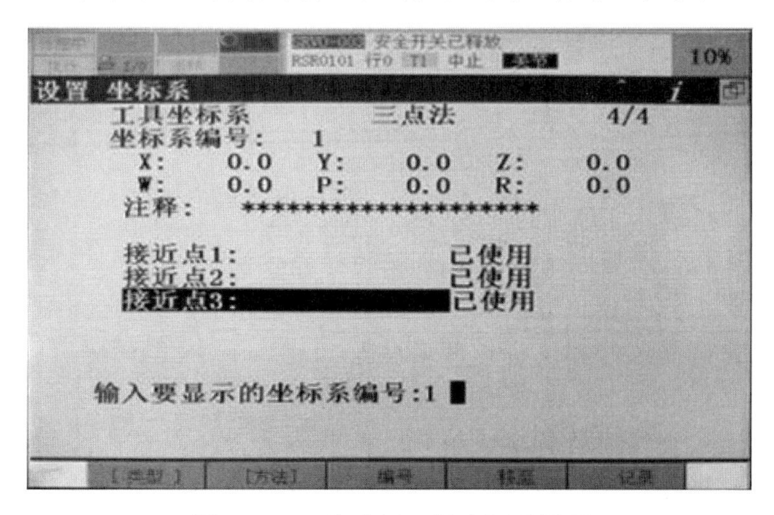

图 2-1-19　生成新工具坐标系界面

任务测评

对任务实施的完成情况进行检查，并将结果填入表 2-1-11。

表 2-1-11　任务测评表

序号	主要内容	考核要求	评分标准	配分/分	扣分/分	得分/分
1	TCP 单元的安装	正确安装 TCP 单元	1. TCP 单元安装不牢固，每处扣 5 分。 2. 不会安装，扣 10 分	10		
2	焊枪夹具的安装	正确安装焊枪夹具	1. 连接法兰安装不牢固，每处扣 2 分，共 4 处。 2. 焊枪夹具安装不牢固，每处扣 1 分，共 2 处	10		
3	三点法设定 TCP	正确新建焊枪夹具的 TCP	1. 不能使用三点法新建焊枪夹具的 TCP，扣 40 分。 2. 设定 TCP 有遗漏或错误，每处扣 10 分	40		
		正确调试焊枪夹具 TCP	1. 不能使用重定位功能实现焊枪绕着 TCP 点改变姿态，扣 30 分。 2. 调试焊枪夹具 TCP 方法有遗漏或错误，每处扣 10 分	30		
4	安全文明生产	劳动保护用品穿戴整齐，遵守操作规程，讲文明懂礼貌，操作结束要清理现场	1. 操作中违反安全文明生产考核要求的任何一项扣 5 分。 2. 当发现学生有重大事故隐患时，要立即予以制止，并扣 5 分	10		
合　计				100		

任务 2　工业机器人基础学习套件的编程与操作

学习目标

✧ 知识目标：

1. 了解工业机器人 I/O 信号的分类。
2. 掌握工业机器人数字 I/O 信号分配的操作方法。
3. 掌握工业机器人模拟 I/O 信号分配的操作方法。
4. 了解工业机器人外部设备信号名称及功能。
5. 掌握工业机器人 I/O 信号的接线与控制。
6. 掌握运动控制程序的新建、编辑、加载方法。
7. 掌握工业机器人动作类指令的功能、组成、应用及示教操作方法。

✧ 能力目标：

1. 能够新建、编辑和加载程序。
2. 能够完成轨迹模型及焊枪夹具的安装。
3. 能够完成轨迹训练模型系统设计与调试。

工作任务

程序是为了使机器人完成某种任务而设置的动作顺序描述。在示教操作中，产生的示教数据（如轨迹数据、作业条件、作业顺序等）和机器人指令都将保存在程序中，当机器人自动运行时，将执行程序以再现所记忆的动作。常见的程序编程方法有两种——示教编程方法和离线编程方法。

图 2-2-1 所示为工业机器人基础学习套件工作站，该套件轨迹训练模型结构示意图如图 2-2-2 所示。本任务采用示教编程方法，操作机器人实现模型运动轨迹的示教。

具体控制要求如下。

（1）“实训模式”时使用安全连线对各个信号正确连接。要求控制面板上急停按钮 QS 按下后机器人紧急停止报警。机器人在自动模式时可通过面板按钮 SB1 控制机器人电动机上电，按钮 SB2 控制机器人从主程序开始运行，按钮 SB3 控制机器人停止，按钮 SB4 控制机器人开始运行，指示灯 H1 显示机器人自动运行状态，指示灯 H2 显示电动机上电状态。

（2）“演示模式”时采用可编程控制器对机器人状态信号进行控制。要求机器人切换至自动模式时指示灯 HR 亮起，表示系统准备就绪，且处于停止状态。按下系统启动按钮 SB1，运行指示灯 HG 亮起、指示灯 HR 灭掉。同时机器人进行上电运行，开始码垛工作。机器人码垛工作结束后回到工作原点位置后停止，且指示灯 HR 亮起表示系统停止。

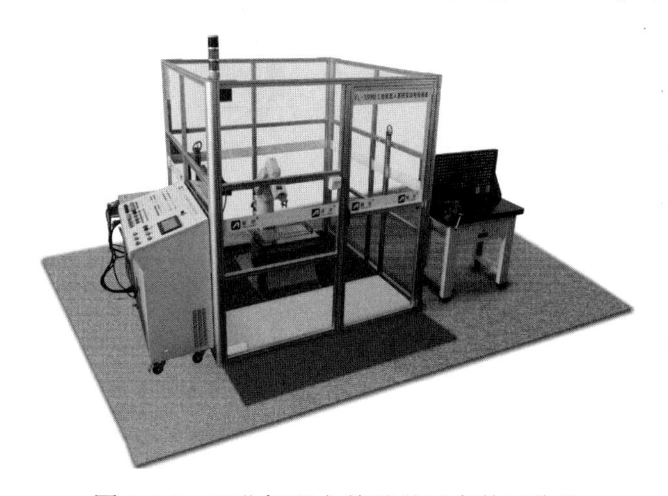

图 2-2-1　工业机器人基础学习套件工作站

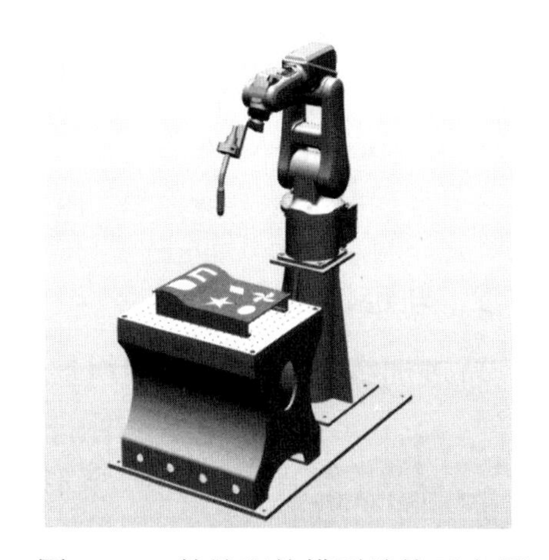

图 2-2-2　轨迹训练模型结构示意图

相关知识

一、工业机器人轨迹训练模型工作站

工业机器人轨迹训练模型工作站是为了进行机器人轨迹数据示教编程而建立的，可通过

焊枪夹具描绘图形，训练对机器人基本的点示教，平面直线、曲线运动与曲面直线、曲线运动的轨迹示教，还可以通过 TCP 辅助示教装置训练机器人的工具坐标建立。

工业机器人轨迹训练模型工作站主要由安全门防护系统、系统电气控制柜、机器人本体、机器人控制器、机器人操作对象承载平台、轨迹训练模型、钳工台、模块存放柜组成，如图 2-2-3 所示。

图 2-2-3　工业机器人轨迹训练模型工作站的组成

1．工业机器人的系统组成

工业机器人轨迹训练模型工作站采用的工业机器人是额定负载为 4kg 的小型六自由度的工业机器人。它由机器人本体、机器人控制器、连接电缆和示教器组成，如图 2-2-4 所示。

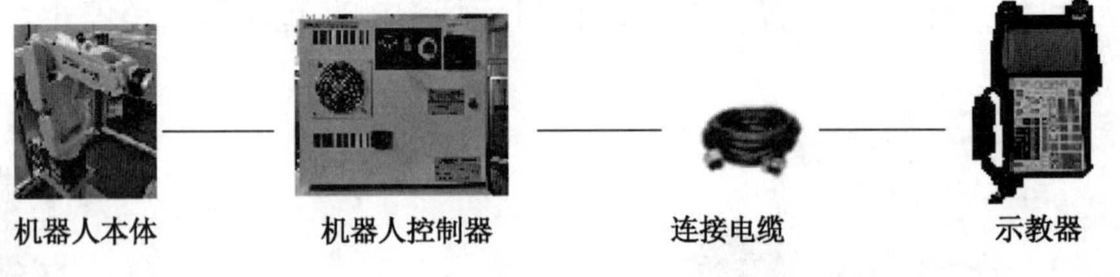

图 2-2-4　工业机器人系统组成示意图

2．轨迹训练模型

轨迹训练模型由优质铝材加工制造而成，表面阳极氧化处理，在平面、曲面上蚀刻不同图形规则的图案（如平行四边形、五角星、椭圆、风车图案、凹字形图案等多种不同轨迹的图案），如图 2-2-5 所示。且该模型右下角配有 TCP 示教辅助装置，可通过焊枪夹具描绘图形，训练对机器人基本的点示教，平面直线、曲线运动与曲面直线、曲线运动的轨迹示教。还可以通过 TCP 辅助示教装置训练工业机器人建立工具坐标系。

图 2-2-5　轨迹训练模型

3．系统电气控制柜

系统电气控制柜主要分为“演示模式”与“实训模式”。

选择“演示模式”时，机器人、安全防护门、工作站检测与执行信号等，均由控制柜内

的可编程控制器对系统进行集成控制。

选择“实训模式”时，所有信号均转接至电气控制柜面板上各信号对应的安全插座上，可直接采用安全插线连接对应的信号。使用面板下方的按钮直接控制机器人系统动作及其状态显示（指示灯），如图 2-2-6 所示。

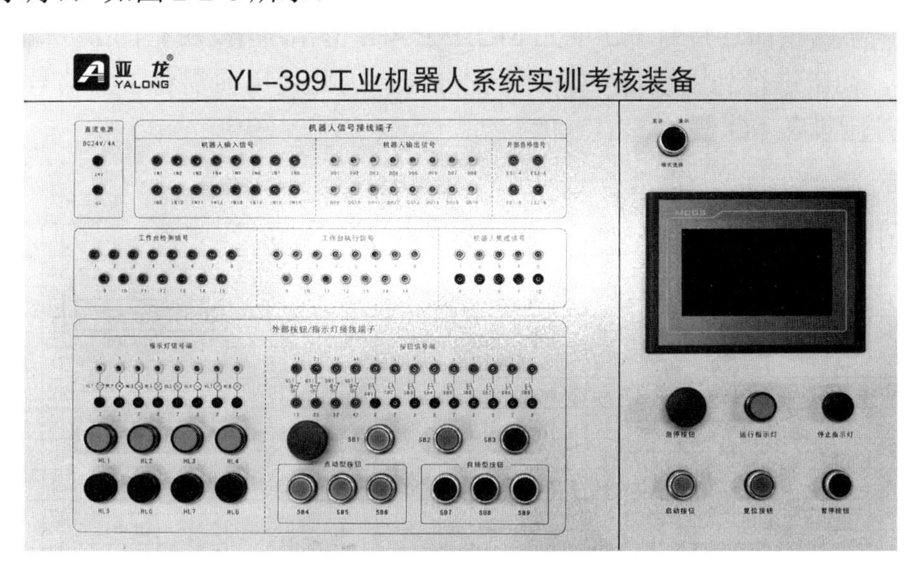

图 2-2-6　电气控制柜面板示意图

二、机器人 I/O 信号的分类

机器人 I/O 信号是机器人与末端执行器、外部装置等设备进行通信的电信号，分为通用 I/O 信号与专用 I/O 信号两大类。通用 I/O 信号是可以由用户自定义的 I/O 信号，包括数字 I/O 信号、组 I/O 信号与模拟 I/O 信号。而专用 I/O 信号是用途已经确定的 I/O 信号，分为外围设备 I/O 信号、操作面板 I/O 信号与机器人 I/O 信号。其中数字 I/O 信号、组 I/O 信号与模拟 I/O 信号、外围设备 I/O 信号可以进行再定义，具体是可以将物理编号分配给逻辑信号；而操作面板 I/O 信号与机器人 I/O 信号的物理编号已被固定为逻辑编号，因此不能进行再定义。

1. 通用 I/O 信号

1）数字 I/O 信号

数字 I/O（DI/DO）信号是从外围设备通过处理 I/O 印制电路板或 I/O 单元的数字 I/O 信号线进行数据交换的标准数字信号，如图 2-2-7 所示。

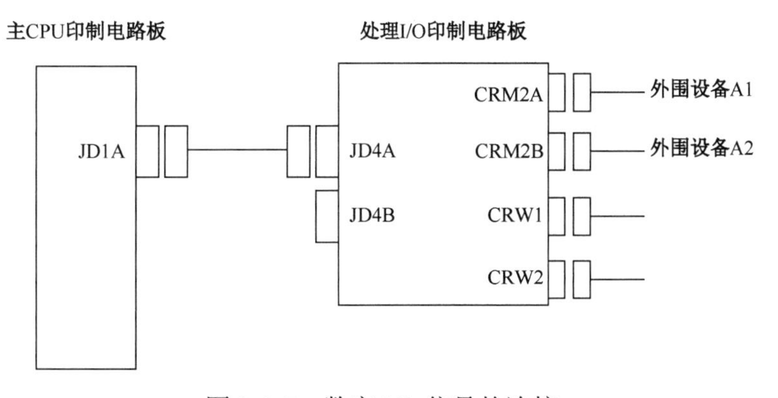

图 2-2-7　数字 I/O 信号的连接

由于处理 I/O 印制电路板上物理编号中的 18 个输入信号（in01～in18）、20 个输出信号（out01～out20）被分配给外围设备的 I/O（UI/UO），因此被分配数字输入信号（DI）的物理编号从 in19 开始，数字输出信号（DO）的物理编号从 out21 开始，图 2-2-8 中给出了 CRM2A、CRM2B 接口的连接器编号和物理编号，数字 I/O 信号的标准设定如图 2-2-9 所示。在没有连接处理 I/O 印制电路板而连接有 I/O 单元 MODEL A/B 的情况下，所有的 I/O 信号均被分配给数字 I/O 信号，而未进行外围设备 I/O 信号的分配，因此使用前需将 I/O 信号分别分配给数字 I/O 信号与外围设备 I/O 信号。

CRM2A

连接器编号	物理编号				
01	in 1			33	out 1
02	in 2	19	out 13	34	out 2
03	in 3	20	out 14	35	out 3
04	in 4	21	out 15	36	out 4
05	in 5	22	out 16	37	COM-A1
06	in 6	23	COM-A4	38	out 5
07	in 7	24	out 17	39	out 6
08	in 8	25	out 18	40	out 7
09	in 9	26	out 19	41	out 8
10	in 10	27	out 20	42	COM-A2
11	in 11	28	COM-A5	43	out 9
12	in 12	29	in 17	44	out 10
13	in 13	30	in 18	45	out 11
14	in 14	31	in 19	46	out 12
15	in 15	32	in 20	47	COM-A3
16	in 16			48	
17	0V			49	+24E
18	0V			50	+24E

CRM2B

连接器编号	物理编号				
01	in 21			33	out 21
02	in 22	19	out 33	34	out 22
03	in 23	20	out 34	35	out 23
04	in 24	21	out 35	36	out 24
05	in 25	22	out 36	37	COM-B1
06	in 26	23	COM-B4	38	out 25
07	in 27	24	out 37	39	out 26
08	in 28	25	out 38	40	out 27
09	in 29	26	out 39	41	out 28
10	in 30	27	out 40	42	COM-B2
11	in 31	28	COM-B5	43	out 29
12	in 32	29	in 37	44	out 30
13	in 33	30	in 38	45	out 31
14	in 34	31	in 39	46	out 32
15	in 35	32	in 40	47	COM-B3
16	in 36			48	
17	0V			49	+24E
18	0V			50	+24E

图 2-2-8　CRM2A、CRM2B 接口的连接器编号和物理编号

物理编号	数字输入信号	物理编号	数字输入信号
in 19	DI 1	in 31	DI 13
in 20	DI 2	in 32	DI 14
in 21	DI 3	in 33	DI 15
in 22	DI 4	in 34	DI 16
in 23	DI 5	in 35	DI 17
in 24	DI 6	in 36	DI 18
in 25	DI 7	in 37	DI 19
in 26	DI 8	in 38	DI 20
in 27	DI 9	in 39	DI 21
in 28	DI 10	in 40	DI 22
in 29	DI 11		
in 30	DI 12		

物理编号	数字输出信号	物理编号	数字输出信号
out 19		out 31	DO 11
out 20		out 32	DO 12
out 21	DO 1	out 33	DO 13
out 22	DO 2	out 34	DO 14
out 23	DO 3	out 35	DO 15
out 24	DO 4	out 36	DO 16
out 25	DO 5	out 37	DO 17
out 26	DO 6	out 38	DO 18
out 27	DO 7	out 39	DO 19
out 28	DO 8	out 40	DO 20
out 29	DO 9		
out 30	DO 10		

图 2-2-9　数字 I/O 信号的标准设定

分配数字 I/O 信号的操作步骤如表 2-2-1 所示。

表 2-2-1　分配数字 I/O 信号的操作步骤

步骤	操作方法	操作提示
1	按“MENU”键，显示画面菜单	MENU
2	选择“5 I/O”选项	4 ALARM 5 I/O 6 SETUP
3	按“F1”[TYPE（画面）]键，显示画面切换菜单	[TYPE] F1 TYPE 1 1 Cell Intface 2 Custom 3 Digital
4	选择“3 Digital”（数字）选项，出现数字 I/O 信号一览画面	I/O Digital Out # SIM STATUS 1/512 DO[1] U [ ] DO[2] U [ ] DO[3] U [ ] DO[4] U [ ] DO[5] U [ ] DO[6] U [ ] DO[7] U [ ] DO[8] U [ ] DO[9] U [ ] DO[10] U [ ] DO[11] U [ ] [TYPE] CONFIG IN/OUT ON OFF
5	要进行 I/O 画面的切换按“F3”（IN/OUT）键	[TYPE] CONFIG IN/OUT F3
6	要进行 I/O 分配，按“F2”[CONFIG（分配）]键	[TYPE] CONFIG IN/OUT F2
7	要返回一览画面，按“F2”[MONITOR（一览）]键	I/O Digital Out 1/8 # RANGE RACK SLOT START STAT. 1 DO[1- 8] 0 1 21 ACTIV 2 DO[9- 16] 0 1 29 ACTIV 3 DO[17- 20] 0 1 37 ACTIV 4 DO[21- 24] 0 0 0 UNASG 5 DO[25- 64] 0 2 1 ACTIV 6 DO[65- 104] 0 3 1 ACTIV 7 DO[105- 144] 0 4 1 ACTIV 8 DO[145- 512] 0 0 0 UNASG Device Name : Unknown [TYPE] MONITOR IN/OUT DELETE HELP

续表

步骤	操作方法	操作提示
8	I/O 分配画面的操作如下。 （1）将光标指向“RANGE”（范围）选项，输入要进行分配的信号。 （2）根据所输入的范围，自动分配行。 （3）在“RACK”（机架）、“SLOT”（插槽）及“START”（开始点）中输入适当的值。 （4）输入正确值时，“STAT.”（状态）中显示“PEND”，设定不正确时“STAT.”中显示“INVAL”	（1）“RACK”（机架）：表示构成 I/O 模块硬件的种类，0 表示处理 I/O 印制电路板，1～16 表示 I/O 单元 MODEL A/B。 “SLOT”（插槽）：是指构成机架 I/O 模块部件的编号。 “START”（开始点）：对应于软件端口的 I/O 设备起始引脚。 （2）“STAT.”的含义如下。 ① ACTIV：当前正使用该分配。 ② PEND：已正确分配，重新通电时成为 ACTIV。 ③ INVAL：设定有误。 ④ UNASG：尚未分配。 注意：在连接处理 I/O 印制电路板的情况下，标准情况下 18 个输入信号、20 个输出信号设定在外围设备的 I/O 中，因此第一块板的输入开始点（START）为 19，输出开始点为 21
9	按“F2”[MONITOR（一览）]键，返回到一览画面	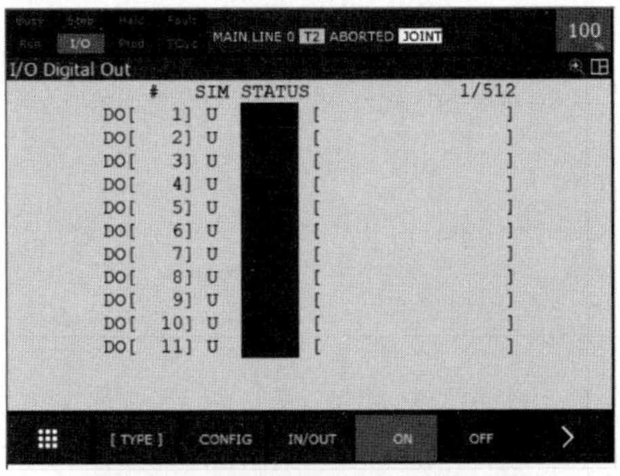 MAIN LINE 0 T2 ABORTED JOINT 100 I/O Digital Out # SIM STATUS 1/512 DO[1] U [ ] DO[2] U [ ] DO[3] U [ ] DO[4] U [ ] DO[5] U [ ] DO[6] U [ ] DO[7] U [ ] DO[8] U [ ] DO[9] U [ ] DO[10] U [ ] DO[11] U [ ] [TYPE] CONFIG IN/OUT ON OFF
10	若要进行 I/O 的属性设定，按“NEXT”（下一项）键，再按下一页的“F4”[DETAIL（详细）]键	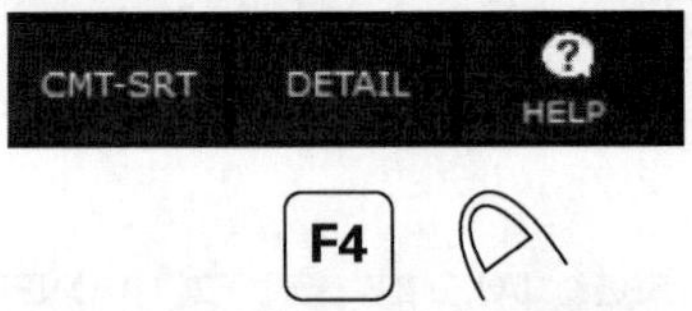 CMT-SRT DETAIL HELP F4
11	显示数字 I/O 详细画面，输入注释（Comment）。若要返回一览画面，按“PREV”键，若要设定条目，将光标指向设定栏，选择功能键菜单	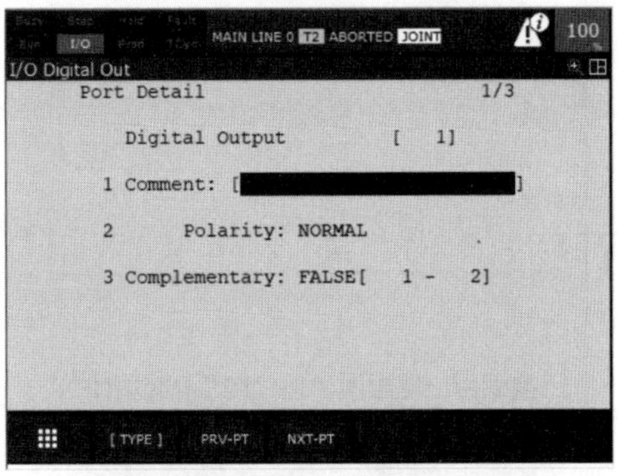 MAIN LINE 0 T2 ABORTED JOINT 100 I/O Digital Out Port Detail 1/3 Digital Output [1] 1 Comment: [ ] 2 Polarity: NORMAL 3 Complementary: FALSE[1 - 2] [TYPE] PRV-PT NXT-PT
12	要进行下一个 I/O 组的设定，按“F3”[NXT-PT（下一项）]键	 [TYPE] PRV-PT NXT-PT F3

续表

步骤	操作方法	操作提示
13	设定结束后，按“PREV”键，返回一览画面	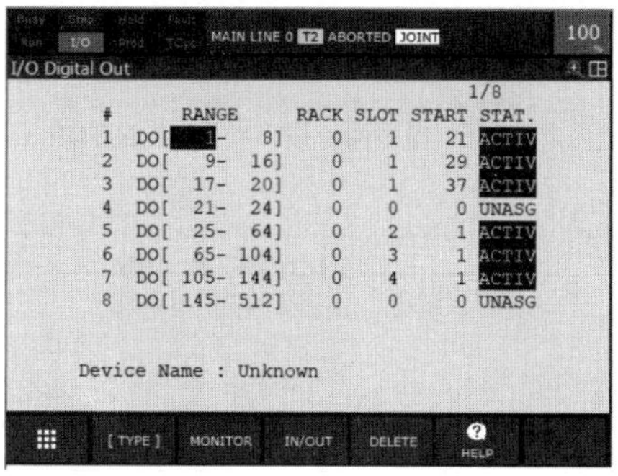
14	若要使设定有效，需断电并重新上电	

2）组 I/O 信号

所谓组 I/O 信号（GI/GO）也就是可以将 2～16 个信号作为一组来定义。组信号的值用十进制数或十六进制数来表示。分配组 I/O 信号的操作步骤如表 2-2-2 所示。

表 2-2-2 分配组 I/O 信号的操作步骤

步骤	操作方法	操作提示
1	按“MENU”键，显示画面菜单	 MENU
2	选择“5 I/O”选项	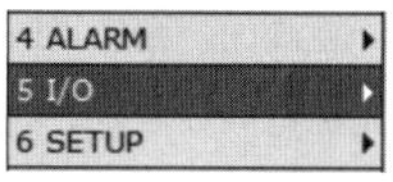 4 ALARM 5 I/O 6 SETUP
3	按“F1”[TYPE（画面）]键，显示画面切换菜单	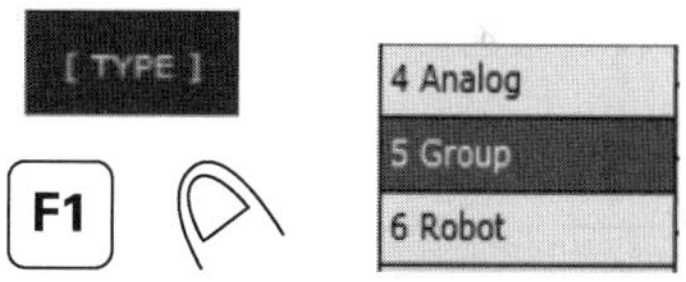 [TYPE] F1 4 Analog 5 Group 6 Robot
4	选择“5 Group”（组）选项，出现组一览画面	
5	要进行 I/O 画面的切换按“F3”（IN/OUT）键	 [TYPE] CONFIG IN/OUT F3
6	要进行 I/O 分配，按“F2”[CONFIG（分配）]键	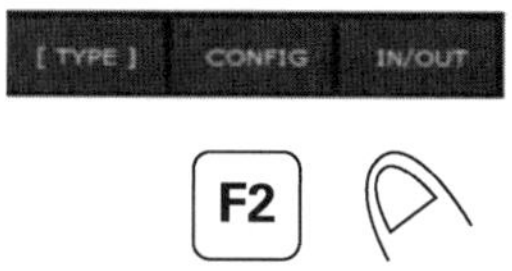 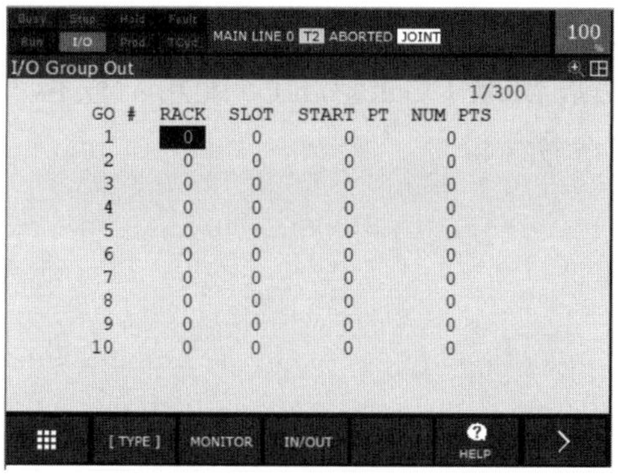 [TYPE] CONFIG IN/OUT F2

续表

步骤	操作方法	操作提示
7	要返回一览画面，按“F2”[MONITOR（一览）]键	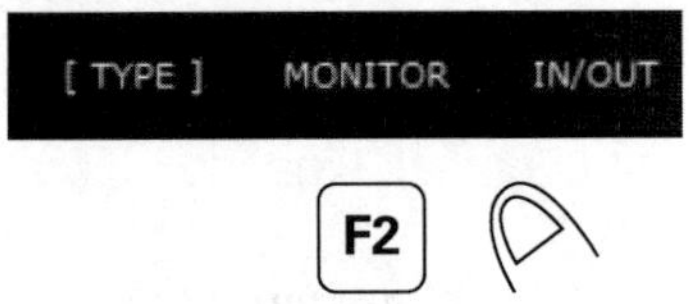 [TYPE] MONITOR IN/OUT F2
8	要想分配信号，先将光标指向各条目数，再输入数值	“RACK”（机架）：表示构成I/O模块硬件的种类，0表示处理I/O印制电路板，1～16表示I/O单元MODEL A/B。 “SLOT”（插槽）：是指构成机架 I/O 模块部件的编号。 “START PT”（开始点）：指定分配信号的最初物理编号。 “NUM PTS”（信号数）：指分配给一个组的信号数量，取值范围为2～16
9	若要进行 I/O 的属性设定，先按“NEXT”（下一项）键，再按下一页的“F4”[DETAIL（详细）]键	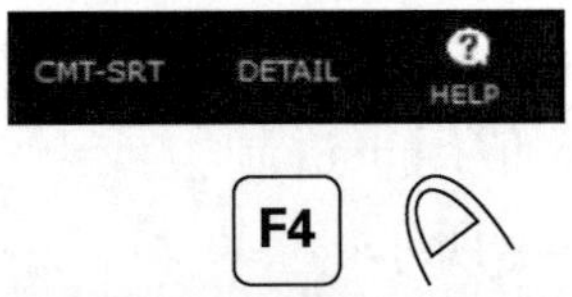 CMT-SRT DETAIL HELP F4
10	显示组I/O详细画面，输入“注释”(Comment)。若要返回一览画面，则按“PREV”键，若要设定条目，则将光标指向设定栏，选择功能键	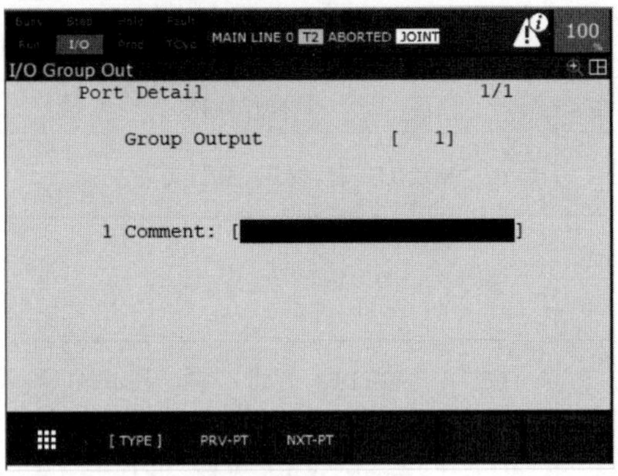 MAIN LINE 0 T2 ABORTED JOINT 100 I/O Group Out Port Detail 1/1 Group Output [1] 1 Comment: [ ] [TYPE] PRV-PT NXT-PT
11	设定结束后，按“PREV”键，返回一览画面	 PREV
12	若要使设定有效，需断电并重新上电	

3）模拟I/O信号

模拟I/O（AI/AO）信号是外围设备通过处理I/O印制电路板（或I/O单元）输入、输出的模拟电压，如图2-2-10所示。模拟I/O接口的引脚分布详见处理I/O印制电路板的CRW1、CRW2接口，如图2-2-11所示，图中ain*-C表示ain*的公共信号线，*表示数字1、2、3、4、5。

通过模拟I/O信号的分配可对模拟专用信号线的物理编号进行再定义，具体操作步骤如表2-2-3所示。

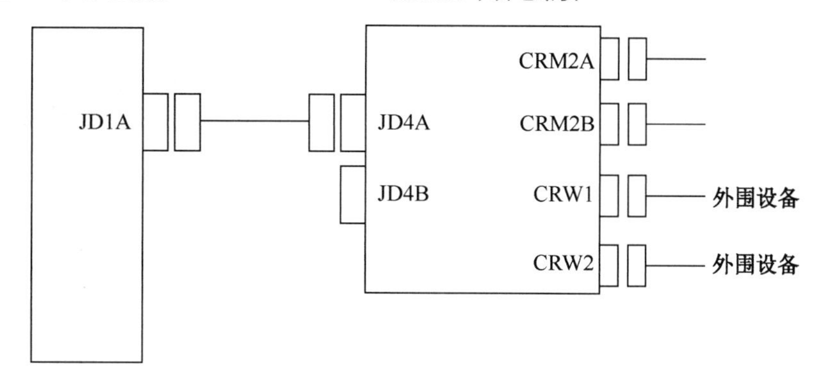

图 2-2-10　模拟 I/O 信号的连接

CRW1

01	aout 1	13	ain 1	23	WO 1
02	aout 1-C	14	ain 1-C	24	WO 2
03	aout 2	15	ain 2	25	WO 3
04	aout 2-C	16	ain 2-C	26	WO 4
05	WI 1	17		27	WO 5
06	WI 2	18		28	WO 6
07	WI 3	19	0V	29	WO 7
08	WI 4	20	0V	30	WO 8
09	WI 5	21	0V	31	WI+
10	WI 6	22	0V	32	WI−
11	WI 7			33	+24V
12	WI 8			34	+24V

CRW2

01		08		14	ain 3
02		09		15	ain 3-C
03		11		16	ain 4
04		12		17	ain 4-C
05		13		18	ain 5
06		13		19	ain 5-C
07				20	

图 2-2-11　处理 I/O 印制电路板的 CRW1、CRW2 接口

表 2-2-3　分配模拟 I/O 信号的操作步骤

步骤	操作方法	操作提示
1	按“MENU”键，显示画面菜单	MENU
2	选择“5 I/O”选项	4 ALARM 5 I/O 6 SETUP
3	按“F1”[TYPE（画面）]键，显示画面切换菜单	[TYPE] F1 3 Digital 4 Analog 5 Group
4	选择“4 Analog”（模拟）选项，出现模拟 I/O 信号一览画面	I/O Analog Out # SIM VALUE 1/64 AO[1] U 0 [ ] AO[2] U 0 [ ] AO[3] U 0 [ ] AO[4] U 0 [ ] AO[5] U 0 [ ] AO[6] U 0 [ ] AO[7] * * [ ] AO[8] * * [ ] AO[9] * * [ ] AO[10] * * [ ] AO[11] * * [ ] [TYPE] CONFIG IN/OUT SIMULATE UNSIM

续表

步骤	操作方法	操作提示
5	要进行 I/O 画面的切换按“F3”[IN/OUT]键	[TYPE] CONFIG IN/OUT F3
6	要进行 I/O 分配，按“F2”[CONFIG（分配）]键	[TYPE] CONFIG IN/OUT F2 I/O Analog Out 1/64 AO # RACK SLOT CHANNEL 1 0 1 1 2 0 1 2 3 0 2 1 4 0 2 2 5 0 3 1 6 0 3 2 7 0 0 0 8 0 0 0 9 0 0 0 10 0 0 0 [TYPE] MONITOR IN/OUT HELP
7	要返回一览画面，按“F2”[MONITOR（一览）]键	[TYPE] MONITOR IN/OUT F2
8	要分配信号，先将光标指向各条目数，再输入数值	“RACK”（机架）：表示构成 I/O 模块硬件的种类，0 表示处理 I/O 印制电路板，1～16 表示 I/O 单元 MODEL A/B。 “SLOT”（插槽）：是指构成机架 I/O 模块部件的编号。 “CHANNEL”（通道）：为进行信号线的映射而将物理编号分配给逻辑编号，物理编号指定 I/O 模块上的 I/O 引脚
9	在一览画面上先按“NEXT”（下一项）键，再按下一页的“F4”[DETAIL（详细）]键，出现模拟 I/O 详细画面	CMT-SRT DETAIL HELP F4
10	输入“注释”（Comment）。若要返回一览画面，则按“PREV”键，若要设定条目，则将光标指向设定栏，选择功能键菜单	I/O Analog Out Port Detail 1/1 Analog Output [1] 1 Comment: [ ] [TYPE] PRV-PT NXT-PT

续表

步骤	操作方法	操作提示
11	设定结束后，按“PREV”键，返回一览画面	PREV
12	若要使设定有效，需断电并重新上电	

2. 专用 I/O 信号

FANUC 工业机器人有三类专用 I/O 信号，即外部 I/O 信号、机器人 I/O 信号与操作面板 I/O 信号。其中外部 I/O 信号又称外围设备 I/O 信号，是系统中已经确定了其用途的专用信号；机器人 I/O 信号是经由工业机器人作为末端执行器 I/O 而使用的信号；而操作面板 I/O 信号则用来进行操作面板上按钮和 LED 状态数据交换的专用信号。

1）外围设备 I/O 信号

在连接处理 I/O 印制电路板的情况下，外围设备 I/O 信号已被自动分配给第一块处理 I/O 印制电路板的信号线。在连接 I/O 单元 MODEL A/B 的情况下，才需要进行外围设备 I/O 的分配。下面介绍的外围设备 I/O 信号地址都是针对处理 I/O 印制电路板的情形。

外围设备 I/O 信号的标准设定如图 2-2-12 所示，物理编号指定 I/O 模块上的 I/O 引脚，为进行信号线的映射而将物理编号分配给逻辑编号。例如：CRM2A 接口中的 in1 为引脚 1，UI1 为其逻辑编号，对应于外围设备急停指令（*IMSTP）的输入；in2 为引脚 2，UI2 为其逻辑编号，对应于外围设备暂停指令（*HOLD）的输入，上述信号均是低电平有效。有关外围设备 I/O 信号的具体说明详见表 2-2-4、表 2-2-5。

物理编号	逻辑编号	外围设备输入
in 1	UI 1	*IMSTP
in 2	UI 2	*HOLD
in 3	UI 3	*SFSPD
in 4	UI 4	CSTOPI
in 5	UI 5	FAULT RESET
in 6	UI 6	START
in 7	UI 7	HOME
in 8	UI 8	ENBL
in 9	UI 9	RSR1/PNS1
in 10	UI 10	RSR2/PNS2
in 11	UI 11	RSR3/PNS3
in 12	UI 12	RSR4/PNS4
in 13	UI 13	RSR5/PNS5
in 14	UI 14	RSR6/PNS6
in 15	UI 15	RSR7/PNS7
in 16	UI 16	RSR8/PNS8
in 17	UI 17	PNSTROBE
in 18	UI 18	PROD_START
in 19	UI 19	
in 20	UI 20	

物理编号	逻辑编号	外围设备输出
out 1	UO 1	CMDENBL
out 2	UO 2	SYSRDY
out 3	UO 3	PROGRUN
out 4	UO 4	PAUSED
out 5	UO 5	HELD
out 6	UO 6	FAULT
out 7	UO 7	ATPERCH
out 8	UO 8	TPENBL
out 9	UO 9	BATALM
out 10	UO 10	BUSY
out 11	UO 11	ACK1/SNO1
out 12	UO 12	ACK2/SNO2
out 13	UO 13	ACK3/SNO3
out 14	UO 14	ACK4/SNO4
out 15	UO 15	ACK5/SNO5
out 16	UO 16	ACK6/SNO6
out 17	UO 17	ACK7/SNO7
out 18	UO 18	ACK8/SNO8
out 19	UO 19	SNACK
out 20	UO 20	RESERVED

图 2-2-12　外围设备 I/O 信号的标准设定

表 2-2-4　外部设备输入信号（UI）一览表

序号	信号名称	信号地址	信号说明
1	*IMSTP	UI[1]	瞬时停止信号，始终有效。通过软件发出急停指令，一般情况下该信号为ON
2	*HOLD	UI[2]	暂停信号，始终有效。从外部装置发出暂停指令，一般情况下该信号为ON
3	*SFSPD	UI[3]	安全速度信号，始终有效。在安全防护栅栏门开启时使机器人暂停，一般情况下该信号为ON
4	CSTOPI	UI[4]	循环停止信号，始终有效。结束当前执行中的程序。与系统设定画面中“CSTOPI for ABORT”设定有关，通过RSR程序解除处在待命状态的程序
5	FAULT_RESET	UI[5]	报警解除信号，始终有效。在默认设定值下，该信号断开时发挥作用
6	START	UI[6]	外部启动信号，遥控状态时有效，信号下降沿时使用
7	ENBL	UI[8]	动作允许信号，始终有效。允许机器人动作，该信号为OFF时，禁止基于JOG进给的机器人动作与包含动作组程序的启动
8	RSR1～RSR8	UI[9～16]	机器人启动请求信号，遥控状态时有效。接收到一个该信号时，与该信号对应的RSR程序被选择而启动；若其他程序处在执行中或暂停中时，所选程序则加入等待行列
9	PNS1～PNS8，PNSTROBE	UI[9～16]，UI[17]	PNS是程序编号选择信号，PNSTROBE是PNS选通信号，遥控状态时有效。控制器接收到PNSTROBE输入时，读出PNS1～PNS8输入，选择要执行的程序；当其他程序处在执行中或暂停时，忽略此信号
10	PROD_START	UI[18]	自动运转启动信号，遥控状态时有效。信号下降沿时启用，从第一行开始启动当前所选程序（程序可由PNS或示教器选择）

注：遥控状态是指遥控条件成立时的状态，具体操作时要确保示教器有效开关断开。当遥控信号SI[2]为ON时，*SFSPD输入为ON，ENBL输入为ON，系统变量$RMT_MASTER为0。

表 2-2-5　外部设备输出信号（UO）一览表

序号	信号名称	信号地址	信号说明
1	CMDENBL	UO[1]	可接受输入信号，该信号为ON时表示可从程控装置启动包含动作组的程序
2	SYSRDY	UO[2]	系统准备就绪信号，该信号在伺服电源接通时输出
3	PROGRUN	UO[3]	程序执行中信号，程序执行过程中，该信号输出，程序暂停时，该信号不输出
4	PAUSED	UO[4]	暂停中信号，在程序处于暂停中而等待再启动时的状态输出
5	HELD	UO[5]	保持中信号，在输入HOLD（UI[2]）信号或按下HOLD按钮时该信号输出
6	FAULT	UO[6]	报警信号，在系统发生报警时输出。通过FAULT－RESET输入解除报警
7	ATPERCH	UO[7]	基准点信号，在机器人处在预先确定的参考位置（第1基准点）时输出
8	TPENBL	UO[8]	示教器有效信号，当示教器有效开关为ON时输出
9	BATALM	UO[9]	电池异常信号，当控制装置或机器人本体脉冲编码器的后备电池电压下降时输出
10	BUSY	UO[10]	处理中信号，当程序执行中或通过示教器进行作业处理时该信号输出
11	ACK1～ACK8	UO[11～18]	RSR接收确认信号，接收到RSR输入时，作为确认而输出的脉冲信号
12	SNO1～SNO8	UO[11～18]	选择程序编号信号，作为确认二进制代码方式输出当前所选的程序编号（PNS1～PNS8输入的信号）
13	SNACK	UO[19]	PNS接收确认信号，接收到PNS输入时，作为确认输出的脉冲信号

2）机器人 I/O 信号

机器人 I/O 信号（RI/RO）是经由主 CPU 印制电路板，与机器人连接并执行相关处理的机器人数字信号，具体包括：机械手断裂信号（*HBK）、气压异常信号（*PPABN）、超程信号（*ROT）及末端执行器最多 8 个输入、8 个输出的通用信号（RI[1～8]、RO[1～8]）等。图 2-2-13 所示为 M-10iA 机器人机构部与末端执行器之间的连接图。根据机器人机型不同，其末端执行器 I/O 的通用 I/O 信号数也不相同。

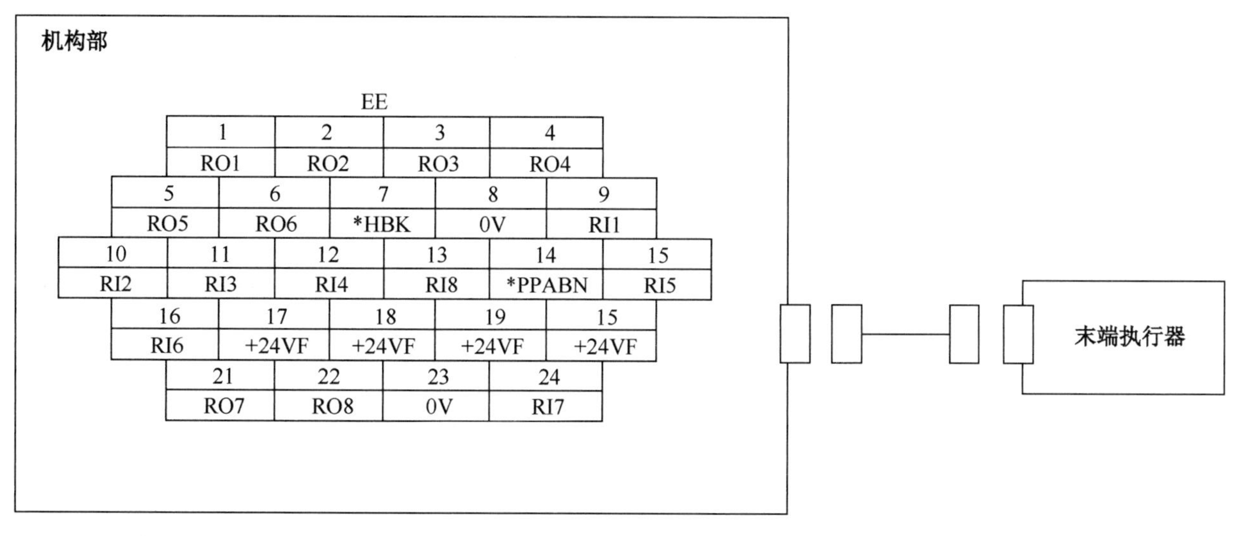

图 2-2-13　M-10iA 机器人机构部与末端执行器之间的连接图

3）操作面板 I/O 信号

操作面板 I/O 信号（SI/SO）是用来进行操作面板按钮与 LED 状态数据交换的数字专用信号。用户不能对操作面板 I/O 信号编号进行再定义。标准情况下已经定义了 16 个输出信号，如图 2-2-14 所示。操作面板 I/O 信号的具体说明详见表 2-2-6、表 2-2-7。

逻辑编号	操作面板输入
SI 0	
SI 1	FAULT_RESET
SI 2	REMOTE
SI 3	*HOLD
SI 4	USER#1
SI 5	USER#2
SI 6	START
SI 7	

逻辑编号	操作面板输出
SO 0	REMOTE LED
SO 1	CYCLE START
SO 2	HOLD
SO 3	FAULT LED
SO 4	BATTERY ALARM
SO 5	USER#1
SO 6	USER#2
SO 7	TPENBL

图 2-2-14　操作面板 I/O 信号的标准设定

表 2-2-6　操作面板输入信号（SI）一览表

序号	信号名称	信号地址	信号说明
1	FAULT_RESET	SI[1]	报警解除信号，用于解除报警。在伺服电源下通过 RESET 信号接通电源
2	REMOTE	SI[2]	遥控信号，用来进行系统的遥控方式与本地方式的切换。操作面板上无此按键，需要通过系统设定菜单“Remote/Local setup”进行定义
3	*HOLD	SI[3]	暂停信号，用来发出程序暂停的指令。操作面板上无此按键

续表

序号	信号名称	信号地址	信号说明
4	USER#1/#2	SI[4]/SI[5]	用户定义键
5	START	SI[6]	启动信号，可启动示教器所选的程序。在操作面板有效时生效

表 2-2-7　操作面板输出信号（SO）一览表

序号	信号名称	信号地址	信号说明
1	REMOTE	SO[0]	遥控信号，在遥控条件成立时输出，操作面板不提供该信号
2	BUSY	SO[1]	处理中信号，在程序执行中或执行文件传输等处理时输出，操作面板不提供该信号
3	HELD	SO[2]	保持信号，在 HOLD 按钮或输入 HOLD（UI[2]）信号时输出，操作面板不提供该信号
4	TPENBL	SO[7]	示教器有效信号，在示教器有效开关处在 ON 时输出，操作面板不提供该信号

三、机器人 I/O 信号的接线与控制

1．数字 I/O 信号的接线

外围设备输入接口示例如图 2-2-15 所示，处理 I/O 印制电路板与外围设备数字信号、模拟信号接线图如图 2-2-16 所示。下面介绍外围设备接口的数字 I/O 信号规格与连接实例。

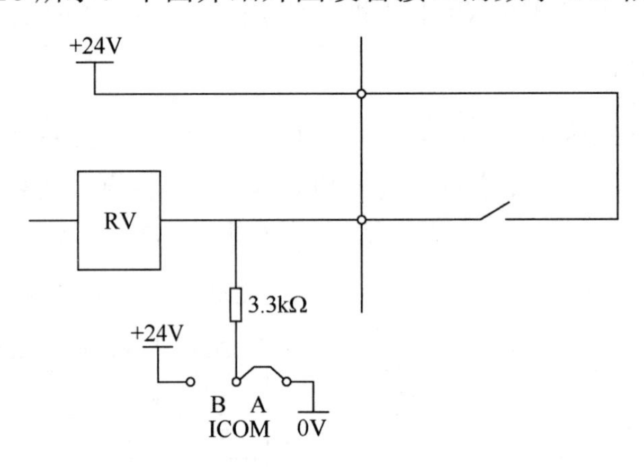

图 2-2-15　外围设备输入接口示例

1）外围设备输入接口信号规格

使用时需注意供给接收器的电压应使用工业机器人侧的+24V 电源，额定输入电压范围为 20～28V，输入阻抗约为 3.3 kΩ，响应时间为 5～20ms，输入信号通断的有效时间在 200ms 以上，输入侧的连接示例如图 2-2-15 所示。图 2-2-16 所示为处理 I/O 印制电路板的端口 CRM2A 与外围设备数字输入接线图，图中用于公共切换的设定引脚（ICOM1）与 0V 端相连，+24V 电源来自工业机器人侧。

2）外围设备输出接口信号规格

外围设备输出接口分为源点型信号输出接口与汇点型信号输出接口两种，如图 2-2-17 所示。在使用继电器、电磁阀等负载时，应将续流二极管与负载并联起来。图 2-2-18 所示为处理 I/O 印制电路板的端口 CRM2A 与外围设备数字输出（汇点型）接线图。

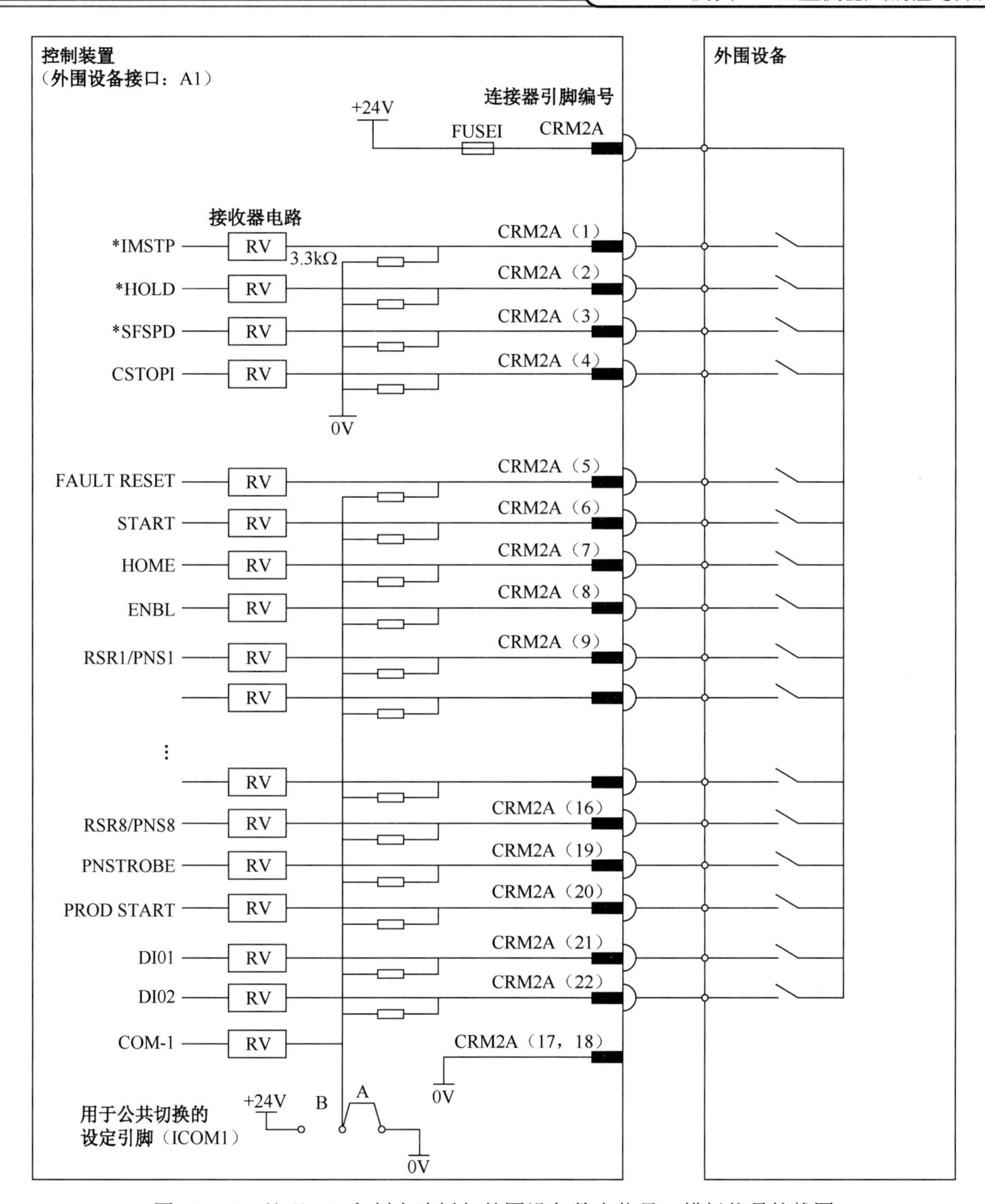

图 2-2-16 处理 I/O 印制电路板与外围设备数字信号、模拟信号接线图

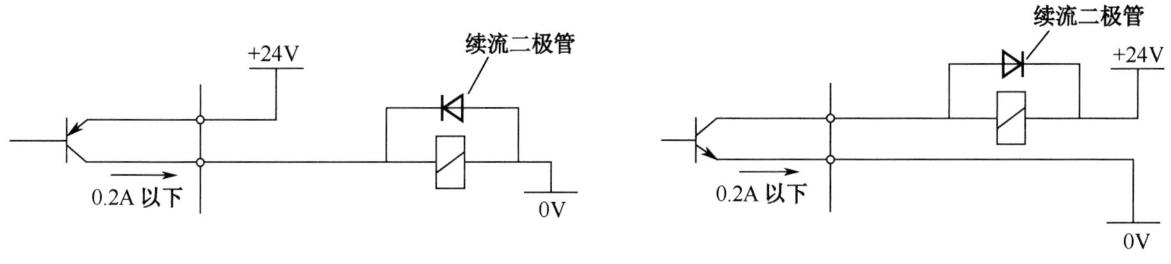

（a）源点型信号输出接口　（b）汇点型信号输出接口

图 2-2-17 外围设备输出接口示例

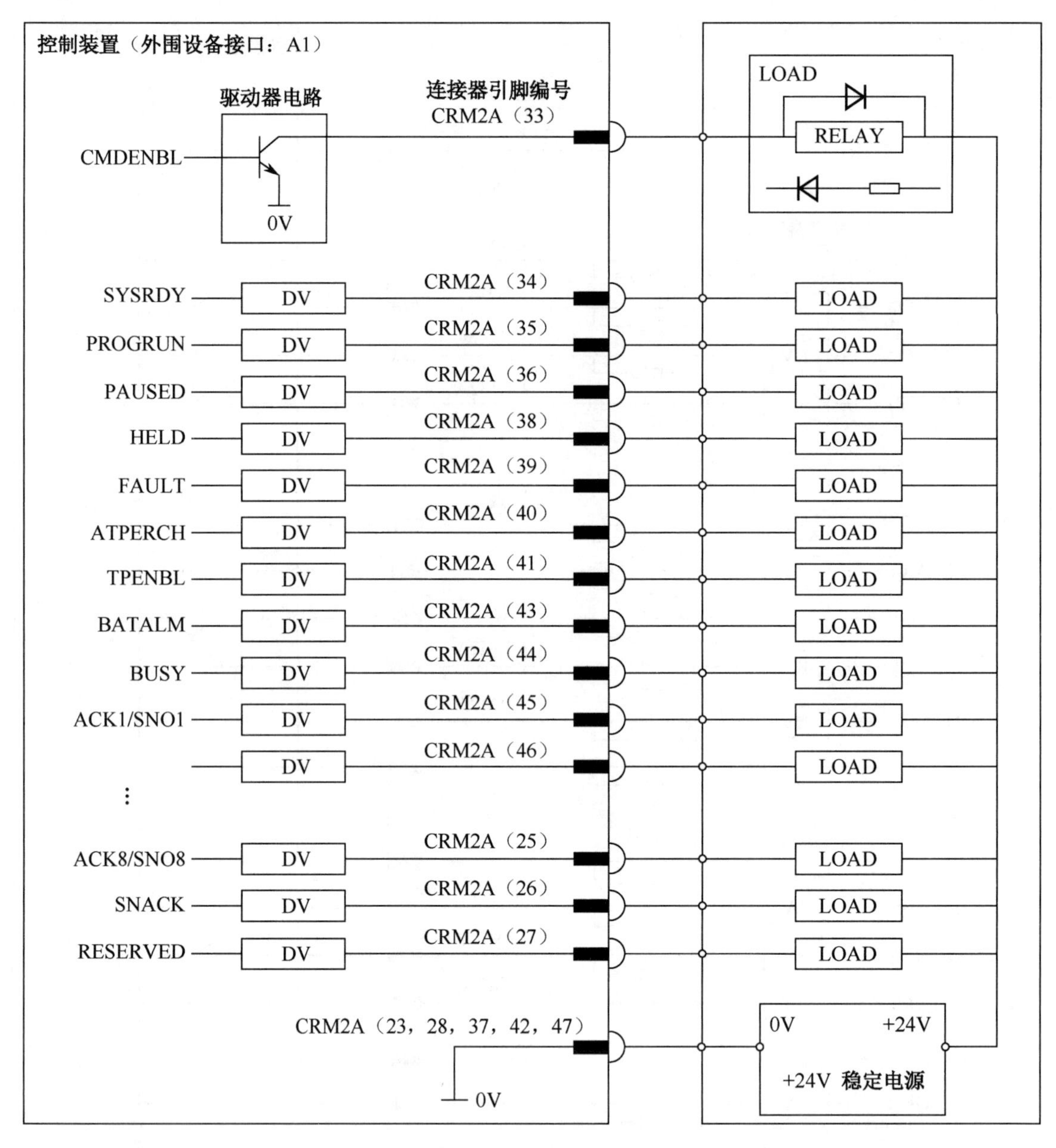

图 2-2-18　处理 I/O 印制电路板的端口 CRM2A 与外围设备数字输出（汇点型）接线图

2．数字输出信号的强制控制

输出信号的强制控制一般用于外部设备的手动强制输出（ON）或强制关闭（OFF）。以数字输出信号 DO[1]的控制为例，其输出控制的操作步骤如表 2-2-8 所示。

表 2-2-8　输出信号的强制控制操作步骤

步骤	操作方法	操作提示
1	按“MENU”键，显示画面菜单	MENU
2	选择“5 I/O”选项	4 ALARM 5 I/O 6 SETUP

续表

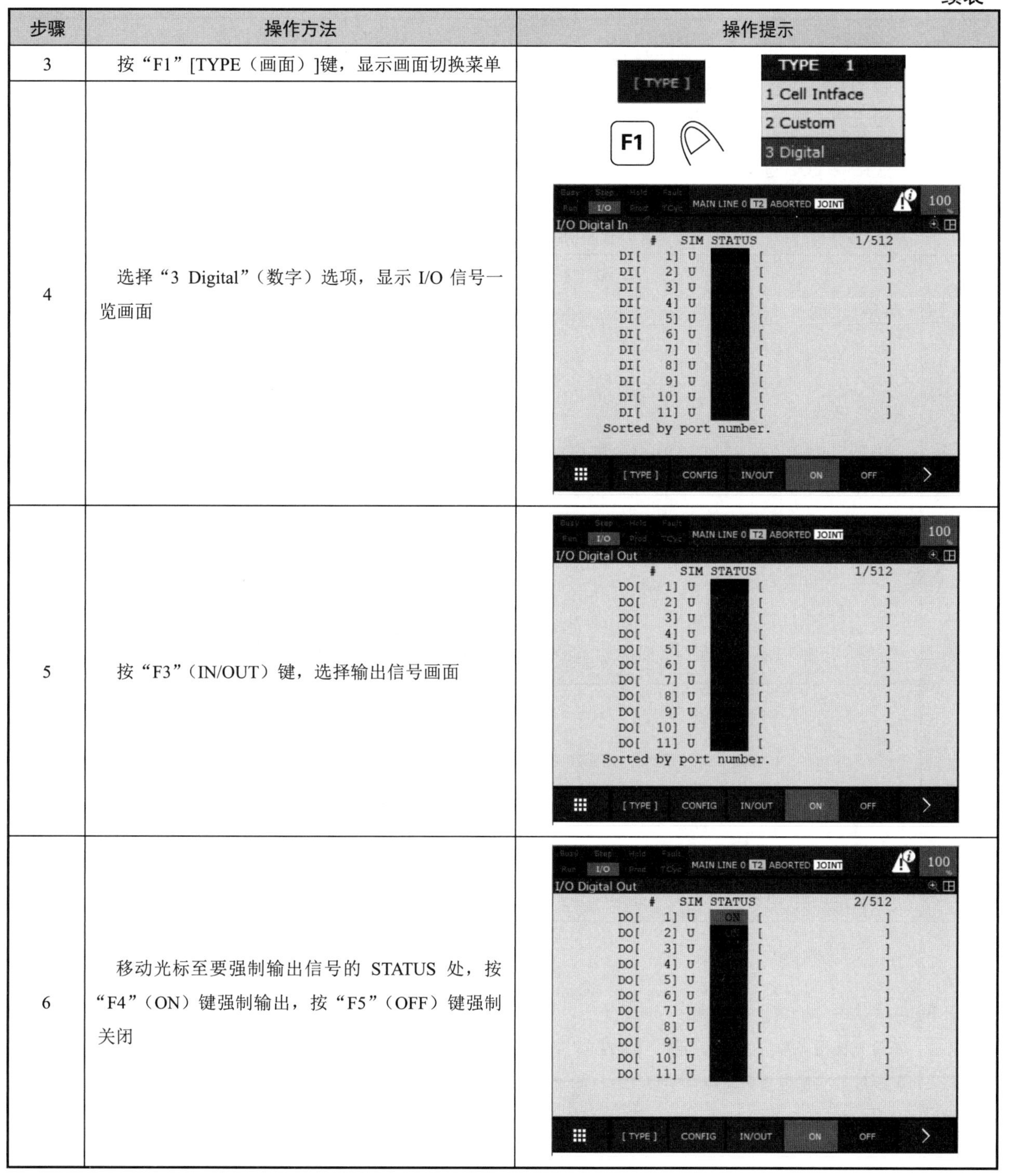

步骤	操作方法	操作提示
3	按“F1”[TYPE（画面）]键，显示画面切换菜单	
4	选择“3 Digital”（数字）选项，显示 I/O 信号一览画面	
5	按“F3”（IN/OUT）键，选择输出信号画面	
6	移动光标至要强制输出信号的 STATUS 处，按“F4”（ON）键强制输出，按“F5”（OFF）键强制关闭	

3．I/O 信号连接功能

应用 I/O 信号连接功能可以将机器人输入信号（RI）或数字输入信号（DI）的状态直接传送至数字输出信号（DO）或机器人输出信号（RO），从而实现向外部通知信号输入状态的目的。例如：在设定了“ENABLE RI[1]→DO[1]”命令的情况下，RI[1]值被周期性输给 DO[1]，因此当 RI[1]为 ON 时，DO[1]也为 ON。I/O 信号连接功能的设定操作步骤如表 2-2-9 所示。

表 2-2-9　I/O 信号连接功能的设定操作步骤

步骤	操作方法	操作提示
1	按“MENU”键，显示画面菜单	MENU
2	选择“5 I/O”选项	4 ALARM 5 I/O 6 SETUP
3	按“F1”[TYPE（画面）]键，显示画面切换菜单	[TYPE]　F1 7 UOP 8 SOP 9 Interconnect 0 -- NEXT --
4	选择“INTERCONNECT”（RI→DO 连接）选项，出现 RI→DO 连接设定画面	INTERCONNECT
5	按“F3”[SELECT（切换）]键	SELECT 1 1 RI-> DO 2 DI-> RO 3 DI-> DO 4 SI-> DO 5 ES-> DO [SELECT]
6	将光标指向希望的条目后按“ENTER”键，也可通过数字键选择条目编号实现 DI→DO 的连接设定	INTERCONNECT

4．数字 I/O 信号的仿真功能

利用数字 I/O 信号的仿真功能可以在外部设备尚未与机器人连接的情况下，检测 I/O 语句的功能。这一功能方便了工业机器人的单机调试，能有效缩短工业机器人与外围设备的联机调试时间。I/O 信号的功能仿真操作步骤如表 2-2-10 所示。

表 2-2-10　I/O 信号的功能仿真操作步骤

步骤	操作方法	操作提示
1	按“MENU”键，显示画面菜单	
2	选择“5 I/O”选项	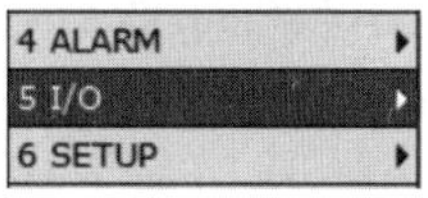
3	按“F1”[TYPE（画面）]键，显示画面切换菜单	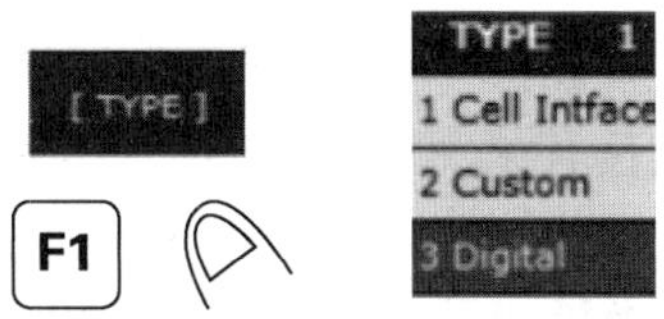
4	选择“3 Digital”（数字）选项，出现 I/O 信号一览画面	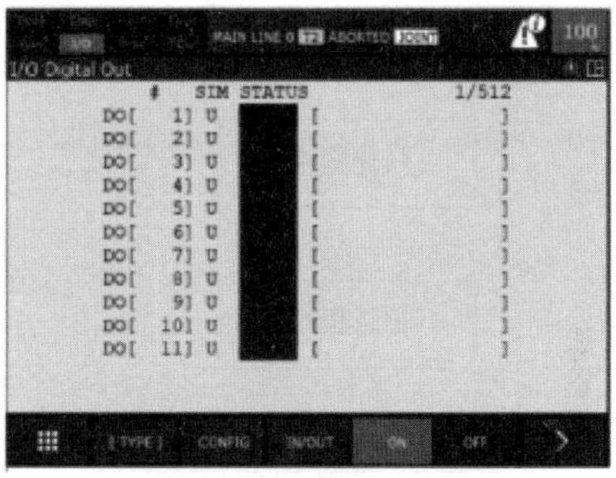
5	按“F3”（IN/OUT）键选择输出画面	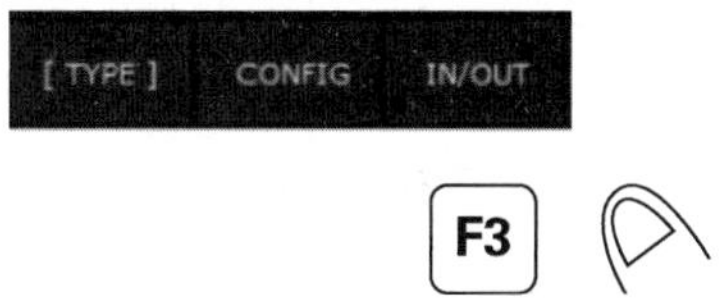
6	将光标移至仿真输入信号的 SIM 处	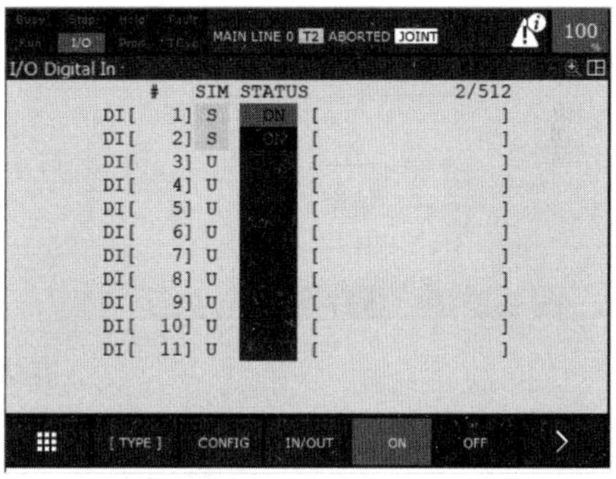
7	按“F4”（SIMULATE）键仿真输入，按“F5”（UNSIM）键取消仿真输入	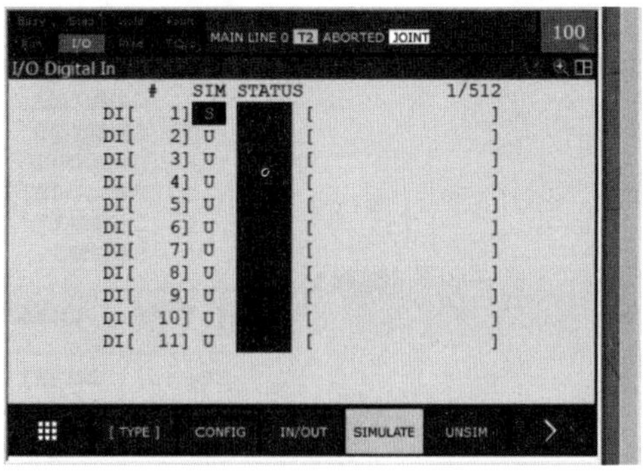
8	将光标移至“STATUS”处，按“F4”（ON）键与“F5”（OFF）键切换信号状态	

四、机器人在线示教编程

1．示教程序的创建

创建机器人示教程序前需对程序框架进行设计，应考虑机器人执行所期望作业的有效方法，并使用合适的指令来创建程序。程序创建一般通过示教器上的菜单选择指令。位置示教时需执行手动（JOG）操作，使机器人移至适当的位置并插入动作指令与控制指令等。程序创建结束后，根据需要进行指令的更改、追加、删除等操作。程序创建与执行如图 2-2-19 所示。

机器人应用程序由用户指令与附带信息构成，用户指令根据功能的不同可分为动作指令、码垛指令、寄存器指令、I/O 指令、转移指令、待命指令等；附带信息包括创建时间、复制源的文件名、位置数据的有/无、程序数据容量等与属性相关的信息，如图 2-2-20 所示，以及程序名、注释、子类型、运动组、写保护、中断忽略等与执行环境相关信息，如图 2-2-21 所示。

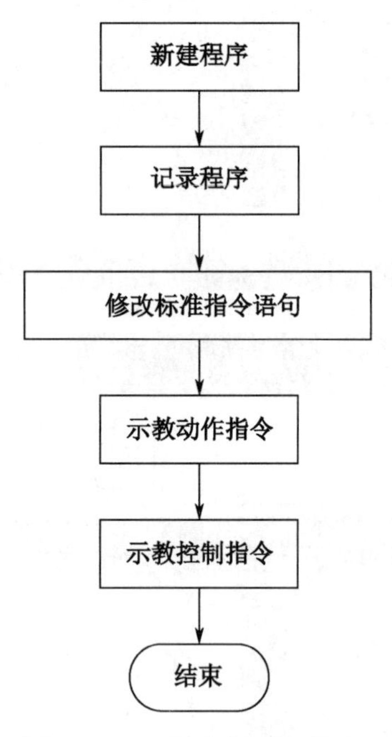

图 2-2-19　程序创建与执行

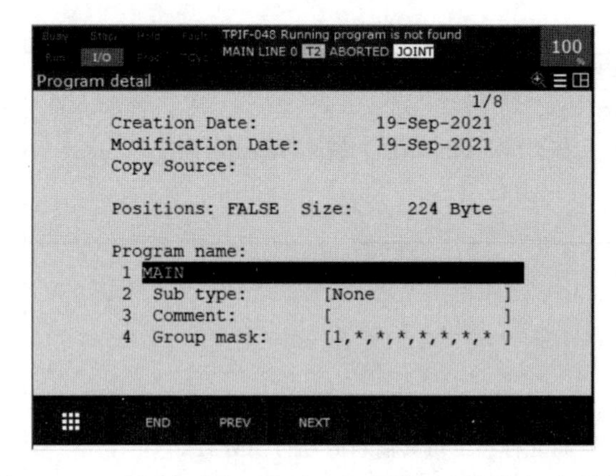

图 2-2-20　程序详细画面（与属性相关的程序信息）

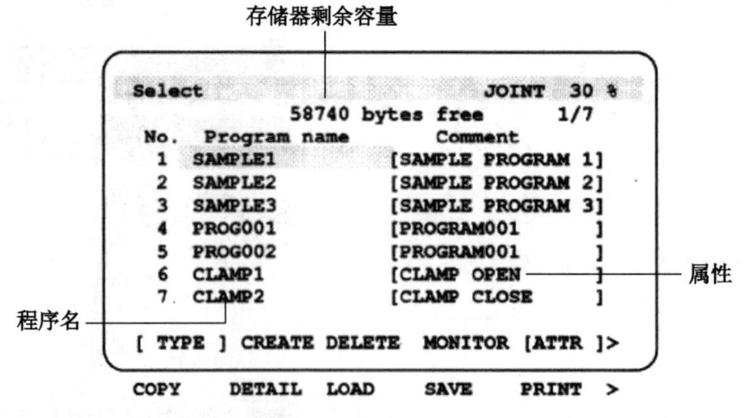

图 2-2-21　程序一览画面（与执行环境相关的程序信息）

选择并打开某机器人程序后，出现如图 2-2-22 所示的画面。程序由赋予各程序指令的行编号、程序指令、程序注释、程序末尾记号（End）等。程序基本信息及功能如图 2-2-22 左

侧文字所示。

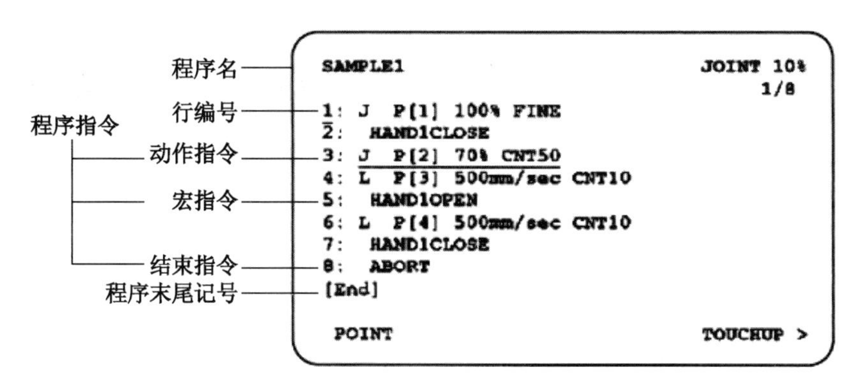

图 2-2-22 程序编辑画面

2. 示教程序的登录

程序登录时需输入程序名，程序名一般由 8 个以下的英文字母、数字等构成。程序名中不可以使用*、@等符号。程序登录操作步骤如表 2-2-11 所示。

表 2-2-11 程序登录操作步骤

步骤	操作方法	操作提示
1	按“MENU”键，显示画面菜单	MENU
2	选择“SELECT”（一览）选项，出现程序一览画面	也可直接按 SELECT 键来选择，代替步骤 1～2
3	按“F2”[CREATE（创建）]键，出现程序记录画面	

续表

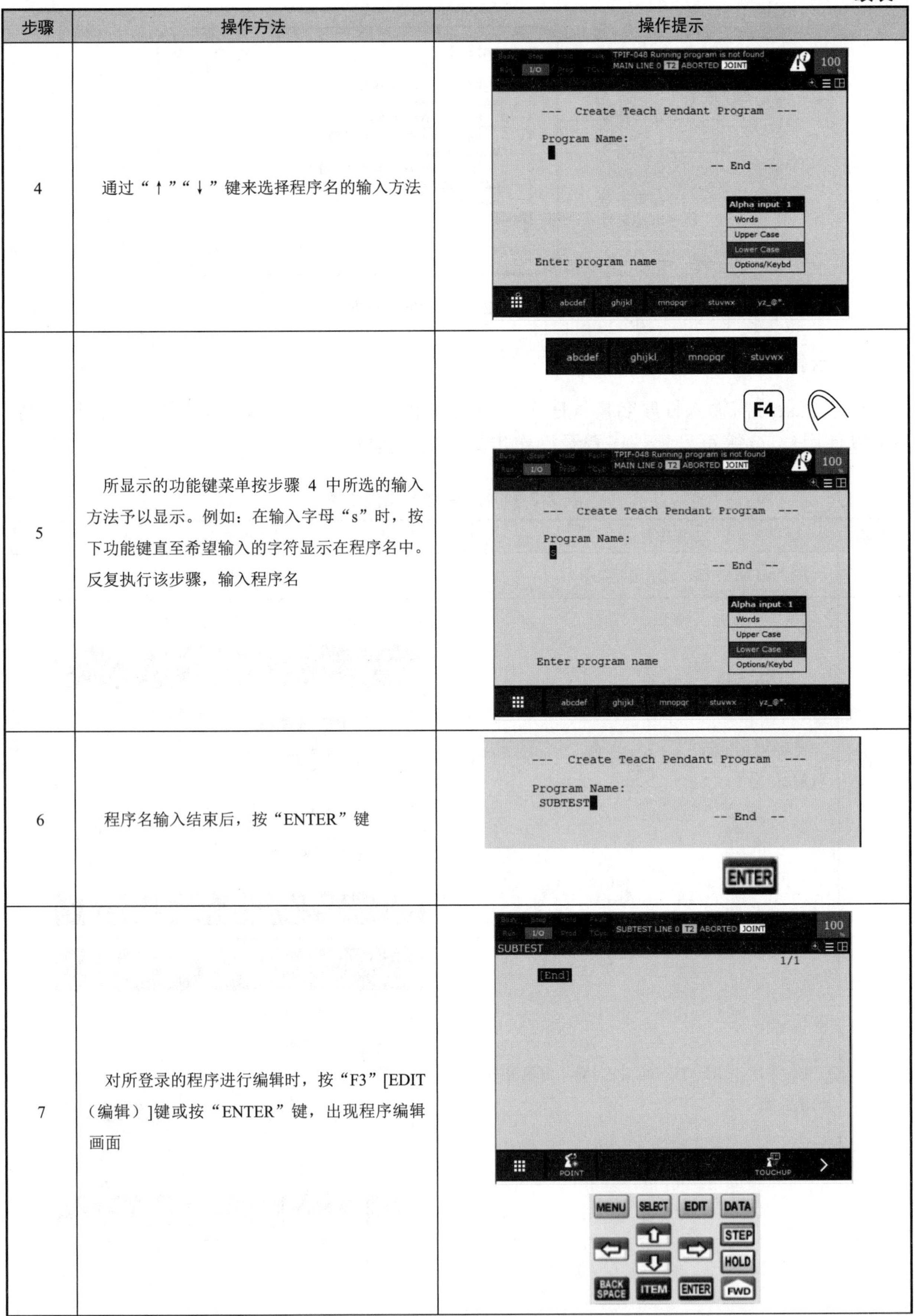

步骤	操作方法	操作提示
4	通过“↑”“↓”键来选择程序名的输入方法	
5	所显示的功能键菜单按步骤 4 中所选的输入方法予以显示。例如：在输入字母“s”时，按下功能键直至希望输入的字符显示在程序名中。反复执行该步骤，输入程序名	
6	程序名输入结束后，按“ENTER”键	
7	对所登录的程序进行编辑时，按“F3”[EDIT（编辑）]键或按“ENTER”键，出现程序编辑画面	

续表

步骤	操作方法	操作提示
8	输入程序详细信息时，按“F2”[DETAIL（详细）]键，显示程序详细画面	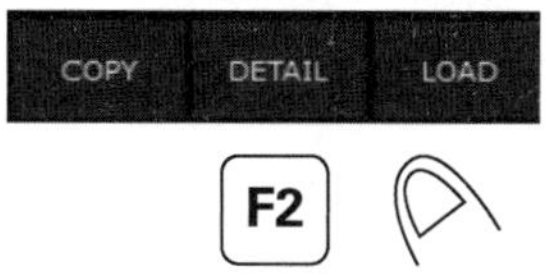
9	设定以下项：程序名、子类型、注释、运动组、写保护栏等	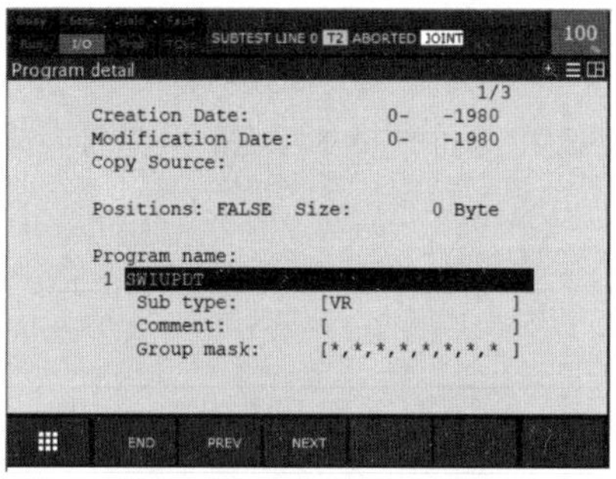
10	完成程序详细信息的输入后，按“F1”[END（结束）]键，出现程序编辑画面	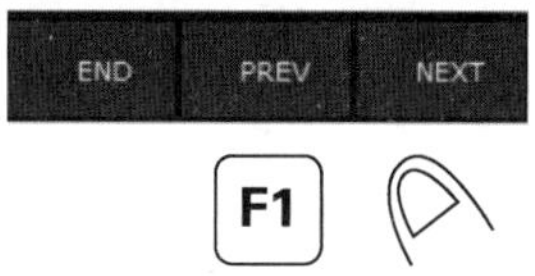

五、示教程序的编辑

示教程序登录后即可进行示教程序的编辑，示教程序编辑的操作步骤如表 2-2-12 所示。

表 2-2-12　示教程序编辑的操作步骤

步骤	操作方法	操作提示
1	按“SELECT”键，显示程序一览画面	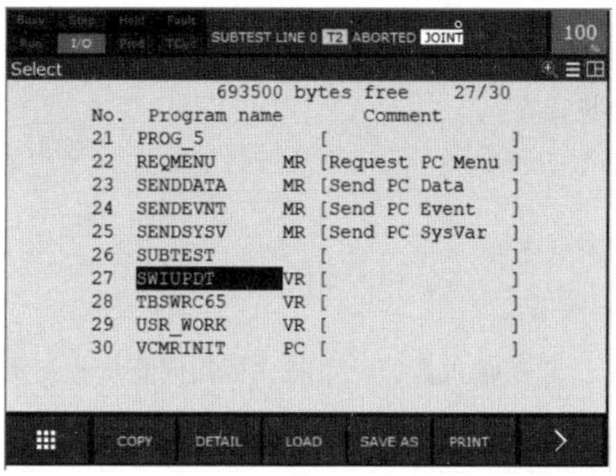
2	选择要编辑的程序，按“ENTER”键	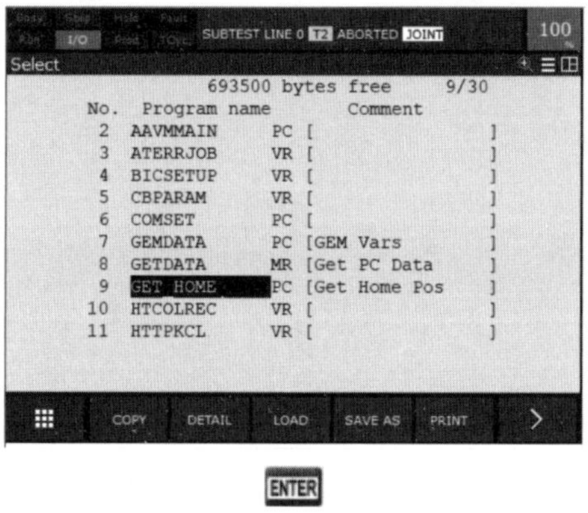

续表

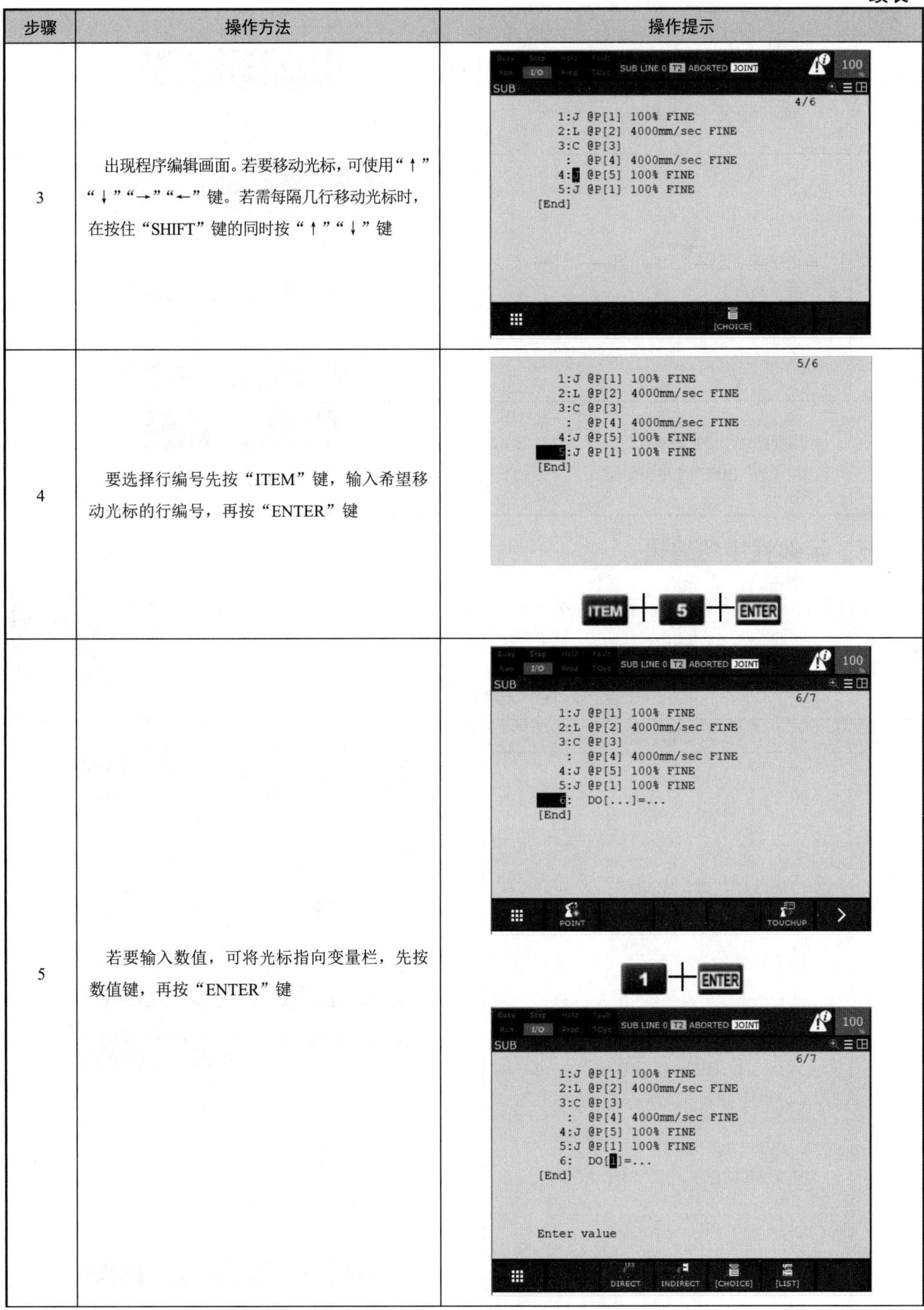

步骤	操作方法	操作提示
3	出现程序编辑画面。若要移动光标，可使用“↑”“↓”“→”“←”键。若需每隔几行移动光标时，在按住“SHIFT”键的同时按“↑”“↓”键	
4	要选择行编号先按“ITEM”键，输入希望移动光标的行编号，再按“ENTER”键	
5	若要输入数值，可将光标指向变量栏，先按数值键，再按“ENTER”键	

续表

步骤	操作方法	操作提示
6	通过寄存器进行间接指定的情形下，可按“F3”[INDIRECT（间接指定）]键	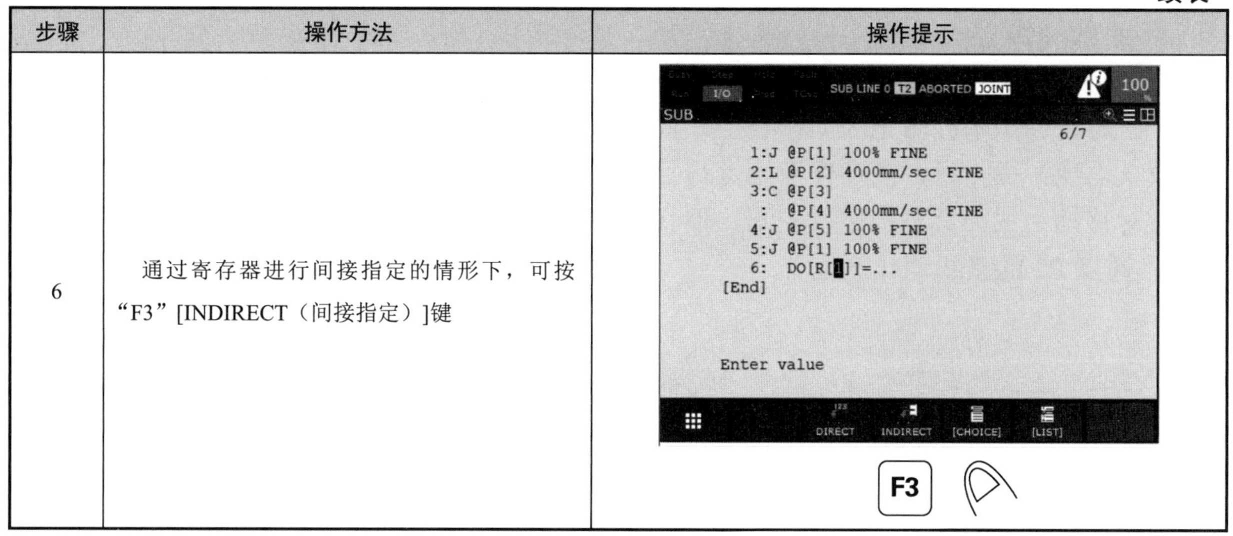

六、动作类指令

所谓动作类指令是指以指定的移动速度和移动方法控制机器人向作业空间内的指定位置移动的指令。动作指令一般由动作类型、位置数据、移动速度、定位类型与附件指令五部分组成。例如：

```
J P[1]50% FINE ACC80
```

其中 J 表示关节动作，P[1]表示 1 号示教点，50%表示关节移动速度，FINE 表示定位类型，附件指令为加减速倍率指令 ACC80。

1. 动作类型

动作类型用于指定向目标位置移动的轨迹，分为不进行轨迹与姿态控制的关节动作（J）、进行轨迹与姿态动作的直线动作（L）及进行轨迹与姿态动作的圆弧动作（C）三类。

1）关节动作

关节动作是将机器人移至指定位置的基本移动方法。示教时首先将机器人移至目标位置，移动中刀具的姿态不受控制，然后记录动作类型。关节移动速度用相对于最大移动速度的百分比（%）来表示。程序再现（回放）操作时，机器人所有的轴将同时加、减速，移动轨迹一般呈现为非线性。图 2-2-23 所示为开始点 P1 至目标点 P2 的关节动作例程。

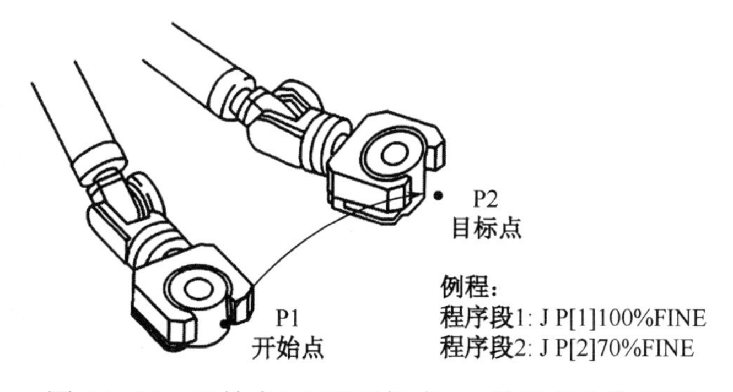

图 2-2-23 开始点 P1 至目标点 P2 的关节动作例程

2）直线动作

直线动作是以直线方式对动作从开始点到目标点的刀尖移动轨迹进行控制的一种移动方法，在对目标点示教时记录动作类型。直线移动的速度单位有 mm/s、cm/min、in/min。程序回放（再现）操作时，若动作开始点与目标点的姿势不同，将开始点与目标点的姿势进行分割后对移动中的刀具姿势进行控制，但 TCP 移动保持直线动作。图 2-2-24 所示为开始点 P1 至目标点 P2 的直线动作例程。

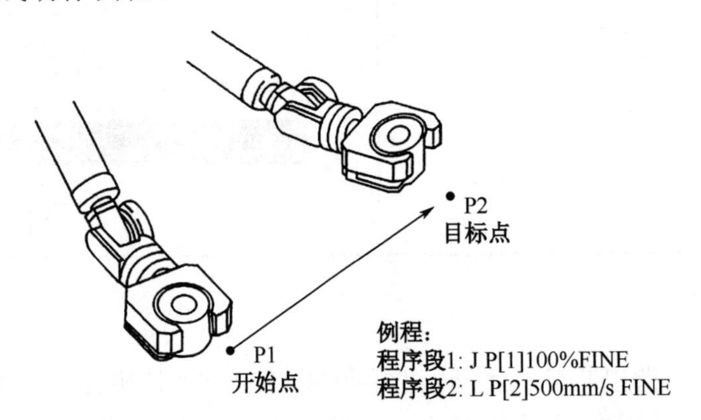

图 2-2-24　开始点 P1 至目标点 P2 的直线动作例程

当开始点与目标点的位置相同但姿势不同时，可执行刀具以 TCP 为中心的旋转运动，此时移动速度以 deg/s 为单位。开始点 P1 至目标点 P2 的旋转动作例程如图 2-2-25 所示。

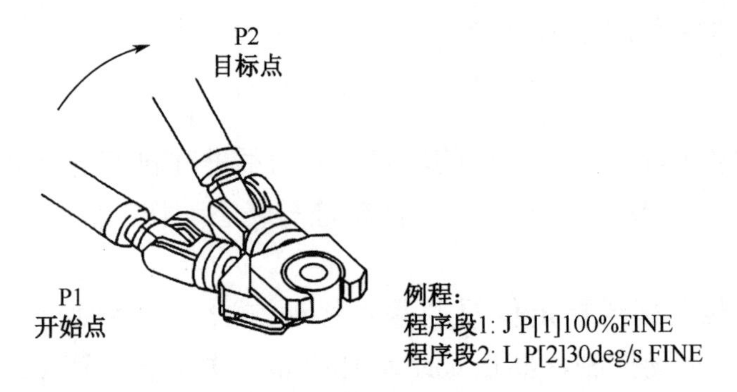

图 2-2-25　开始点 P1 至目标点 P2 的旋转动作例程

3）圆弧动作

圆弧动作是从动作开始点以圆弧方式通过经由点到结束点对 TCP 移动轨迹进行控制的一种方法。与关节动作、直线动作的指令不同，它需在一条指令中对经由点和目标点进行示教。圆弧移动速度单位有 mm/s、cm/min、in/min、deg/s 四种。程序回放（再现）操作时，刀具姿势根据开始点、经由点与目标点的姿势进行分割控制。开始点 P1 至目标点 P2 的圆弧动作例程如图 2-2-26 所示。

2．位置数据

位置数据用于存储机器人的位置与姿态。在对以上动作指令进行示教时，位置数据同时被写入程序。位置数据分为关节坐标与笛卡儿坐标两种，关节坐标是指 J1～J6 六个关节的旋转角；标准设定下将笛卡儿坐标作为位置数据来使用，而笛卡儿坐标的位置数据一般通过四个要素来定义，即 TCP 位置、刀具姿势、形态与所使用的笛卡儿坐标系（世界坐标系、用户坐标系）等。若要显示详细位置数据，则将光标指向示教程序中的位置编号，如图 2-2-27 所示。按“F5”［POSITION（位置）］键将得到如图 2-2-28 所示详细位置数据画面，按“F5”［REPRE（形式）］键可进行笛卡儿坐标与关节坐标的切换。

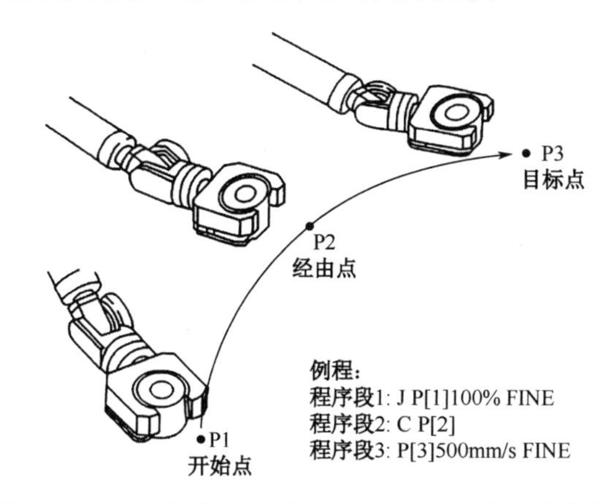

图 2-2-26　开始点 P1 至目标点 P2 的圆弧动作例程

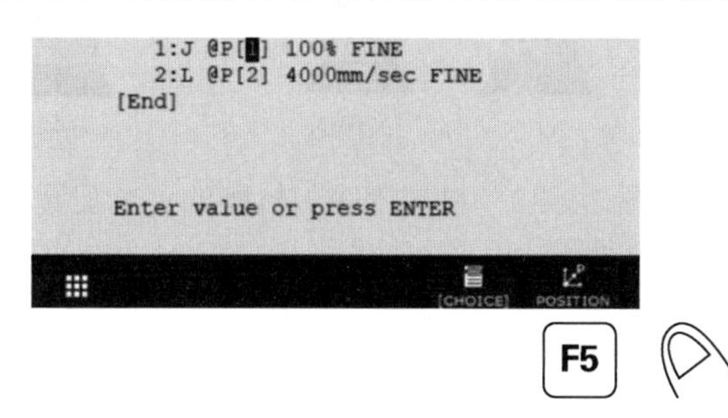

图 2-2-27　显示详细位置数据操作

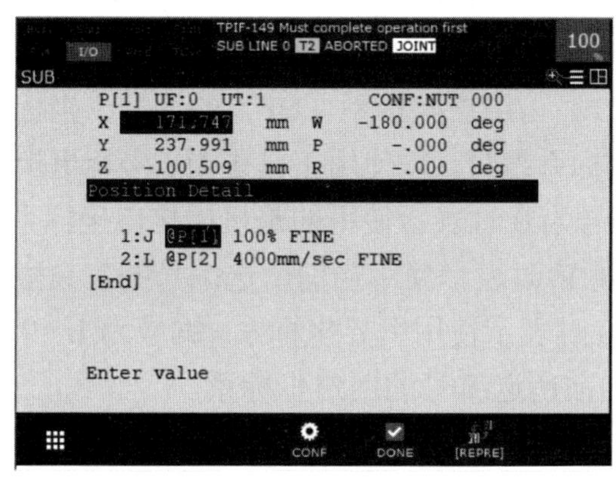

（a）关节坐标

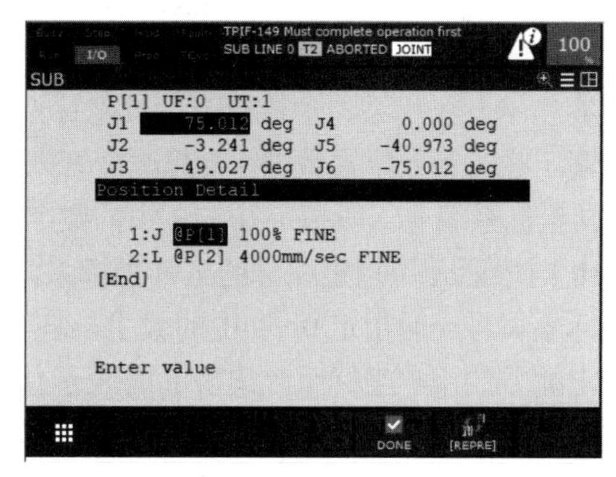

（b）笛卡儿坐标

图 2-2-28　详细位置数据画面

1）位置与姿态

位置与姿势的具体内容请参阅前面任务所述内容，在此不再赘述。

2）形态

所谓形态就是指机器人主体部分的姿势。对一个确定的笛卡儿坐标（X、Y、Z、w、p、r），机器人可以存在多个满足条件的姿势，因此必须确定机器人的形态，指定每个轴的关节配置（Joint Placement）和旋转数（Turn Number），如图 2-2-29 所示。

(F,　L,　U,　T,　　　0,　　0,　　0)

关节配置　　　　　　旋转数

图 2-2-29　机器人形态配置

关节配置是指机械手腕和机臂的配置，指定机械手腕与机臂的控制点相对于控制面的位置关系，分为四种情形：机械手腕的上下（FLIP、NO FLIP）、机臂的左右（LEFT、RIGHT）、机臂的上下（UP、DOWN）及机臂的前后（FRONT、BACK）。图 2-2-30 所示为机械手腕与机臂的关节配置。当控制面上的控制点相互重叠时，机器人位于特殊点，由于特殊点存在无限种基于指定笛卡儿坐标的形态，因此机器人不能在终点位于特殊点的位置操作。这种情况下可通过关节坐标进行示教。在直线动作与圆弧动作中，机器人不能通过路径上的特殊点，可使用机械手腕的关节动作。

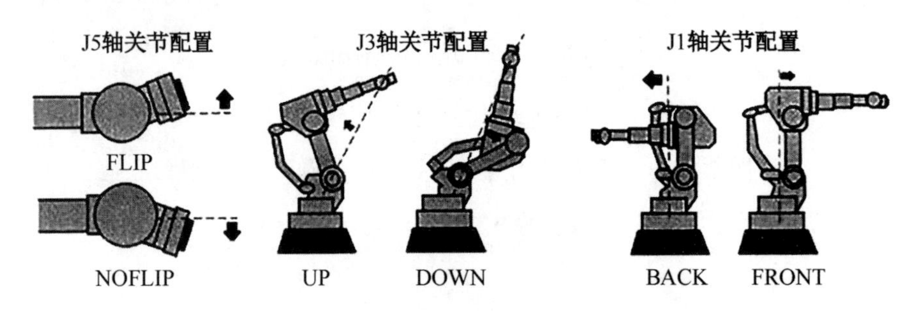

图 2-2-30　机械手腕与机臂的关节配置

旋转数表示机械手腕轴（J4、J5、J6）的旋转数，这些轴旋转一周后返回到相同位置。旋转数为 0 时表示旋转角度范围在-179° ～+179° ，旋转数为 1 时表示旋转角度在 180° ～539° ，旋转数为-1 时表示旋转角度范围在-539° ～-180° 。旋转数最多可实现三轴旋转，如图 2-2-30 中旋转数对应的轴编号由系统变量$ SCR_ GRP[group]，$ TURN_ AXIS[i]（i=1～3）设定。

3）笛卡儿坐标系

核实笛卡儿坐标系，主要检查工具坐标系（UT）与用户坐标系（UF）的编号，坐标系的编号在位置示教时写入位置数据，要想改变写入的坐标系编号，需使用工具更换、坐标更换偏移功能。工具坐标系编号一般指定 0～10 中的数字，编号为 0 时表示使用的是机械接口坐标系，编号为 1～10 时表示使用指定编号的工具坐标系，出现 F 时表示使用当前所选编号的工具坐标系。用户坐标系编号一般指定 0~9 中的数字，编号为 0 时表示使用世界坐标系，编号为 1～9 时表示使用指定编号的用户坐标系，出现 F 时表示使用当前所选编号的用户坐标系。

4）位置变量与位置寄存器

在动作指令中，位置数据是以位置变量 P[i]或位置寄存器变量 PR[i]来表示的。下面给出应用位置变量与位置寄存器变量的例程。

```
程序段1：J P[1]30% FINE
程序段2：L PR[1]300mm/s CNT50
程序段3：L PR[R[1]]300mm/s CNT50
```

程序段 1 中采用位置变量记录目标点的位置数据；程序段 2 与程序段 3 均采用位置寄存器方式，区别在于程序段 2 直接给出位置寄存器编号，而程序段 3 中的位置寄存器编号是以数据寄存器（R[1]）的形式给出的。位置变量是标准的位置数据存储变量，在对动作指令进行示教时，自动记录位置数据。位置编号在每次为程序示教动作指令时被自动分配。位置寄

存器则用来存储位置数据的通用存储变量，位置寄存器中，可通过选择组编号而仅使某一特定动作组动作。为了增加程序的可读性，可为位置编号与位置寄存器编号添加注释，注释最多有 16 个字符，例程如下。

```
程序段4：J P[11：APPROACH POS]30% FINE
程序段5：L PR[1:WAIT POS]300mm/s CNT50
```

3．移动速度

指定移动速度的方法有两种，即直接指定与寄存器指定。通过寄存器指定移动速度时，可在寄存器中进行移动速度的计算后，指定动作的移动速度。程序执行中的移动速度会受到速度倍率（1%～100%）的限制，速度单位随着所示教动作类型的不同而不同。当动作类型为关节动作时，在 1%～100%范围内指定相对最大移动速度的比率。例如：示教程序 J P[1]50% FINE 中的 50%表示再现速度为最大关节速度的 50%。当动作类型为直线动作或圆弧动作时，根据速度单位的不同，移动速度的数值区间也不一样，如表 2-2-13 所示。

表 2-2-13 直线（圆弧）动作时移动速度的取值范围

序号	单位	速度取值范围
1	mm/s	1～2000
2	cm/min	1～12 000
3	im/min	0.1～4724.4
4	s	0.1～3200.0
5	ms	1～32 000

4．定位类型

动作指令中的定位类型用于机器人动作结束方法的定义，分为 FINE 与 CNT 两种，如图 2-2-31 所示。采用 FINE 定位类型时，机器人在目标位置定位后，再向下一个目标位置移动。采用 CNT 定位类型时，机器人靠近目标位置但不在该位置停止，至于机器人与目标位置的接近程度，由 CNT 后面的数值决定，数值越大偏移目标位置越远，取值范围为 0～100。当取值 0 时，机器人在最接近目标位置处动作，但不在目标位置定位而开始下一个动作；当取值 100 时，机器人在目标位置附近不减速并立即向下一个目标位置动作。

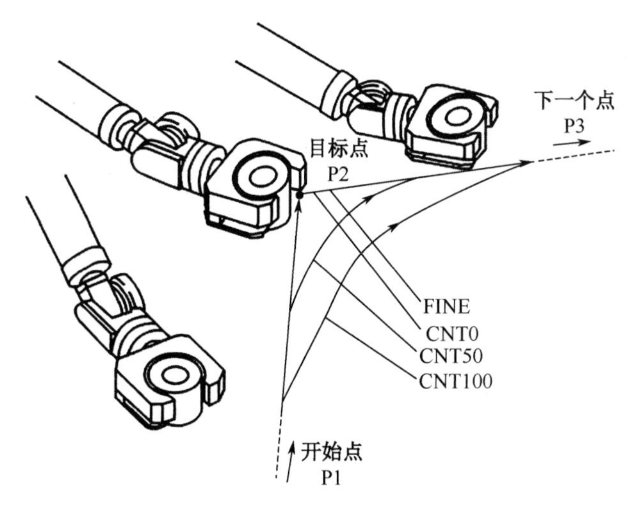

图 2-2-31 动作指令中的定位类型

若在含有 CNT 的动作指令后指定了待命指令，机器人停于目标位置再执行待命指令。若执行多个距离短、速度快的 CNT 动作指令，即使 CNT 的值为 100，也会导致机器人减速。

七、动作类指令的示教

1．修改标准动作指令

对于动作指令语句需要设定动作类型、移动速度、定位类型等许多项，可将经常使用的动作指令作为标准动作指令预先登录。修改标准动作指令的操作步骤如表 2-2-14 所示。

表 2-2-14　修改标准动作指令的操作步骤

步骤	操作方法	操作提示
1	在示教器处于有效状态下，选定程序编辑画面	TPIF-149 Must complete operation first TEST1 LINE 0 T2 ABORTED JOINT 100 I/O TEST1 1/1 [End] POINT TOUCHUP
2	按“F1”（POINT）键，出现标准动作指令语句一览画面	TPIF-149 Must complete operation first TEST1 LINE 0 T2 ABORTED JOINT 100 I/O TEST1 1/1 Select Motion 1/1 1 J P[] 100% FINE 2 J P[] 100% CNT100 3 L P[] 100mm/sec FINE 4 L P[] 100mm/sec CNT100 ED_DEF TOUCHUP
3	希望修改标准动作指令时按“F1”[ED DEF（标准）]键	TPIF-149 Must complete operation first TEST1 LINE 0 T2 ABORTED JOINT 100 I/O Edit Default Motion 1/4 1:J P[] 100% FINE 2:J P[] 100% CNT100 3:L P[] 100mm/sec FINE 4:L P[] 100mm/sec CNT100 DONE
4	将光标移至希望修改的指令要素上，如准备修改第二行程序的移动速度	TPIF-149 Must complete operation first TEST1 LINE 0 T2 ABORTED JOINT 100 I/O Edit Default Motion 2/4 1:J P[] 100% FINE 2:J P[] 100% CNT100 3:L P[] 100mm/sec FINE 4:L P[] 100mm/sec CNT100 Enter value REGISTER [CHOICE] DONE

续表

步骤	操作方法	操作提示
5	选择数值键与功能键，修改指令要素。若需修改关节移动速度，可将光标指向速度显示，通过数值键输入新数值并确认	7 + 0 + ENTER 1:J P[] 100% FINE 2:J P[] 70% FINE 3:L P[] 100mm/sec FINE 4:L P[] 100mm/sec CNT100
6	按“F4”[CHOICE（选择）]键时，可通过辅助菜单选择其他程序要素（如定位类型）	Edit Default Motion Motion Modify 1/1 1 Fine 2 Cnt 1:J P[] 100% FINE 2:J P[] 70% FINE 3:L P[] 100mm/sec FINE 4:L P[] 100mm/sec CNT100 2:J P[] 70% FINE [CHOICE] DONE
7	示教完成后，按“F5”[DONE（完成）]键	DONE > F5

2. 示教动作指令

示教动作指令时需对构成动作指令的指令要素和位置数据同时进行示教。动作指令在创建标准指令语句后予以选择，此时将机器人当前位置作为位置数据存储在位置变量中。动作指令的示教操作步骤如表 2-2-15 所示。

操作步骤 视频讲解

表 2-2-15　动作指令的示教操作步骤

步骤	操作方法	操作提示
1	手动（JOG）操作机器人使其进给到期望的目标位置	-X (J1) +X (J1) -Y (J2) +Y (J2) -Z (J3) +Z (J3) -X (J4) +X (J4) -Y (J5) +Y (J5) -Z (J6) +Z (J6) - (J7) + (J7)
2	将光标指向“End”（结束）	TEST1 1/1 [End] POINT TOUCHUP

续表

步骤	操作方法	操作提示
3	按“F1”[POINT（点）]键，显示出标准动作指令一览画面	
4	选择希望示教的标准动作指令，按“ENTER”键，对动作指令进行示教，同时对当前位置进行示教	
5	对于相同的标准动作指令的示教，在按“SHIFT”键的同时按“F1”（POINT）键，追加上次所示教的动作指令	

八、控制类指令

1．程序结束指令

执行程序结束指令（END）将中断程序的执行。在被调用程序中执行结束指令后将返回调用源程序。

2．注释指令

注释指令用来在程序中记载注释，不影响程序的执行。注释指令的一般格式为!（注释），可以使用 32 个字符以内的数字、字母、*、_、@等符号。注释指令的使用例程如下。

```
程序段1：！APPROACH POSITION
```

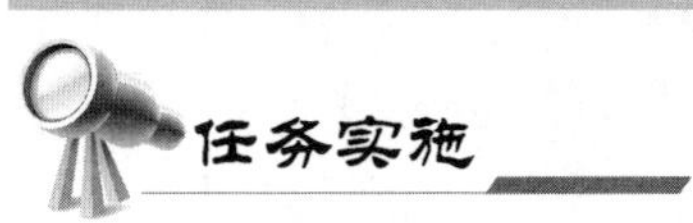

一、任务准备

实施本任务教学所使用的实训设备及工具材料可参考表 2-2-16。

表 2-2-16　实训设备及工具材料

序号	分类	名称	型号规格	数量	单位	备注
1	工具	内六角扳手	5.0mm	1	个	钳工桌
2		内六角扳手	6.0mm	1	个	钳工桌
3	设备器材	内六角螺钉	M5	10	颗	模块存放柜
4		轨迹模块		1	个	模块存放柜
5		焊枪夹具	包含末端连接法兰盘	1	套	模块存放柜

二、绘图单元的安装

轨迹训练模型由优质铝材加工制造而成，表面阳极氧化处理，在平面、曲面上蚀刻不同图形规则的图案（如平行四边形、五角星、椭圆、风车图案、凹字形图案等多种不同轨迹图案）。在轨迹训练模型的四个角有用于安装固定螺钉孔，把模型安装到机器人操作对象承载平台上的任意合理位置，用 M5 内六角螺钉将其固定锁紧，保证模型紧固牢靠，轨迹训练模型整体布局如图 2-2-32 所示。

图 2-2-32　轨迹训练模型整体布局

三、焊枪夹具的安装

本套件训练采用焊枪夹具，该夹具包含机器人末端连接法兰与焊枪夹具两部分。先采用 4 颗 M5 不锈钢内六角螺钉把机器人末端连接法兰安装到机器人 J6 轴法兰盘上，再采用 2 颗 M5 不锈钢内六角螺钉把焊枪夹具安装到机器人末端连接法兰上，如图 2-2-33 所示。

图 2-2-33　焊枪夹具的安装

四、设计控制原理图

根据控制要求，设计控制原理方框图，如图 2-2-34 所示。

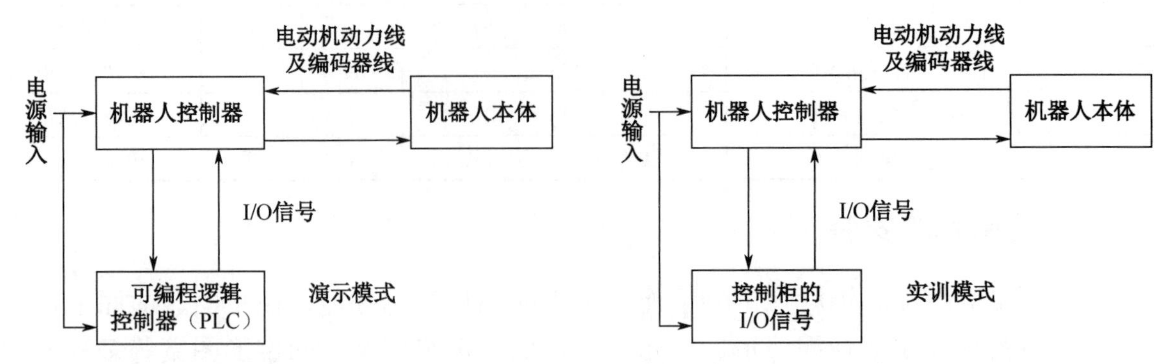

图 2-2-34　控制原理方框图

五、设计两种模式下的机器人 I/O 分配表

1. 演示模式下的机器人 I/O 分配表

PLC 控制柜的配线已经完成。PLC 输入信号 X26～X37 对应机器人输出信号 DO01～DO10，PLC 输出信号 Y26～Y37 对应机器人输入信号 DI01～DI10。根据工作站任务要求对机器人 I/O 信号 System Input、System Output 进行配置，如表 2-2-17 所示。

表 2-2-17　演示模式下的机器人 I/O 分配表

PLC 输出信号		机器人输入信号	
PLC 地址	PLC 符号	信号（Signal）	系统输入（System Input）
Y26	电动机上电	UI8（DI101）	Enable
Y27	机器人启动	UI6（DI102）	Start
Y30	机器人从主程序首条启动	UI9（DI103）	RSR1
Y31	机器人急停复位	UI5（DI104）	Fault reset
Y32	机器人停止	UI2（DI105）	Hold
Y06	机器人外部停止	UI1	IMSTP
Y05	（面板）运行指示灯 HG		
Y04	（面板）停止指示灯 HR		
PLC 输入信号		机器人输出信号	
PLC 地址	PLC 符号	信号（Signal）	系统输出（System Output）
X26	机器电动机已上电	UO1（DO101）	CMDENBL
X27	自动运行状态	UO2（DO102）	SYSRDY
X30	机器人程序暂停	UO4（DO103）	PAUSED
X31	机器人紧急停止	UO6（DO104）	HELD
X32	机器人错误输出	UO6（DO105）	FAULT
X01	（面板）启动按钮 SB1		
X02	（面板）复位按钮 SB2		
X03	（面板）暂停按钮 SB3		
X04	（面板）急停按钮 QS1		

2．实训模式下的机器人 I/O 分配表

所有信号均分布在面板上，根据工作站任务要求，实训模式下的机器人 I/O 分配表如表 2-2-18 所示。

表 2-2-18　实训模式下的机器人 I/O 分配表

面板按钮	信号（Signal）	系统输入（System Input）
SB1	UI9（DI101）	RSR1
SB2	UI2（DI102）	Hold
SB3	UI6（DI103）	Start
SB4	UI5（D104）	Fault reset
面板指示灯	**信号（Signal）**	**系统输出（System Output）**
H1	UO1（DO101）	CMDENBL
H2	UO2（DO102）	SYSRDY

六、线路安装

1．“演示模式”下的接线

“演示模式”下 PLC 控制柜内的配线已完成，不需要另外接线。

2．“实训模式”下的接线

根据表 2-2-18 使用安全连线把机器人输入信号 DI1、DI2、DI3、DI4 接对应面板上的按钮 SB1、SB2、SB3、SB4。按钮公共端接 0V。机器人的输出信号 DO1、DO2 接面板指示灯 H1、H2，指示灯公共端接 24V。接线工艺要求如下。

（1）所有安全连线用扎带固定，控制面板上布线合理布局美观。

（2）安全连线插线牢靠，无松动。

七、PLC 程序设计

PLC 的控制要求如下。

（1）当机器人处于自动模式且无报警时，停止指示灯 HR 点亮表示系统就绪且处于停止状态。

（2）按启动按钮 SB1，系统启动。机器人开始动作。同时运行指示灯 HG 亮起，表示系统处于运行状态。

（3）按暂停按钮 SB3，系统暂停，机器人动作停止。再次按下启动按钮 SB1 时机器人接着上次停止前的动作继续运行。

（4）按急停按钮 QS1，机器人紧急停止并报警，按复位按钮 SB2 后，解除机器人紧急停止报警状态。

参照表 2-2-18 的 I/O 分配表，设计 PLC 梯形图程序，如图 2-2-35 所示。

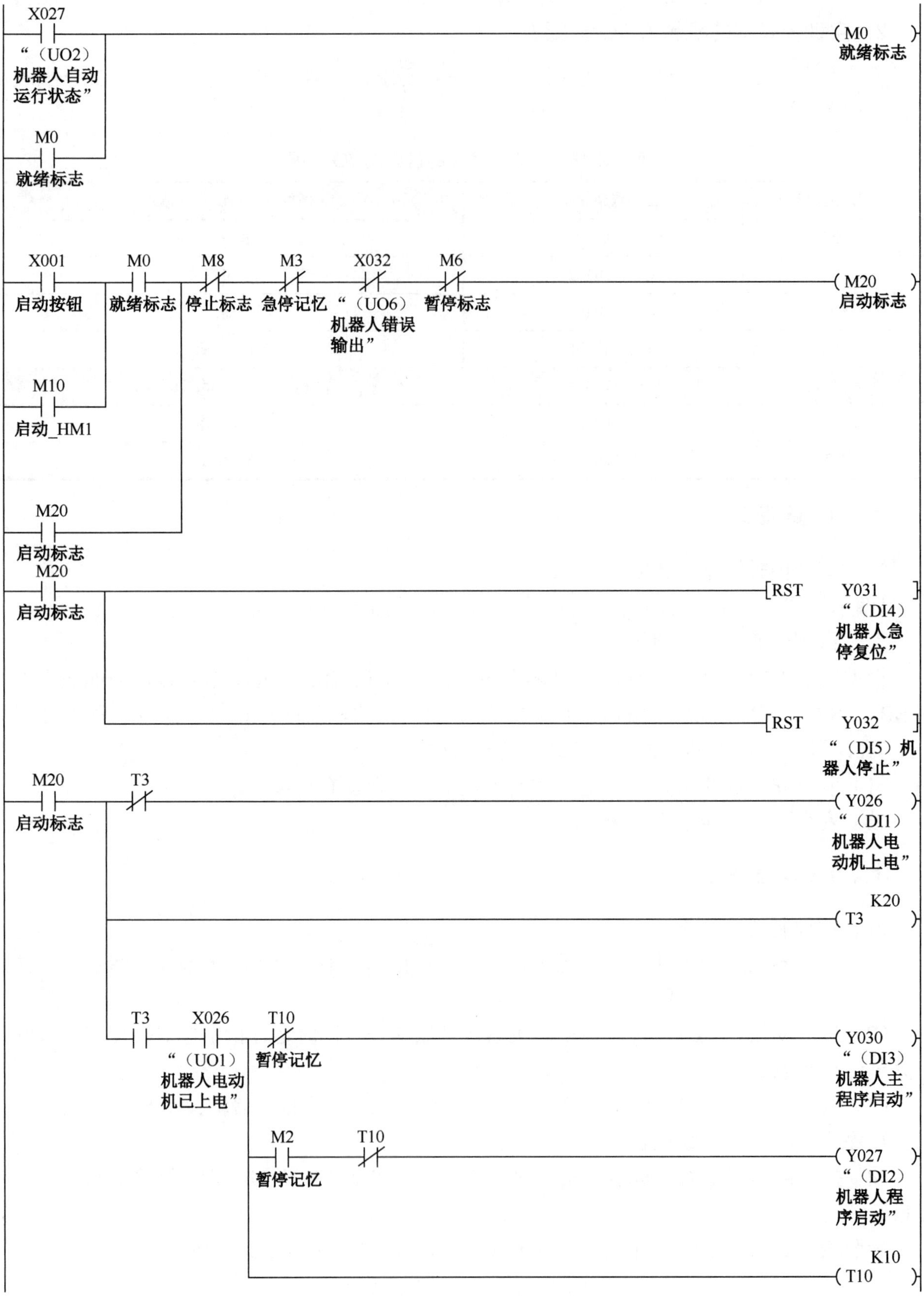

X027 "（UO2）机器人自动运行状态" —— (M0) 就绪标志
M0 就绪标志

X001 启动按钮 | M0 就绪标志 | M8 停止标志 | M3 急停记忆 | X032 "（UO6）机器人错误输出" | M6 暂停标志 —— (M20) 启动标志
M10 启动_HM1
M20 启动标志

M20 启动标志 —— [RST Y031 "（DI4）机器人急停复位"]
—— [RST Y032 "（DI5）机器人停止"]

M20 启动标志 | T3 —— (Y026 "（DI1）机器人电动机上电")
—— (T3 K20)
T3 | X026 "（UO1）机器人电动机已上电" | T10 暂停记忆 —— (Y030 "（DI3）机器人主程序启动")
M2 暂停记忆 | T10 —— (Y027 "（DI2）机器人程序启动")
—— (T10 K10)

图 2-2-35　PLC 梯形图程序（机器人启动部分）

八、绘制机器人运行轨迹

轨迹训练模型上的图案分布如图 2-2-36 所示。对机器人的运行轨迹进行规划，并绘制出机器人运行轨迹图，分别如图 2-2-37（a）～图 2-2-37（f）所示。

图 2-2-36　轨迹训练模型上的图案分布

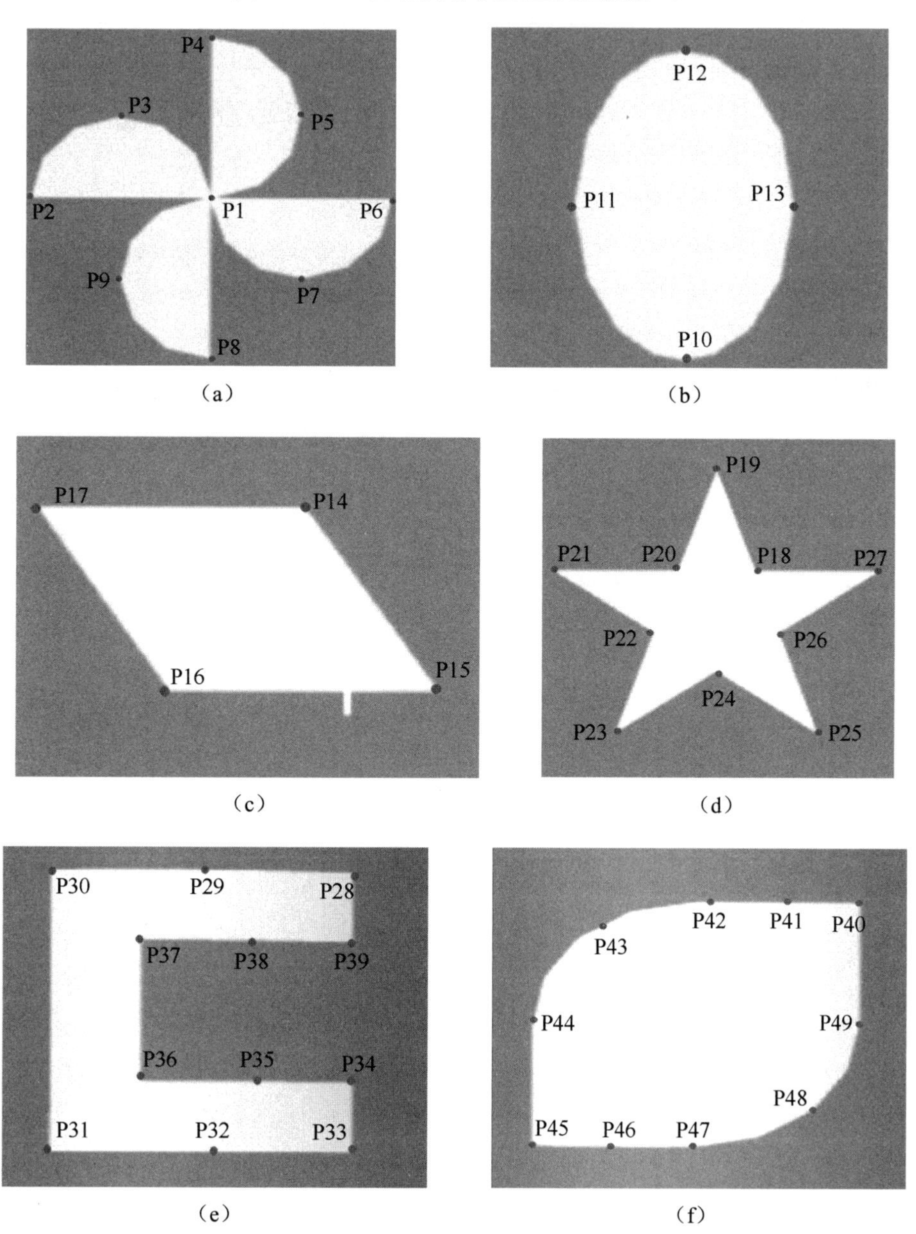

图 2-2-37　机器人运行轨迹图

九、确定机器人运动所需示教点

根据机器人的运行轨迹可确定其运动所需的示教点，如表 2-2-19 所示。

表 2-2-19　机器人运动轨迹示教点

序号	点序号	注释	备注
1	HOME	机器人初始位置	程序中定义
2	P1～P9	风车图案轨迹点	需示教
3	P10～P13	椭圆轨迹点	需示教
4	P14～P17	平行四边形轨迹点	需示教
5	P18～P27	五角星轨迹点	需示教
6	P28～P39	凹字形图案曲面轨迹点	需示教
7	P40～P49	枫叶图案曲面轨迹点	需示教

十、机器人的程序编写及示教要求

1. 机器人示教要求

（1）在进行描图轨迹示教时，焊枪姿态垂直于工件表面。

（2）机器人运行要平缓流畅。

（3）焊丝与图案边缘的距离为 0.5～1mm，尽量靠近工件图案边缘，但不能与工件接触，以免刮伤工件表面。

（4）因该工作站涉及的目标点较多，可分解为多个子程序，每个子程序包含一个独立的图案目标点程序。在主程序中调用不同图案的子程序即可。程序结构清晰，利于查看修改。

2. 设计机器人程序流程图

根据控制功能，设计机器人程序流程图，如图 2-2-38 所示。

MAIN
IntiAll
风车图案
椭圆
平行四边形
五角星
凹字形图案
枫叶图案
END
程序循环运行

图 2-2-38　机器人程序流程图

3. 机器人程序设计

根据机器人程序流程图、机器人运动轨迹图设计机器人程序。设计的机器人控制程序如下。

```
！风车图案轨迹程序
  1.    J  P[1]  100%  FINE  Offsect, PR[1]
！利用关节指令运行至第一个位置点正上方
  2.    L  P[1]  200mm/sec FINE
！机器人直线运动到第一个位置点
  3.    L  P[2]  200mm/sec FINE
！机器人直线运动到第二个位置点
  4.    C  P[3]
           P[1]  200mm/sec FINE
！利用圆弧指令操作焊枪走U形槽的圆弧曲面
```

```
   5.   L  P[4]  200mm/sec FINE
！利用直线运动指令操作焊枪走U形槽的底部直边
   6.   C  P[5]
           P[1]  200mm/sec FINE
！利用圆弧指令操作焊枪走U形槽的圆弧曲面，以下同上论述
   7.   L  P[6]  200mm/sec FINE
   8.   C  P[7]
           P[1]  200mm/sec FINE
   9.   L  P[8]  200mm/sec FINE
   10.  C  P[9]
           P[1]  200mm/sec FINE
   11.  L  P[1]  100%  FINE  Offsect，PR[1]
！椭圆轨迹程序
   12.  J  P[10]  100%  FINE  Offsect，PR[1]
！利用关节移动指令运行至椭圆第一个位置点正上方
   13.  L  P[10]  200mm/sec FINE
！利用直线运动指令操作焊枪走半圆的顶部直边
   14.  C  P[11]
           P[12]  200mm/sec FINE
！利用圆弧指令操作焊枪走椭圆左边圆弧曲面
   15.  C  P[13]
           P[10]  200mm/sec FINE
！利用圆弧指令操作焊枪走椭圆右边圆弧曲面
   16.  L  P[10]  200mm/sec FINE  Offsect，PR[1]
！平行四边形轨迹程序
   17.  J  P[14]  100%  FINE  Offsect，PR[1]
！利用直线运行指令运行至平行四边形第一个位置点正上方
   18.  L  P[14]  200mm/sec FINE
！利用直线运行指令运行至平行四边形第一个位置点，以下同上论述
   19.  L  P[15]  200mm/sec FINE
   20.  L  P[16]  200mm/sec FINE
   21.  L  P[17]  200mm/sec FINE
   22.  L  P[14]  200mm/sec FINE
   23.  L  P[14]  200mm/sec FINE  Offsect，PR[1]
！走五角星轨迹
   24.  J  P[18]  100%  FINE  Offsect，PR[1]
！利用直线运行指令运行至五角星第一个位置点正上方
   25.  L  P[18]  200mm/sec FINE
！利用直线运行指令运行至五角星第一个位置点，以下同上论述
   26.  L  P[19]  200mm/sec FINE
   27.  L  P[20]  200mm/sec FINE
   28.  L  P[21]  200mm/sec FINE
   29.  L  P[22]  200mm/sec FINE
   30.  L  P[23]  200mm/sec FINE
   31.  L  P[24]  200mm/sec FINE
   32.  L  P[25]  200mm/sec FINE
```

```
   33.   L  P[26]  200mm/sec FINE
   34.   L  P[27]  200mm/sec FINE
   35.   L  P[18]  200mm/sec FINE
   36.   L  P[18]  200mm/sec  FINE  Offsect，PR[1]
！走凹字形图案曲面轨迹
   37.   J  P[28]  100%  FINE  Offsect，PR[1]
！利用直线运行指令运行至凹字形图案第一个位置点正上方
   38.   L  P[28]  200mm/sec FINE
！利用直线运行指令运行至凹字形图案第一个位置点
   39.   C  P[29]
            P[30]  200mm/sec FINE
！利用圆弧指令沿着至凹字形图案上半部分（曲面）移动
   40.   L  P[31]  200mm/sec FINE
！利用直线运行指令运行至P31点位置
   41.   C  P[32]
            P[33]  200mm/sec FINE
！利用圆弧指令沿着至凹字形图案下半部分（曲面）移动
   42.   L  P[34]  200mm/sec FINE
   43.   C  P[35]
            P[36]  200mm/sec FINE
   44.   L  P[37]  200mm/sec FINE
   45.   C  P[38]
            P[39]  200mm/sec FINE
   46.   L  P[28]  200mm/sec FINE
   47.   L  P[28]  200mm/sec  FINE  Offsect，PR[1]
！枫叶图案曲面轨迹程序
   48.  J  P[40]  100%  FINE  Offsect，PR[1]
！利用关节移动指令运行至第一个位置点正上方
   49.   L  P[40]  200mm/sec FINE
！利用直线运行指令运行至圆形第一个位置点
   50.   C  P[41]
            P[42]  200mm/sec FINE
！利用圆弧运行指令走部分圆弧轨迹，以下同上论述
   51.   C  P[43]
            P[44]  200mm/sec FINE
   52.   L  P[45]  200mm/sec FINE
   53.   C  P[46]
            P[47]  200mm/sec FINE
   54.   C  P[48]
            P[49]  200mm/sec FINE
   55.  L  P[40]  200mm/sec FINE
   56.  L  P[40]  200mm/sec FINE  Offsect，PR[1]
END
```

4. 修改位置

方法一：示教修改位置点。操作步骤如下。

（1）进入程序修改界面。

（2）移动光标至需修改的动作指令的行号处。

（3）示教机器人到达所需位置。

（4）按“SHIFT”+“F5”[TOUCHUP（点修正）]键，当该行出现“@”符号时，表示位置信息已更新。

方法二：直接写入数据修改位置点。操作步骤如下。

（1）进入编辑界面。

（2）移动光标到要修正的位置编号处。

（3）按“F5”[POSITION（位置）]键显示位置数据子菜单。

（4）按“F5”[REPRE（形式）]键可切换位置数据类型，正交为直角坐标系，关节为关节坐标系（默认的显示是直角坐标系下的数据）。

（5）输入需要的新数据。

（6）修改完毕，按“F4”[DONE（完成退出该画面）]键。

任务测评

对任务实施的完成情况进行检查，并将结果填入表 2-2-20。

表 2-2-20　任务测评表

序号	主要内容	考核要求	评分标准	配分/分	扣分/分	得分/分
1	机械安装	夹具与模块固定牢固，不缺少螺钉	1．夹具与模块安装位置不合适，扣 5 分。 2．夹具或模块松动，扣 5 分。 3．损坏夹具或模块，扣 10 分	20		
2	机器人程序设计与示教操作	程序设计正确，机器人示教正确	1．操作机器人动作不规范，扣 5 分。 2．机器人不能完整描绘图案，每个图案轨迹扣 10 分。 3．不会手动调试，扣 10 分。 4．不会手动示教机器人运行，扣 15 分。 5．机器人程序编写错误，每个扣 5 分。 6．不会机器人示教操作，扣 40 分	70		
3	安全文明生产	劳动保护用品穿戴整齐，遵守操作规程，讲文明懂礼貌，操作结束要清理现场	1．操作中违反安全文明生产考核要求的任何一项扣 5 分。 2．当发现学生有重大事故隐患时，要立即予以制止，并扣 5 分	10		
合　计				100		
开始时间：			结束时间：			

任务3　工业机器人模拟焊接单元的编程与操作

学习目标

✧ 知识目标:

1. 掌握工业机器人模拟焊接单元程序的编写方法。
2. 掌握工业机器人手持示教的方法。

✧ 能力目标:

1. 能够完成工件夹具的安装。
2. 能够完成工件坐标的建立。
3. 能够完成模拟焊接单元程序的编写。

工作任务

图2-3-1所示为工业机器人模拟焊接单元模型工作站，模拟焊接对象结构示意图如图2-3-2所示。本任务采用示教编程方法，操作机器人实现模拟焊接焊缝的示教。

图2-3-1　工业机器人模拟焊接单元模型工作站

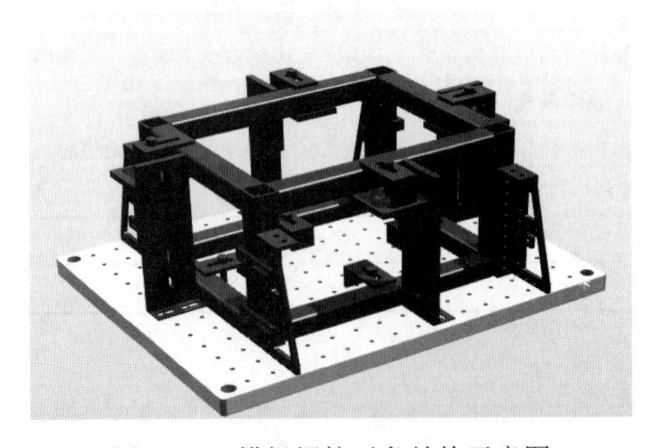

图2-3-2　模拟焊接对象结构示意图

具体控制要求如下。

（1）单击触摸屏上的“上电”按钮，机器人伺服上电；单击触摸屏上机器人的“启动”按钮，机器人进入主程序；单击触摸屏上机器人的“复位”按钮，机器人回到HOME点，系统进入等待状态；单击触摸屏上工作站的“启动”按钮，系统进入运行状态，工件开始装配，直到工件装配完成后停止。

（2）单击触摸屏上的“停止”按钮，系统进入停止状态，所有气动机构均保持状态不变。

相关知识

一、工业机器人模拟焊接单元模型工作站

模拟焊接工装套件采用多条方形铁质管及多功能工装夹具套件组成，且对表面进行处理使表面发黑。该工作站配有焊枪夹具。

实训时可对模拟焊接工装方形铁质管进行自由拼接，搭建成不同的立体形状，采用焊枪夹具对需要焊接的焊缝进行轨迹示教。

二、控制类指令

控制类指令是除动作指令外对机器人所使用程序指令的总称。具体包括：寄存器指令、位置寄存器指令、软浮动指令、I/O指令、转移指令、I/O条件待命指令、码垛指令等。要对控制指令进行示教，按“F1”[INST（指令）]键，显示出辅助菜单后进行选择。

1. 寄存器指令

寄存器指令是用来进行寄存器算术运算的指令，寄存器可用来存储整数型变量或小数型变量，标准情况下可提供200个寄存器，可直接或间接将某数值赋给寄存器，其一般形式为R[i]=（值），这里的值可以是常数，也可以是组I/O信号、模拟I/O信号、数字I/O信号等。寄存器的运算指令除了+、−、*、/，还有MOD（求余数）、DIV（求商的整数部分）等。下面给出一段包含数字输入信号的寄存器指令例程：R[2]=R[1]+DI[1]，程序执行结果是将数字输入信号1的状态与R[1]寄存器的值相加后赋值给R[2]寄存器。

2. 位置寄存器指令

位置寄存器是用来存储位置数据（*X*、*Y*、*Z*、*w*、*p*、*r*）的变量，标准情况下有10个位置寄存器（PR[i]，*i*=1～10），可直接或间接将位置数据代入位置寄存器，其一般形式为PR[i]=（值），这里的值可以是位置寄存器的值，也可以是当前的位置坐标（Lpos、Jpos）等。

下面给出一段与位置寄存器指令相关的例程。

```
程序段1：PR[1]=Lpos
程序段2：PR[2]=Jpos
程序段3：PR[3]=UFRAME[1]
程序段4：PR[4]=UTOOL[1]
```

其中，Lpos、Jpos分别表示当前位置的笛卡儿坐标与关节坐标，UFRAME[i]、UTOOL[i]分别表示用户坐标系[i]与工具坐标系[i]的坐标。

3．位置寄存器要素指令

位置寄存器要素指令是进行位置寄存器算术运算的指令，其中 i 表示位置寄存器编号，j 表示位置寄存器要素编号。在笛卡儿坐标系下，寄存器要素编号 1～6 分别对应于 X、Y、Z、w、p、r；在关节坐标系下，寄存器要素编号 j 表示第 j 个关节轴的角度。位置寄存器要素指令可进行代入、加减运算等，与寄存器指令的使用方式类似。

位置寄存器要素指令的例程：PR[1，2]=R[3]，程序执行结果是将寄存器 R[3]的值赋给位置寄存器 1 的第二个要素。

4．I/O 指令

I/O 指令是读出外围设备输入信号状态或改变外围设备输出信号状态的指令，分为数字 I/O 指令（DI/DO）、机器人 I/O 指令（RI/RO）、模拟 I/O 指令（AI/AO）与组 I/O 指令（GI/GO）。

1）数字 I/O 指令

数字 I/O 指令是用户可以控制的 I/O 指令。下面给出几种常见的使用情形。

指令 R[i]=DI[i]，程序执行结果是将数字输入的状态 DI[i]存储到寄存器 R[i]中。

指令 DO[i]=ON/OFF，程序执行结果是接通或断开所指定的数字输出信号 DO[i]。

指令 DO[i]=PULSE,[时间]，仅在所指定的时间内接通所指定的数字输出；在没有指定时间的情况下，脉冲输出时间由系统变量$ DEFPULSE（单位时间为 0.1s）指定。

指令 DO[i]=R[i]，根据所指定的寄存器 R[i]接通或断开所指定的数字输出信号 DO[i]。若寄存器为 0 时断开，则为 0 以外的值时就接通。

2）机器人 I/O 指令

机器人输入指令（RI）和机器人输出指令（RO）是用户可以控制的 I/O 指令，其使用方法与数字 I/O 指令相同，说明如下。

指令 R[i]=RI[i]，程序执行结果是将机器人的输入状态 RI[i]存储到寄存器 R[i]中。

指令 RO[i]=ON/OFF，程序执行结果是接通或断开所指定的机器人数字输出信号 RO[i]。

指令 RO[i]=PULSE,[时间]，仅在所指定的时间内接通机器人输出信号 RO[i]；在没有指定时间的情况下，接通时间由系统变量$ DEFPULSE（单位时间为 0.1s）指定。

指令 RO[i]=R[i]，根据所指定的寄存器 R[i]接通或断开所指定的机器人输出信号 RO[i]。若寄存器为 0 时断开，则为 0 以外的值时就接通。

3）模拟 I/O 指令

模拟输入信号（AI）与模拟输出信号（AO）是连续的 I/O 信号，表示该值的大小为温度、电压之类的数据。下面给出几种常见的使用情形。

指令 R[i]=AI[i]，程序执行结果是将模拟输入信号 AI[i]的值存储在寄存器 R[i]中。

指令 AO[i]=（值），程序执行结果是向所指定的模拟输出信号 AO[i]输出指定的值。

指令 AO[i]=R[i]，程序执行结果是向模拟输出信号 AO[i]输出寄存器 R[i]的值。

4）组 I/O 指令

组输入信号（GI）与组输出指令（GO）是对 2～16 个数字 I/O 信号进行分组，用一个指令来控制这些信号。下面给出几种常见的使用情形。

指令 R[i]=GI[i]，程序执行结果是将所指定组输入信号 GI[i]的二进制数转换为十进制数代入所指定的寄存器 R[i]。

指令 GO[i]=（值），程序执行结果是将经过二进制变换后的值输出到指定的组输出信号 GO[i]中。

指令 GO[i]=R[i]，程序执行结果是将所指定寄存器 R[i]值经过二进制变换后输出到指定的组输出信号 GO[i]中。

5. I/O 条件待命指令

I/O 条件待命指令对 I/O 的值与另一方的值进行比较，在条件得到满足之前待命。其指令的一般格式与寄存器条件待命指令格式相同，不同之处在于变量与值的类型。例程如下。

```
程序段1：WAIT RI[1] = R[1]
程序段2：WAIT DI[2] <>OFF，TIMEOUT，LBL[1]
```

三、控制类指令的示教

对控制类指令进行示教，需按“F1”[INST（指令）]键，显示出辅助菜单后选择具体操作选项。

1. 寄存器指令的示教

寄存器指令的示教操作步骤如表 2-3-1 所示。

表 2-3-1　寄存器指令的示教操作步骤

步骤	操作方法	操作提示
1	选定程序编辑画面，将光标指向“End”（结束）	
2	按“F1”[INST（指令）]键	
3	显示控制指令一览画面	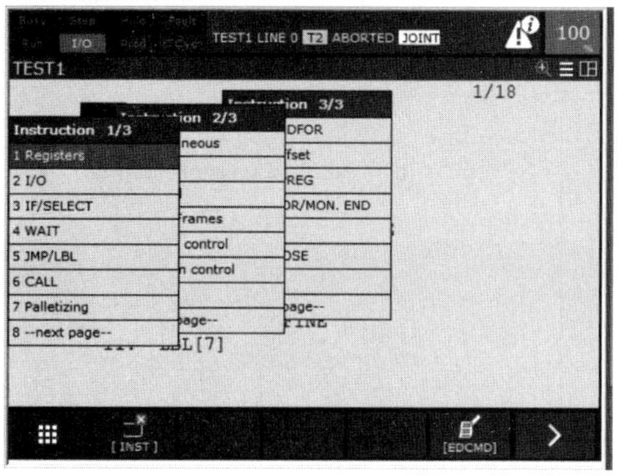

续表

步骤	操作方法	操作提示
4	要对寄存器指令进行示教，选择“1 Registers”（寄存器）选项并确认	TEST1 LINE 0 T2 ABORTED JOINT 100 TEST1 2/2 Instruction 1/3 1 Registers 2 I/O 3 IF/SELECT 4 WAIT 5 JMP/LBL 6 CALL 7 Palletizing 8 --next page-- [INST] [EDCMD]
5	选择在寄存器 R[1]的值上加 1 的指令	REGISTER statement 1/1 1 ...=... 2 ...=...+... 3 ...=...-... 4 ...=...*... 5 ...=.../... 6 ...=...DIV... 7 ...=...MOD... 8 ...=(...)
6	选择寄存器“1 R[ ]”选项	REGISTER statement 1/1 1 R[ ] 2 PL[ ] 3 PR[ ] 4 PR[i,j] 5 SR[ ] 6 7 8 --next page--
7	选择“1 R[ ]”或“2 Constant”（常数）选项	TEST1 LINE 0 T2 ABORTED JOINT 100 TEST1 2/3 REGISTER statement 1/3 1 R[ ] 2 Constant 3 DO[ ] 4 DI[ ] 5 RO[ ] 6 RI[ ] 7 GO[ ] 8 --next page-- 2: R[1]=R[1]+... [CHOICE]

续表

步骤	操作方法	操作提示
8	完成指令输入	Busy Step Hold Fault Run I/O Prod TCyc TEST1 LINE 0 T2 ABORTED JOINT 100 TEST1 3/3 1:J @P[1] 70% CNT100 2: R[1]=R[1]+1 [End] [INST] [EDCMD]

2．位置寄存器指令的示教

位置寄存器指令示教的前四步与寄存器指令示教相同。若需向位置寄存器示教当前位置的笛卡儿坐标，可按表 2-3-2 所示的步骤进行。

表 2-3-2　位置寄存器指令的示教操作步骤

步骤	操作方法	操作提示
1～4	见表 2-3-1	见表 2-3-1
5	在寄存器声明画面选择“3 PR[ ]”选项	Busy Step Hold Fault Run I/O Prod TCyc TEST1 LINE 0 T2 ABORTED JOINT 100 TEST1 3/4 1:J @P[1] 70% CNT100 =R[1]+1 REGISTER statement 1/1 1 R[ ] 2 PL[ ] 3 PR[ ] 4 PR[i,j] 5 SR[ ] 6 7 8 --next page-- 3: ...=... [CHOICE]
6	选择“1 Lpos”选项，即当前位置笛卡儿坐标	Busy Step Hold Fault Run I/O Prod TCyc TEST1 LINE 0 T2 ABORTED JOINT 100 TEST1 3/4 1:J @P[1] 70% CNT100 =R[1]+1 REGISTER statement 1/1 1 Lpos 2 Jpos 3 UFRAME[ ] 4 UTOOL[ ] 5 P[ ] 6 PR[ ] 7 8 --next page-- 3: PR[1]=... [CHOICE]

续表

步骤	操作方法	操作提示
7	将“LPOS”赋值给位置寄存器“PR[1]”	Busy Step Hold Fault Run I/O Prod TCyc TEST1 LINE 0 T2 ABORTED JOINT 100 TEST1 3/4 1:J @P[1] 70% CNT100 2: R[1]=R[1]+1 3: PR[1]=LPOS [End] [CHOICE]

3．I/O 指令的示教

I/O 指令的示教前三步与寄存器指令的示教相同。表 2-3-3 以机器人输出指令 RO[1]置 ON 为例说明 I/O 指令的示教方法。

表 2-3-3　I/O 指令的示教操作步骤

步骤	操作方法	操作提示
1～3	见表 2-3-1	见表 2-3-1
4	在“Instruction”（指令）中选择“2 I/O”选项	Busy Step Hold Fault Run I/O Prod TCyc TEST1 LINE 0 T2 ABORTED JOINT 100 TEST1 4/4 Instruction 1/3 1 Registers 2 I/O 3 IF/SELECT 4 WAIT 5 JMP/LBL 6 CALL 7 Palletizing 8 --next page-- [INST] [EDCMD]
5	选择“3 RO[ ]=...”选项	Busy Step Hold Fault Run I/O Prod TCyc TEST1 LINE 0 T2 ABORTED JOINT 100 TEST1 4/4 I/O statement 1/2 1 DO[ ]=... 2 R[ ]=DI[ ] 3 RO[ ]=... 4 R[ ]=RI[ ] 5 GO[ ]=... 6 R[ ]=GI[ ] 7 AO[ ]=... 8 --next page-- Select item [CHOICE]

续表

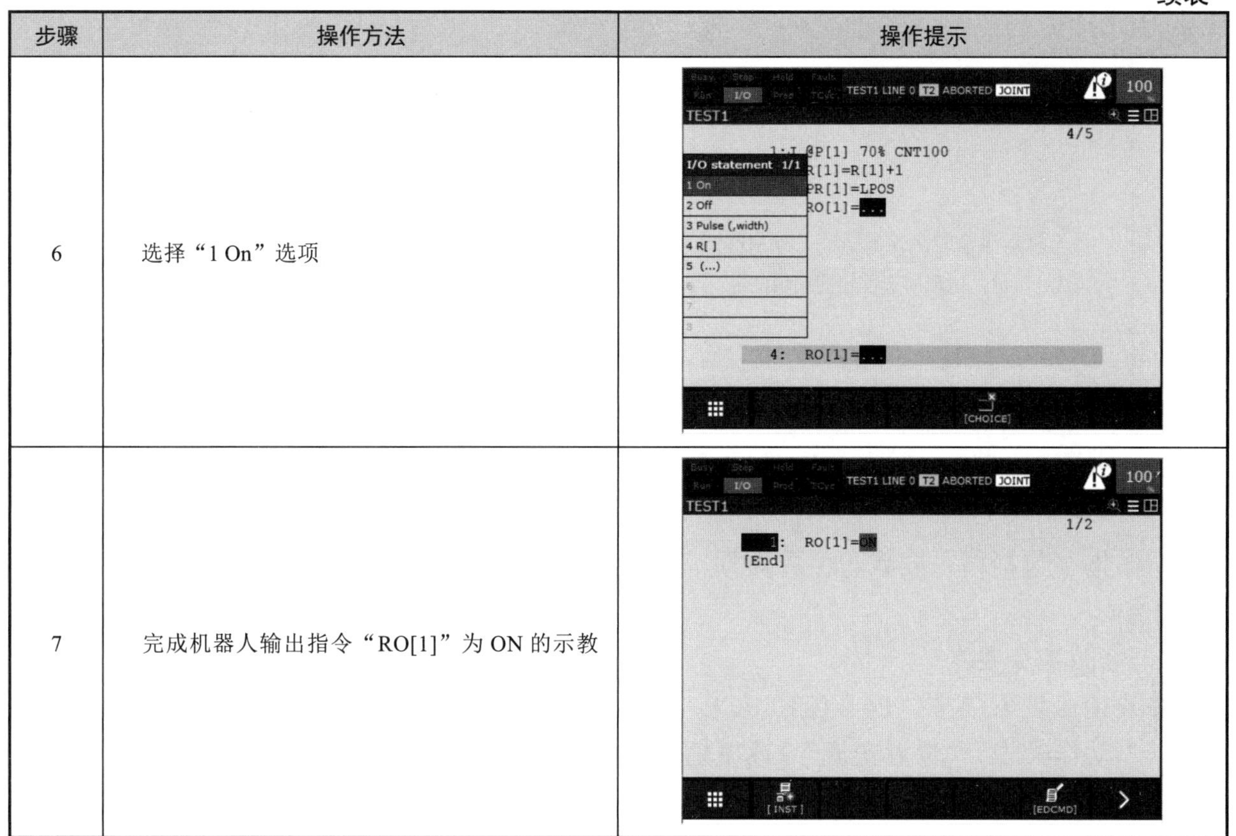

步骤	操作方法	操作提示
6	选择“1 On”选项	
7	完成机器人输出指令“RO[1]”为 ON 的示教	

四、示教程序的修改

1．程序选择

程序选择就是调用已经示教的程序。当示教器有效时，可以通过选择程序来强制结束当前执行中或暂停中的程序；当示教器无效时，如果存在执行中或暂停中的程序是无法选择其他程序的。选择程序需在程序一览画面中选择，具体操作步骤详见表 2-3-4。

表 2-3-4　选择示教程序的操作步骤

步骤	操作方法	操作提示
1	按“MENU”键，显示画面菜单	MENU
2	选择“Select”（一览）选项，出现程序一览画面	也可直接按 SELECT 键来选择，代替步骤 1～2

续表

步骤	操作方法	操作提示
3	将光标指向希望修改的程序“SAMPLE3”，按“ENTER”键，出现所选程序的编辑画面	TEST1 LINE 0 T2 ABORTED JOINT 100 TEST1 6/7 1:J @P[1] 100% FINE 2:J @P[2] 100% FINE 3:J @P[3] 100% FINE 4:L @P[4] 100mm/sec FINE 5:L @P[5] 100mm/sec FINE 6:L @P[6] 100mm/sec FINE [End] POINT TOUCHUP

2. 动作指令的修改

动作指令包括指令要素与位置数据等。以下就修改指令要素、位置数据与位置详细数据加以介绍。

1）修改指令要素

修改指令要素需按“F4”[CHOICE（选择）]键，显示动作指令要素一览画面后予以选择。以“动作类型”“位置变量”“速度值”“速度单位”“定位类型”的修改为例加以说明，操作步骤详见表 2-3-5。

操作步骤视频讲解

表 2-3-5 修改指令要素的操作步骤

步骤	操作方法	操作提示
1	将光标指向希望修改的动作指令要素（动作类型为 L），按“F4”[CHOICE（选择）]键	5:L @P[5] 100mm/sec FINE 6:L @P[6] 100mm/sec FINE [End] [CHOICE] F4
2	显示动作类型选择项一览画面 若准备将直线路径更改为关节动作，则选择“1 Joint”选项并确认	Motion Modify 1/1 1 Joint 2 Linear 3 Circular 4 Circle Arc 5 6 7 8 +ENTER

续表

步骤	操作方法	操作提示
3	位置变量的更改需选中位置编号后按“F4”[CHOICE（选择）]键	5:L @P[5] 100mm/sec FINE 6:J @P[6] 2% FINE [End] Enter value or press ENTER [CHOICE] F4
4	显示位置变量的选择画面，选择“2 PR[　]”选项并确认	TEST1 LINE 0 T2 ABORTED JOINT 100 TEST1 6/7 Motion Modify 1/1 1 P[ ] 2 PR[ ] 8 --next page-- 1:J @P[1] 100% FINE @P[2] 100% FINE @P[3] 100% FINE @P[4] 100mm/sec FINE @P[5] 100mm/sec FINE @P[6] 2% FINE 6:J @P[6] 2% FINE [CHOICE] +ENTER
5	更改速度值	6/7 1:J @P[1] 100% FINE 2:J @P[2] 100% FINE 3:J @P[3] 100% FINE 4:L @P[4] 100mm/sec FINE 5:L @P[5] 100mm/sec FINE 6:J @PR[5] 2% FINE [End] Enter value 7+0+ENTER
6	更改速度单位	TEST1 LINE 0 T2 ABORTED JOINT 100 TEST1 4/6 Motion Modify 1/1 1 mm/sec 2 cm/min 3 inch/min 4 deg/sec 5 sec 6 msec 1:J @P[1] 100% FINE @P[2] 100% FINE @P[3] 100% FINE @P[4] 100mm/sec FINE @PR[5] 2% FINE 4:L @P[4] 100mm/sec FINE [CHOICE] F4

续表

步骤	操作方法	操作提示
7	更改定位类型	TEST1 LINE 0 T2 ABORTED JOINT 100 TEST1 4/6 Motion Modify 1/1 1 Fine 2 Cnt 1:J @P[1] 100% FINE @P[2] 100% FINE @P[3] 100% FINE @P[4] 100mm/sec FINE @PR[5] 2% FINE 4:L @P[4] 100mm/sec FINE [CHOICE] F4

当将关节运动或直线运动更改为圆弧运动时，原来示教关节动作的终点将成为圆弧的中间点，而圆弧终点将成为尚未示教的状态，此时需要增加对其示教步骤。

2）修改位置数据

修改位置数据时需同时按“SHIFT”与“F5”[TOUCHUP（位置修改）]键，将当前位置作为新的位置数据记录在位置变量中，相关操作步骤详见表2-3-6。

表2-3-6　修改位置数据的操作步骤

步骤	操作方法	操作提示
1	将光标指向希望修改的动作指令行号	TEST1 LINE 0 T2 ABORTED JOINT 100 TEST1 3/6 1:J @P[1] 100% FINE 2:J @P[2] 100% FINE 3:J @P[3] 100% FINE 4:L @P[4] 100mm/sec FINE 5:J @PR[5] 2% FINE [End] Position has been recorded to P[3]. POINT TOUCHUP
2	将机器人手动进给到新的位置，按“SHIFT”键的同时按“F5”[TOUCHUP（位置修改）]键，记录新的位置	SHIFT F5
3	对于有增量指令的动作指令，在对位置数据重新示教的情况下，删除增量指令	TEST1 LINE 0 T2 ABORTED JOINT 100 TEST1 3/6 1:J @P[1] 100% FINE 2:J @P[2] 100% FINE 3:L P[3] 100mm/sec FINE INC 4:L @P[4] 100mm/sec FINE 5:J @PR[5] 2% FINE [End] Delete Inc option and record position ? YES NO YES：删除增量指令，进行位置修改； NO：不进行位置修改

续表

步骤	操作方法	操作提示
4	在利用位置寄存器对位置变量进行示教的情况下，通过修改位置来修改位置寄存器的数据	TEST1 LINE 0 T2 ABORTED JOINT 100 TEST1 4/6 1:J @P[1] 100% FINE 2:J @P[2] 100% FINE 3:L @P[3] 100mm/sec FINE 4:L @P[4] 100mm/sec FINE 5:J @PR[5] 2% FINE [End] Position has been recorded to P[4]. POINT TOUCHUP

3）修改位置详细数据

可以在位置详细数据画面上直接修改位置数据的坐标与形态，其操作步骤详见表 2-3-7。

表 2-3-7　修改位置详细数据的操作步骤

步骤	操作方法	操作提示
1	显示位置详细数据时，将光标指向位置变量，按“F5” [POSITION（位置）]键	SYST-179 SHIFT-RESET Released TEST1 LINE 0 T2 ABORTED JOINT 100 TEST1 3/6 1:J @P[1] 100% FINE 2:J @P[2] 100% FINE 3:L @P[3] 100mm/sec FINE 4:L @P[4] 100mm/sec FINE 5:J @PR[5] 2% FINE [End] Enter value or press ENTER [CHOICE] POSITION F5
2	出现位置详细数据画面	SYST-179 SHIFT-RESET Released TEST1 LINE 0 T2 ABORTED JOINT 100 TEST1 P[3] UF:0 UT:1 CONF:NUT 000 X 171.747 mm W -180.000 deg Y 237.991 mm P -.000 deg Z -100.509 mm R -.000 deg Position Detail 2:J @P[2] 100% FINE 3:L @P[3] 100mm/sec FINE 4:L @P[4] 100mm/sec FINE 5:J @PR[5] 2% FINE [End] Enter value CONF DONE [REPRE]
3	更改位置时，先将光标指向各坐标，再输入新的坐标	P[3] UF:0 UT:1 CONF:NUT 000 X 171.747 mm W -180.000 deg Y 237.991 mm P -.000 deg Z -100.509 mm R -.000 deg

续表

步骤	操作方法	操作提示
4	更改形态时，按“F3”[CONFIG（形态）]键，使用“↑”“↓”键输入新的形态值	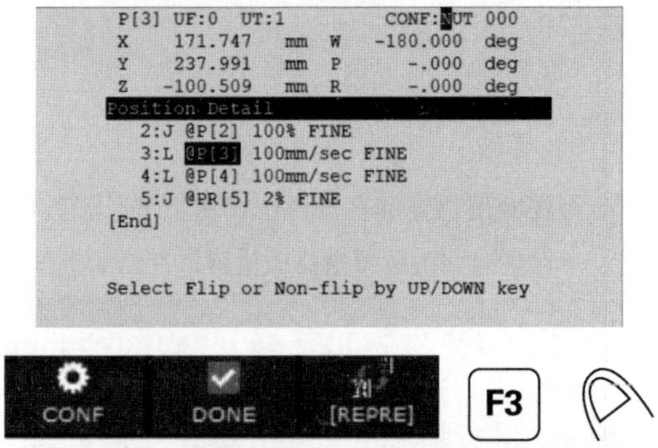 P[3] UF:0 UT:1 CONF:NUT 000 X 171.747 mm W -180.000 deg Y 237.991 mm P -.000 deg Z -100.509 mm R -.000 deg Position Detail 2:J @P[2] 100% FINE 3:L @P[3] 100mm/sec FINE 4:L @P[4] 100mm/sec FINE 5:J @PR[5] 2% FINE [End] Select Flip or Non-flip by UP/DOWN key CONF DONE [REPRE] F3
5	更改坐标系时，按“F5”[REPRE（形式）]键，选择要更改的坐标系	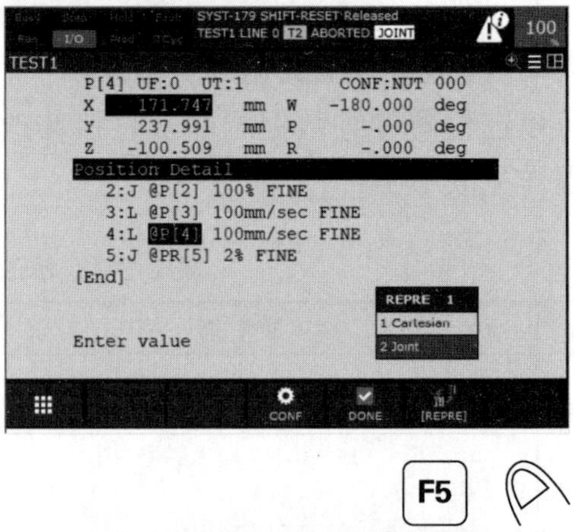 SYST-179 SHIFT-RESET Released TEST1 LINE 0 T2 ABORTED JOINT 100 TEST1 P[4] UF:0 UT:1 CONF:NUT 000 X 171.747 mm W -180.000 deg Y 237.991 mm P -.000 deg Z -100.509 mm R -.000 deg Position Detail 2:J @P[2] 100% FINE 3:L @P[3] 100mm/sec FINE 4:L @P[4] 100mm/sec FINE 5:J @PR[5] 2% FINE [End] REPRE 1 1 Cartesian 2 Joint Enter value CONF DONE [REPRE] F5
6	完成位置详细数据的更改后，按“F4”[DONE（完成）]键	 CONF DONE [REPRE] F4

五、控制指令修改

控制指令的修改主要包括指令的句法、要素与变量的修改。下面以其他控制指令的修改为例加以说明，操作步骤详见表 2-3-8。

表 2-3-8　修改其他控制指令的操作步骤

步骤	操作方法	操作提示
1	将光标指向指令要素，将“ON”改为寄存器变量“R[2]”	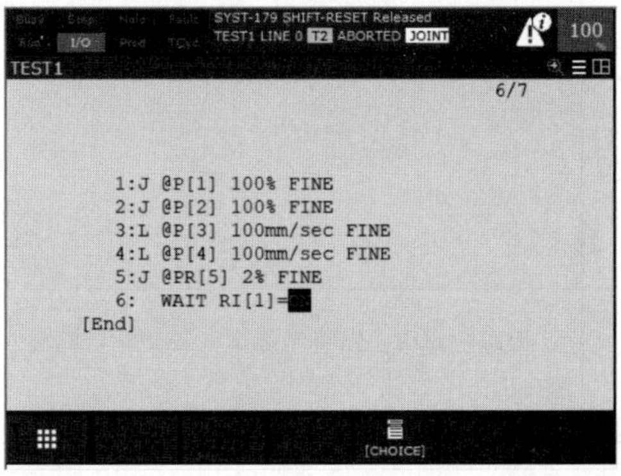 SYST-179 SHIFT-RESET Released TEST1 LINE 0 T2 ABORTED JOINT 100 TEST1 6/7 1:J @P[1] 100% FINE 2:J @P[2] 100% FINE 3:L @P[3] 100mm/sec FINE 4:L @P[4] 100mm/sec FINE 5:J @PR[5] 2% FINE 6: WAIT RI[1]=ON [End] [CHOICE]

续表

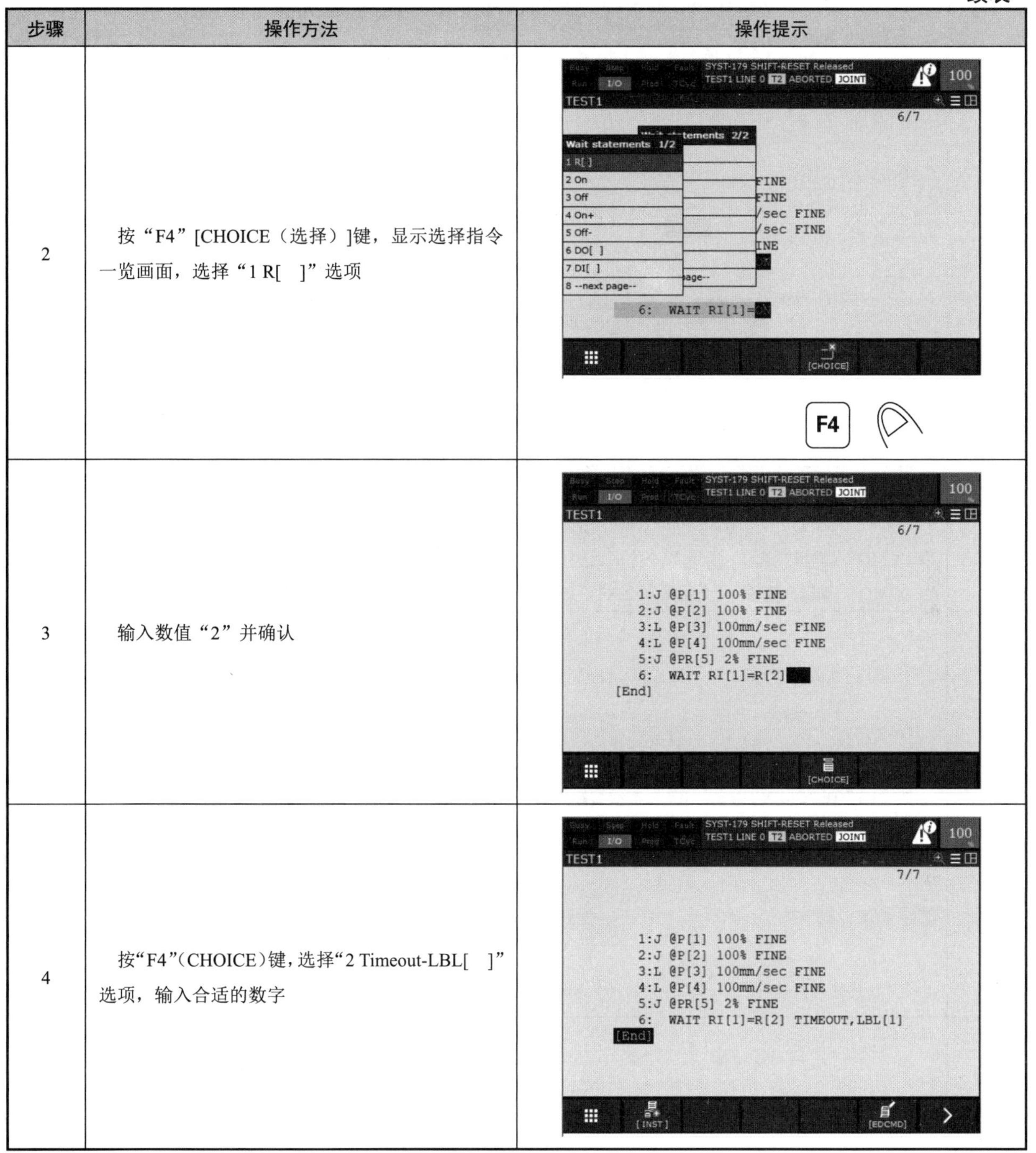

步骤	操作方法	操作提示
2	按“F4”[CHOICE（选择）]键，显示选择指令一览画面，选择“1 R[　]”选项	
3	输入数值“2”并确认	
4	按“F4”(CHOICE)键，选择“2 Timeout-LBL[　]”选项，输入合适的数字	

六、程序编辑指令

程序编辑指令有插入(Insert)、删除(Delete)、复制(Copy)、查找(Find)、替换(Replace)与注释（Comment）等，通过按“F5”[EDCMD（变量）]键，显示程序编辑指令的一览画面（见图 2-3-3）后予以选择。

1. 插入空白行

表 2-3-9 给出了在第 3 行和第 4 行之间插入两个空白行的操作步骤。

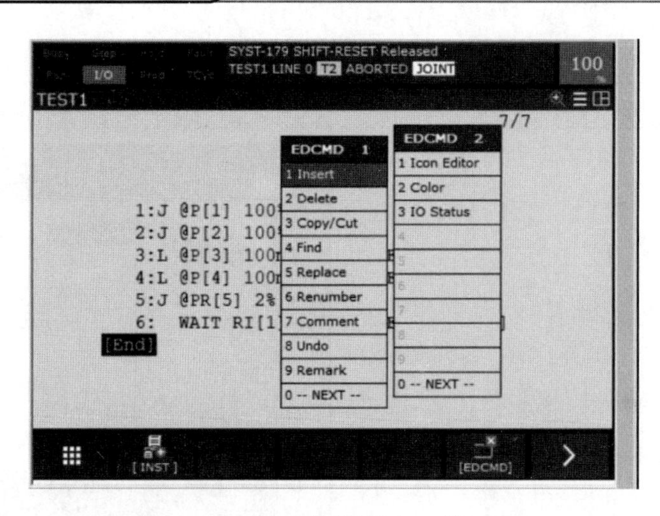

图 2-3-3　程序编辑指令一览画面

表 2-3-9　插入空白行的操作步骤

步骤	操作方法	操作提示
1	在第 4 行程序处，按“NEXT”（下一页）键，显示“EDCMD”（编辑）选项；如果程序画面已经显示“EDCMD”（编辑）选项，无须再按“NEXT”键	NEXT [INST] [EDCMD]
2	按“F5”[EDCMD（编辑）]键，显示编辑指令菜单	SYST-179 SHIFT-RESET Released TEST1 LINE 0 T2 ABORTED JOINT 100 TEST1 7/7 1:J @P[1] 100 2:J @P[2] 100 3:L @P[3] 100 4:L @P[4] 100 5:J @PR[5] 2% 6: WAIT RI[1] [End] EDCMD 1: 1 Insert, 2 Delete, 3 Copy/Cut, 4 Find, 5 Replace, 6 Renumber, 7 Comment, 8 Undo, 9 Remark, 0 -- NEXT -- EDCMD 2: 1 Icon Editor, 2 Color, 3 IO Status, 0 -- NEXT -- [INST] [EDCMD] F5
3	选择“1 Insert”（插入）选项	TEST1 LINE 0 T2 ABORTED JOINT 100 TEST1 4/4 1:J @P[1] 100 2:J @P[2] 100 3:L @P[3] 100 [End] EDCMD 1: 1 Insert, 2 Delete, 3 Copy/Cut, 4 Find, 5 Replace, 6 Renumber, 7 Comment, 8 Undo, 9 Remark, 0 -- NEXT -- EDCMD 2: 1 Icon Editor, 2 Color, 3 IO Status, 0 -- NEXT -- [INST] [EDCMD]
4	指定插入的行数为 2 并确认	2 + ENTER

续表

步骤	操作方法	操作提示
5	在第 3 行后插入两行	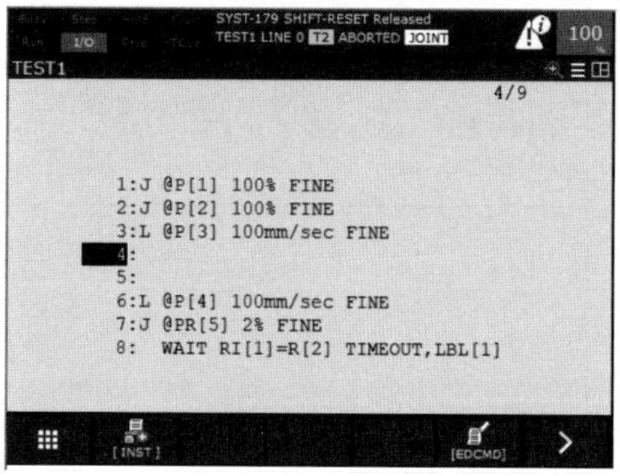

2．删除程序指令

删除程序指令的前两步操作与表 2-3-9 相同。显示编辑指令菜单后选择“2 Delete”选项，如表 2-3-10 所示。注意一旦执行删除程序指令，已被删除的程序指令将无法恢复。删除程序指令时应反复确认，以免弄丢重要数据。

视频讲解
操作步骤

表 2-3-10　删除程序指令的操作步骤

步骤	操作方法	操作提示
1～2	见表 2-3-9	见表 2-3-9
3	选择“2 Delete”选项	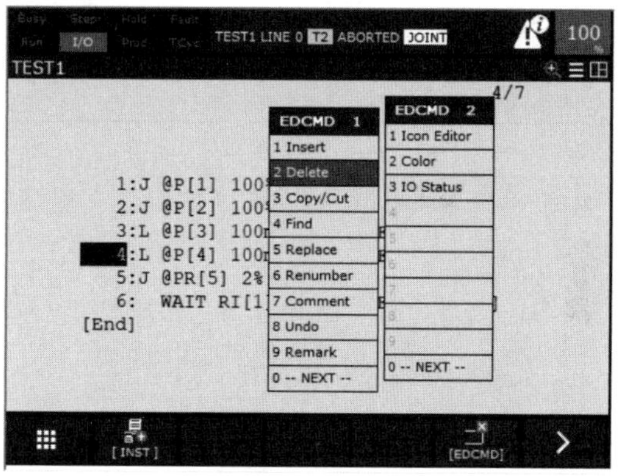  F5
4	用“↑”“↓”键来指定希望删除行的范围（第 4～6 行）	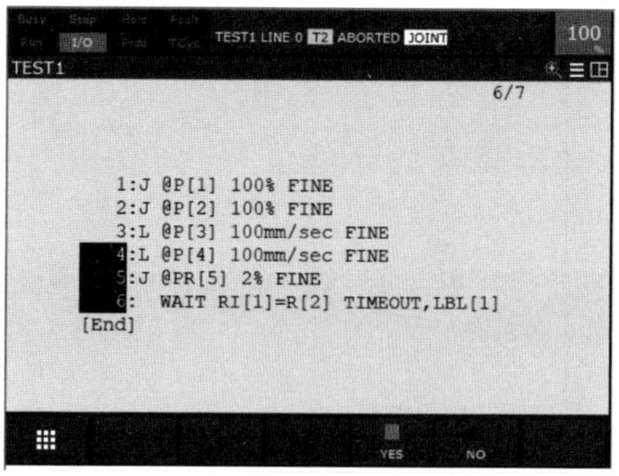 

续表

步骤	操作方法	操作提示
5	要删除所选行时，确认按“F4”（YES）键，否则按“F5”（NO）键	
6	删除第4～6行后的程序	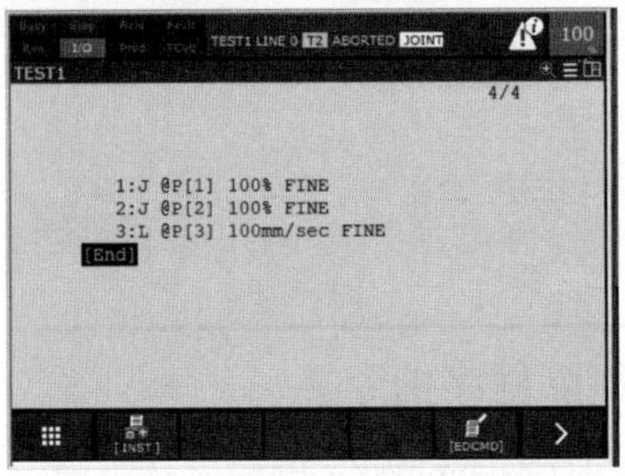

3．复制程序指令

复制程序指令的前两步操作与表2-3-9相同。显示编辑指令菜单后选择“3 Copy/Cut”选项，表2-3-11给出了将程序第2～5行复制到第7～10行的操作步骤。

表2-3-11　复制程序指令的操作步骤

步骤	操作方法	操作提示
1～2	见表2-3-9	见表2-3-9
3	选择“3 Copy/Cut”选项	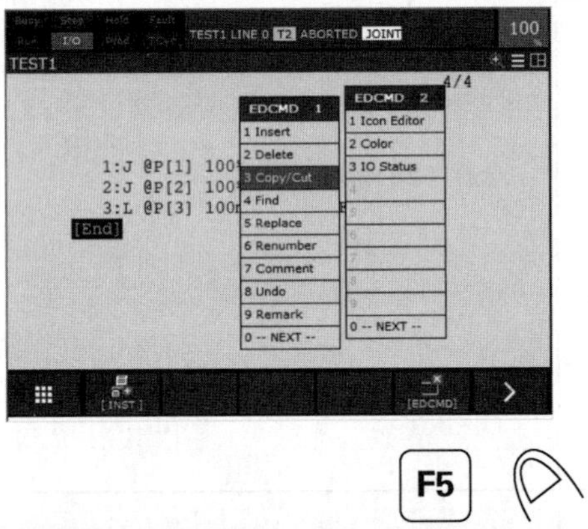
4	按“F2”[SELECT（选择）]键，选中要复制的行范围	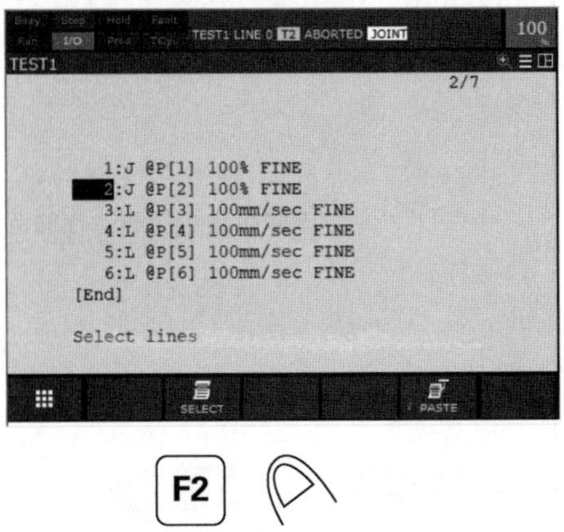

续表

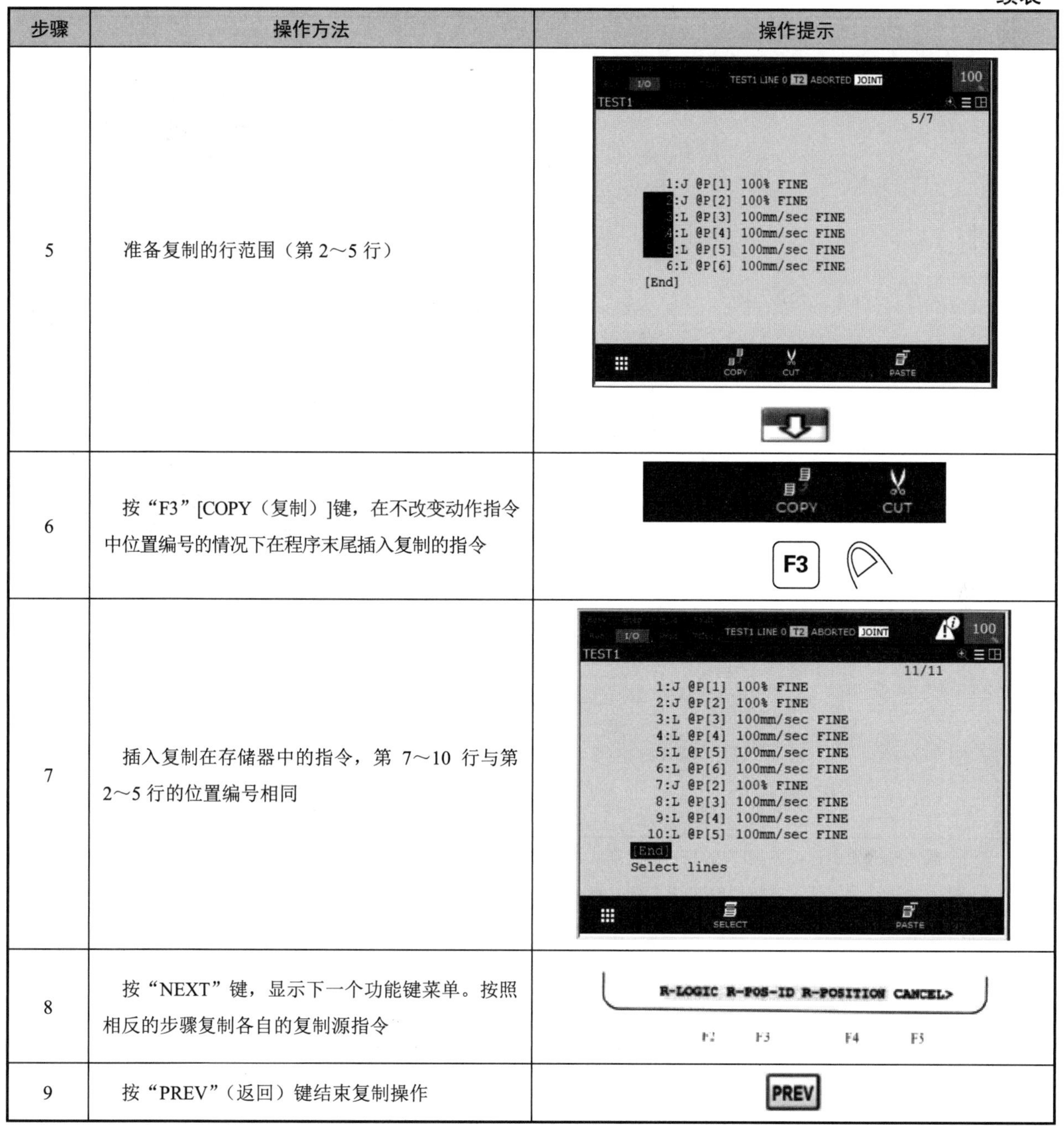

步骤	操作方法	操作提示
5	准备复制的行范围（第 2～5 行）	TEST1 LINE 0 T2 ABORTED JOINT 100 TEST1 5/7 1:J @P[1] 100% FINE 2:J @P[2] 100% FINE 3:L @P[3] 100mm/sec FINE 4:L @P[4] 100mm/sec FINE 5:L @P[5] 100mm/sec FINE 6:L @P[6] 100mm/sec FINE [End] COPY CUT PASTE
6	按“F3”[COPY（复制）]键，在不改变动作指令中位置编号的情况下在程序末尾插入复制的指令	COPY CUT F3
7	插入复制在存储器中的指令，第 7～10 行与第 2～5 行的位置编号相同	TEST1 LINE 0 T2 ABORTED JOINT 100 TEST1 11/11 1:J @P[1] 100% FINE 2:J @P[2] 100% FINE 3:L @P[3] 100mm/sec FINE 4:L @P[4] 100mm/sec FINE 5:L @P[5] 100mm/sec FINE 6:L @P[6] 100mm/sec FINE 7:J @P[2] 100% FINE 8:L @P[3] 100mm/sec FINE 9:L @P[4] 100mm/sec FINE 10:L @P[5] 100mm/sec FINE [End] Select lines SELECT PASTE
8	按“NEXT”键，显示下一个功能键菜单。按照相反的步骤复制各自的复制源指令	R-LOGIC R-POS-ID R-POSITION CANCEL> F2 F3 F4 F5
9	按“PREV”（返回）键结束复制操作	PREV

插入的方法除了选择“POS-ID”选项外，还可以选择“LOGIC”（逻辑）选项，在动作指令位置编号[…]，即未示教的状态下插入。按“F4”[POSITION（位置数据）]键，在动作指令中位置编号被更新、位置数据不改变的状态下插入位置编号。相反动作复制（R-LOGIC、R-POS-ID、R-POSFITION）不支持以下动作附加指令的复制：（1）应用指令；（2）跳过、高速跳过指令；（3）增量指令；（4）连续旋转指令；（5）先执行/后执行指令；（6）多组动作等。

4．查找程序指令

查找程序的前两步与表 2-3-9 相同。显示编辑指令菜单后应选择“4 Find”（查找）选项，表 2-3-12 给出了查找程序指令的操作步骤。

表 2-3-12　查找程序指令的操作步骤

步骤	操作方法	操作提示
1～2	见表 2-3-9	见表 2-3-9
3	选择“4 Find”（查找）选项	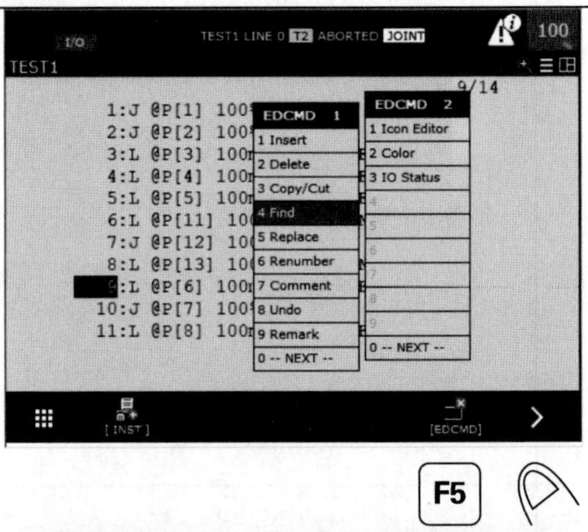
4	选择要查找的指令“2 LBL[　]”	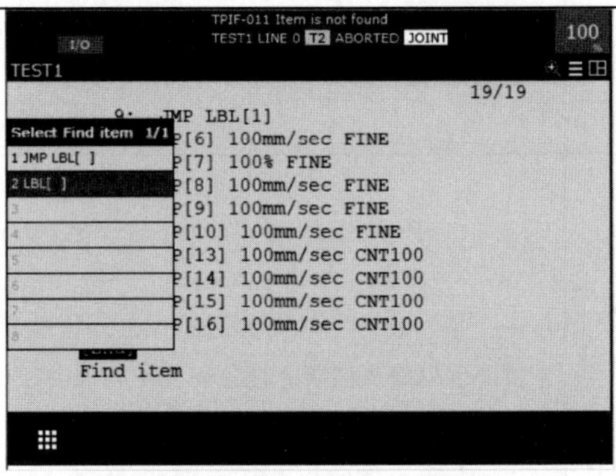
5	输入指令索引值，并按“ENTER”键确认。如果没有输入索引值，就按“ENTER”键，将查找 LBL 指令	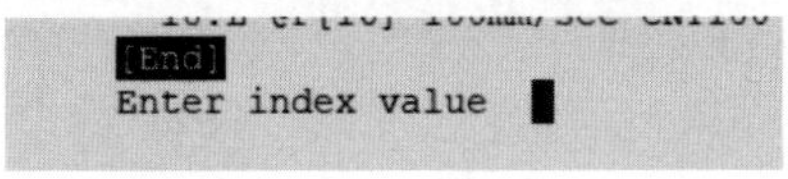 [End] Enter index value
6	如果查找的指令存在，则光标将停在该指令的位置。如果进一步查找相同指令，按“F4”（NEXT）键	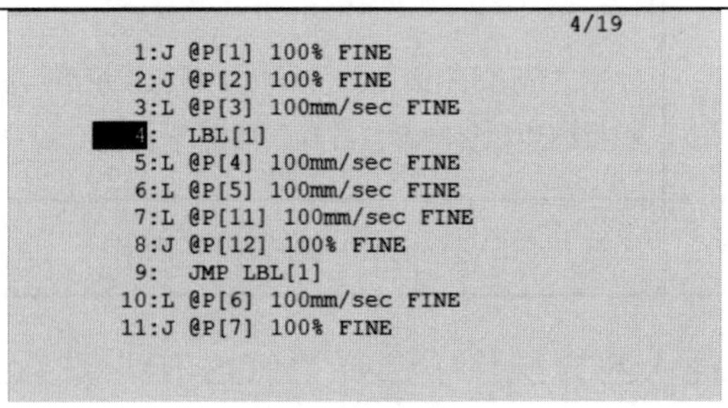
7	要结束查找指令时，按“F5”[EXIT（结束）]键	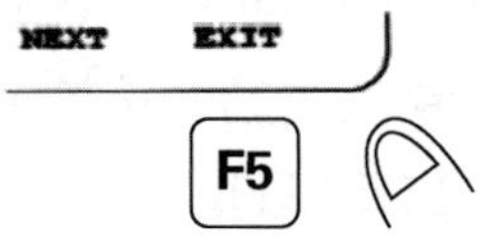 NEXT　EXIT F5

5．替换程序指令

替换程序指令的前两步与表 2-3-9 相同。显示编辑指令菜单后应选择“5 Replace”（替换）选项。将程序[见图 2-3-4（a）]中关节的速度全部替换为 50%[见图 2-3-4（b）]的具体操作步骤如表 2-3-13 所示。

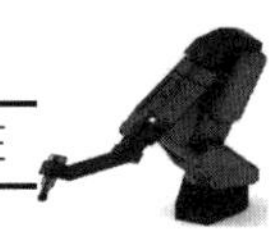

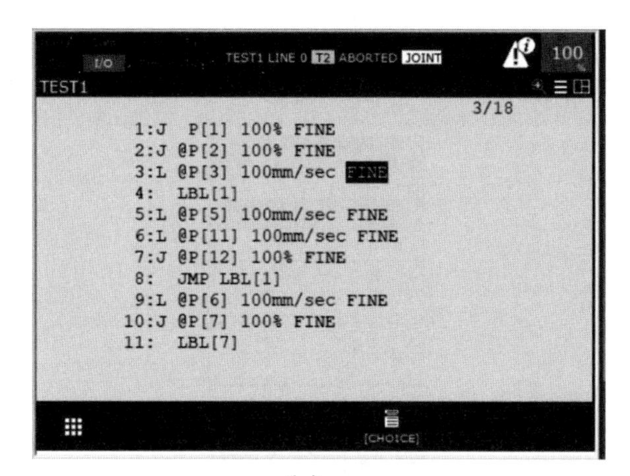

（a）

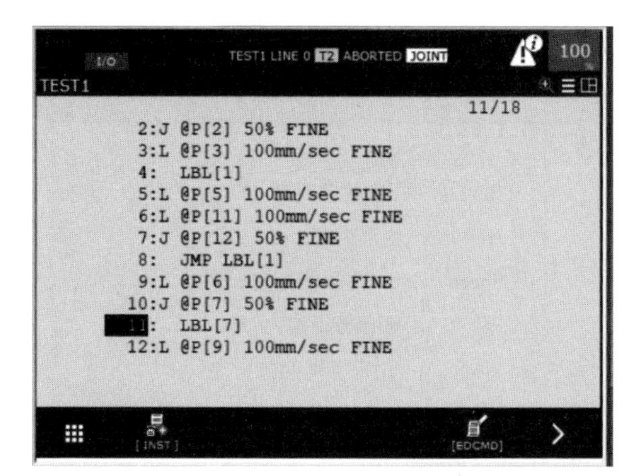

（b）

图 2-3-4　程序中关节移动速度的替换

视频讲解
操作步骤

表 2-3-13　替换程序指令的操作步骤

步骤	操作方法	操作提示
1～2	见表 2-3-9	见表 2-3-9
3	选择“5 Replace”（替换）选项	EDCMD 1: 1 Insert, 2 Delete, 3 Copy/Cut, 4 Find, 5 Replace, 6 Renumber, 7 Comment, 8 Undo, 9 Remark, 0 -- NEXT -- EDCMD 2: 1 Icon Editor, 2 Color, 3 IO Status, 0 -- NEXT -- F5
4	选择希望替换的指令要素。以替换动作指令速度为例，先在选择替换菜单上选择“2 Motion modify”选项，再在修改运动菜单上选择“1 Replace speed”选项	Select Replac menu 1/1: 1 Registers, 2 Motion modify, 3 I/O, 4 JMP/LBL, 5 CALL, 6 TIME BEFORE/AFTE Modify motion menu 1/1: 1 Replace speed, 2 Replace term, 3 Insert option, 4 Remove option
5	指定替换哪个动作类型的动作指令中的移动速度。 Unspecified type：替换所有动作中的移动速度； J（关节）：仅替换关节动作指令中的移动速度； L（直线）：仅替换直线动作指令中的移动速度； C（圆弧）：仅替换圆弧动作指令中的移动速度	Select interpolate 1/1: 1 Unspecified type, 2 J, 3 L, 4 C

续表

步骤	操作方法	操作提示
6	指定替换哪个速度类型。 All type：全部类型； Speed value：由数值指定； R[ ]：由寄存器指定； R[R[ ]]：由寄存器间接指定	Speed type menu 1/1 1 All type 2 Speed value 3 R[ ] 4 R[R[ ]] 5 6 7 8
7	指定替换哪个速度单位的移动速度	Select motion item 1/1 1 % 2 mm/sec 3 cm/min 4 inch/min 5 deg/sec 6 sec 7 msec 8
8	指定替换哪个速度类型，以“1 Speed value”选项为例，输入移动速度	Speed type menu 1/1 1 Speed value 2 R[ ] 3 R[R[ ]] 4 5 6 7 8
9	输入希望更改的移动速度	TEST1 LINE 0 T2 ABORTED JOINT 100% TEST1 11/18 2:J @P[2] 50% FINE 3:L @P[3] 100mm/sec FINE 4: LBL[1] 5:L @P[5] 100mm/sec FINE 6:L @P[11] 100mm/sec FINE 7:J @P[12] 50% FINE 8: JMP LBL[1] 9:L @P[6] 100mm/sec FINE 10:J @P[7] 50% FINE 11: LBL[7] 12:L @P[9] 100mm/sec FINE Enter speed value: 5 + 0 + ENTER
10	选择替换方法。 ALL（全部）：替换当前光标所在行以后的全部要素； YES：替换光标所在位置要素，并查找下一个； NEXT：查找下一个要素	Modify OK ? ALL YES NEXT EXIT F2 F3 F4 F5
11	指令替换结束时，按“F5”[EXIT（退出）]键退出	Modify OK ? ALL YES NEXT EXIT F2 F3 F4 F5

指令替换时需注意：不能以追踪、补偿指令或触控传感器指令来替换动作指令，否则会发生存储器写入报警；若要替换，可先删除动作指令，再插入触控传感器指令或追踪指令。

6. 其他编辑指令

除了前面所述的编辑指令外，还有更改位置编号（Renumber）、切换注释显示（Comment）、还原编辑操作（Undo）等指令。其中前两步操作均与表 2-3-9 相同，剩下的操作按后面的提示即可。

七、示教程序运行

示教程序的启动运行可借助示教器、操作面板或操作箱、外围设备等。为了确保运行安全，启动程序时，只能在具有程序启动权限的装置中进行。启动权限可通过示教器有效开关（ON/OFF）及系统设定菜单上“Remote/Local setup”（遥控/本地设置）进行切换，如图 2-3-5 所示。

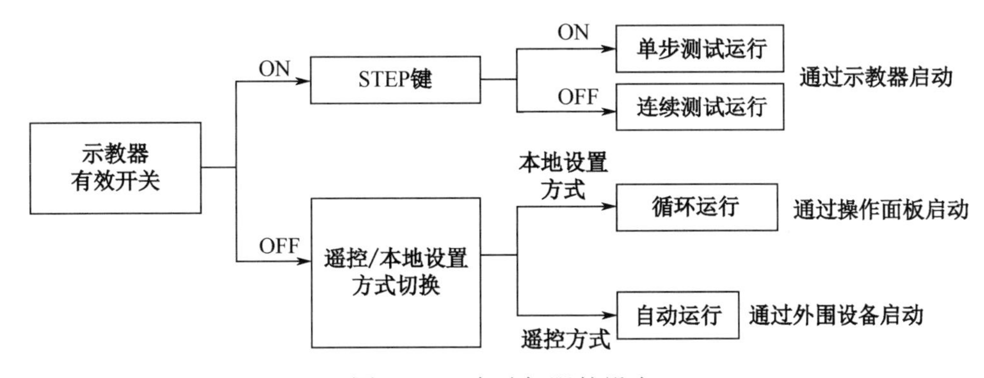

图 2-3-5　启动权限的设定

1. 测试运行

机器人测试运行就是在机器人到生产现场自动运行前确认其动作的过程。程序的测试对确保作业人员与外围设备的安全非常重要。测试运行分为单步测试运行与连续测试运行。

使用示教器来执行测试运行，示教器必须处于有效状态。示教器是否有效由其上的有效开关来控制。若使操作面板有效，必须满足以下条件：

（1）断开示教器有效开关。

（2）将操作面板的遥控开关设为“本地设置”。

（3）外围设备*SFSPD 信号（UI[3]）输入处于“ON”状态。此外，若要启动包含动作组的程序，外围设备 ENBL（UI[8]）输入应处于“ON”状态。

在测试运行前需在测试执行画面上设定程序的测试运行条件，如图 2-3-6 所示。测试运行设定项的功能说明如表 2-3-14 所示。

测试运行分为单步测试运行与连续测试运行两种情形。单步测试运行时，逐行执行当前行的程序语句。结束一行的执行后，程序暂停。执行逻辑指令后，当前行与光标一起移动到下一行；执行动作指令后，光标停止在程序执行完成的后一行程序。连续测试运行时，将从程序的当前行开始顺序地执行直至程序的末尾。表 2-3-15 所示为使用示教器单步测试程序运行的操作步骤。

```
TEST CYCLE Setup                    JOINT  30 %
                                          1/7
GROUP:1
  1 Robot lock:                     OFF
  2 Dry run:                        OFF
  3 Cart. dry run speed:             300.000 mm/s
  4 Joint dry run speed:              25.000 %
  5 Digital/Analog I/O:             ENABLE
  6 Step statement type:            STATEMENT
  7 Step path node:                 OFF

[ TYPE ] GROUP                      ON       OFF
```

图 2-3-6　设定测试运行条件

表 2-3-14　测试运行设定项的功能说明

步骤	设定项	功能说明
1	Robot lock（机器人锁住）	机器人锁住用于设定是否执行机器人动作：设定为 ON 时机器人忽略所有动作指令；设定为 OFF 时机器人执行通常的动作指令
2	Dry run（空运行）	启用空运行时，机器人运行速度按空运行所设定的速度动作
3	Cart.dry run speed（基于路径控制的空运行速度）	机器人的动作基于路径控制的空运行速度动作时，机器人以所指定的速度稳定地移动（单位为 mm/s）
4	Joint dry run speed（基于关节控制的空运行速度）	机器人的动作基于关节控制的空运行速度动作时，机器人以所指定的关节速度稳定地移动
5	Digital/Analog I/O（数字/模拟 I/O 信号）	设定是否通过数字 I/O 信号、模拟 I/O 信号、组 I/O 信号与外围设备进行通信
6	Step statement type（单步状态）	指定单步方式下程序的执行。 （1）STATEMENT：针对每一行使程序暂停。 （2）MOTION：针对每个动作指令使程序暂停。 （3）ROUTINE：与 STATEMENT 大致相同，但在调用指令时目标点不予暂停。 （4）在动作指令以外的 KAREL 指令不予暂停
7	Step path node（单步路径节点）	将单步路径节点指定为 ON 时，在执行 KAREL 的“MOVE ALONG”指令中在每个节点都暂停

表 2-3-15　使用示教器单步测试程序运行的操作步骤

步骤	操作方法	操作提示
1	按“SELECT”（一览）键	SELECT
2	选择希望测试的程序，按“ENTER”键进入程序编辑画面	TEST1 LINE 0 T2 ABORTED JOINT 100 % Select All 690172 bytes free 26/32 No. Program name Comment 23 SENDDATA MR [Send PC Data] 24 SENDEVNT MR [Send PC Event] 25 SENDSYSV MR [Send PC SysVar] 26 SUB [ ] 27 SUBTEST [ ] 28 SWIUPDT VR [ ] 29 TBSWRC65 VR [ ] 30 TEST1 [ ] 31 USR_WORK VR [ ] 32 VCMRINIT PC [ ] [TYPE] CREATE DELETE MONITOR [ATTR] ENTER

续表

步骤	操作方法	操作提示
3	按“STEP”键单步测试运行程序	
4	将光标移至程序的开始行	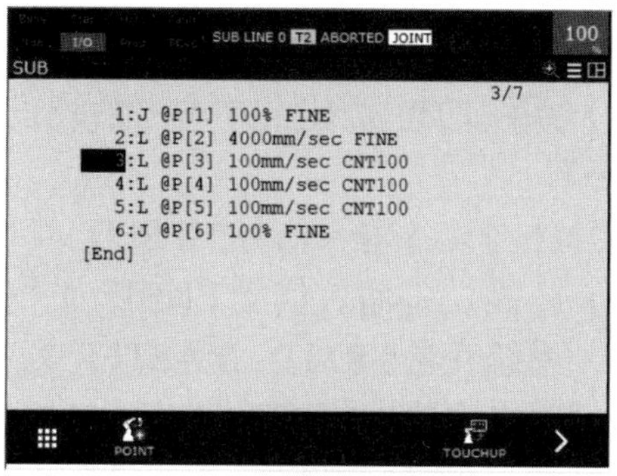
5	按住迪曼开关	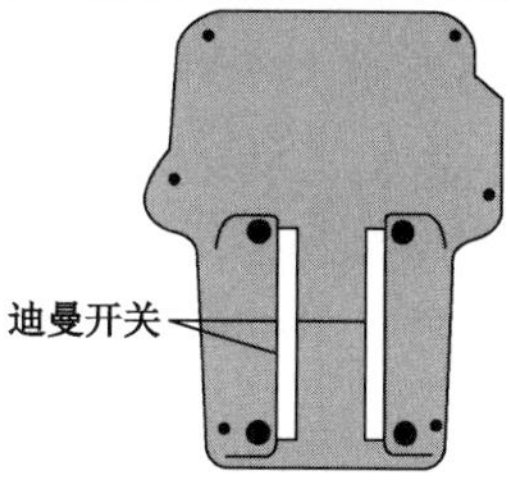
6	将示教器有效开关置于“ON”	
7	启动程序 （1）执行程序的前进：按“SHIFT”+“FWD”键。 （2）执行程序的后退：按“SHIFT”+“BWD”键	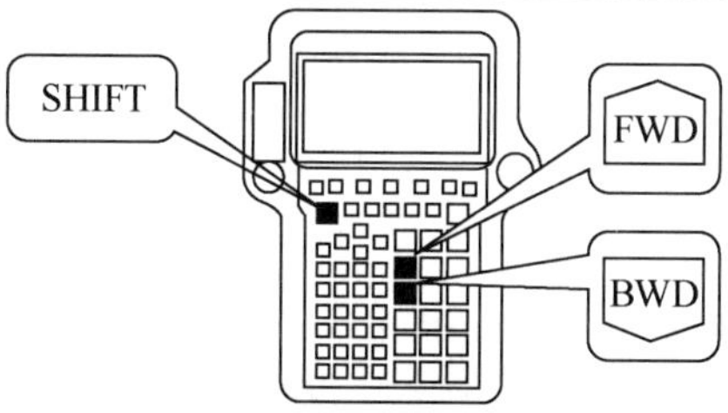
8	执行完一行程序后，程序进入暂停状态	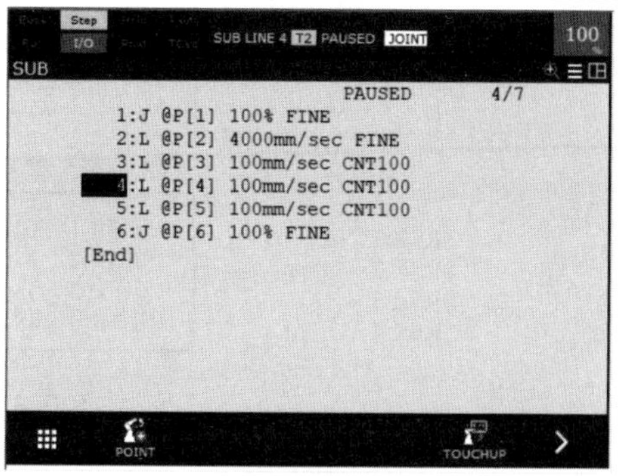
9	按“STEP”键解除单步运行	
10	将示教器有效开关置于“OFF”，松开迪曼开关	

2．自动运行

将机器人应用在自动生产线上时，应通过外围设备输入信号来启动程序。通过外围设备输入信号来启动程序时，需将机器人置于遥控状态，遥控状态是指遥控条件成立时的状态，具体包括如下内容。

（1）示教器上的有效开关断开。

（2）系统切换至遥控方式，系统设定菜单“Remote/Local setup”（遥控/本地设置）为“Remote”。

（3）外围设备输入信号*SFSPD 为“ON”。

（4）外围设备输入信号 ENBL 为“ON”。

（5）系统变量$ RMT_ MASTER 为“0”。除此之外，要启动包含运动组的程序，以及需要接通伺服电源等。

程序的自动运行既可以通过机器人启动请求信号（RSR1～RSR8）来选择并启动程序，也可通过程序编号选择信号（PNS1～PNS8、PNSTROBE 输入信号）来选择并启动程序。

1）基于机器人启动请求信号（RSR）的自动运行

机器人启动请求输入信号（RSR1～RSR8）的地址分别对应于外部输入信号 UI[9]～UI[16]。通过机器人启动请求信号由外部装置启动程序是实现机器人自动运转的一种有效方法。为了使用这一功能，登录的程序名应采用 RSR 加 4 位数字的格式，并需设置启动请求输入信号、RSR 登录编号、程序基本编号等。

通过机器人启动请求信号从外部装置启动程序，首先要确保 RSR 信号的有效性，然后分别设置 RSR 登录编号与基本编号，程序编号为 RSR 登录编号与基本程序编号的和，基本程序编号则由系统变量“$ SHELL_ CFG. $ JOB_ BASE”设定。图 2-3-7 中给出了机器人启动请求输入信号“RSR2（UI[10]）”与程序名“RSR0121”之间的对应关系。其中 RSR2 的登录编号为 21，基本程序编号为 100，因此程序编号为 121，由于登录的程序名应采用 RSR 加 4 位数字的格式，所以示教程序应命名为 RSR0121。这样外部输入信号 UI[10]的接通将自动启动 RSR0121 程序的运行。RSR 程序设定的操作步骤如表 2-3-16 所示。

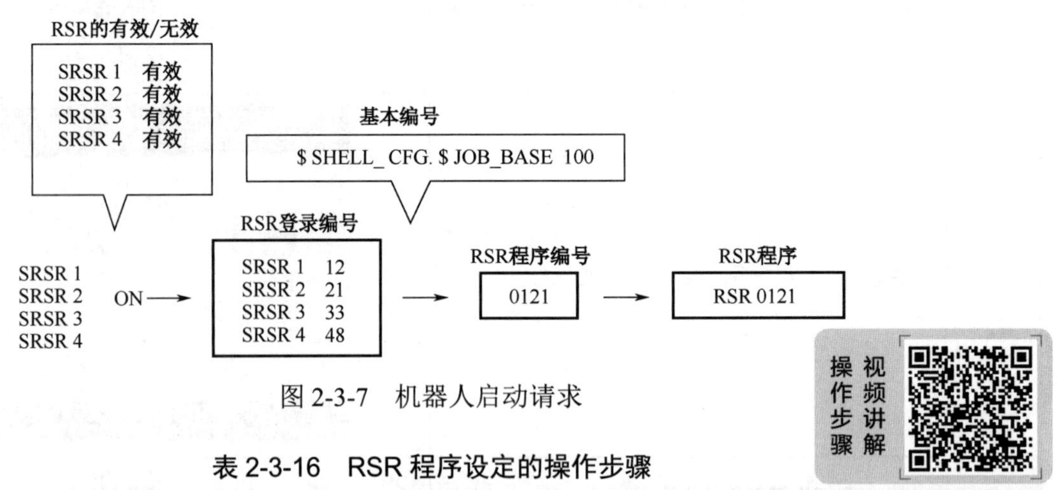

图 2-3-7 机器人启动请求

表 2-3-16 RSR 程序设定的操作步骤

步骤	操作方法	操作提示
1	按“MENU”键，显示画面菜单	MENU
2	选择“6 SETUP”（设定）选项	5 I/O 6 SETUP 7 FILE

续表

步骤	操作方法	操作提示
3	按“F1”[TYPE（画面）]键，显示出画面切换菜单	
4	选择“1 Prog Select”（程序选择）选项，出现程序选择画面	F1
5	将光标指向“Program select mode”，按“F4 (CHOICE)”键，选择“1 RSR”选项	F4
6	按“F3”[DETAIL（详细）]键，出现 RSR 详细设定画面	
7	将光标指向目标项，输入数据	
8	在改变了自动运行功能种类时，需断电并重新上电	如 PNS→RSR

2）基于程序编号选择（PNS）的自动运行

程序编号选择是从遥控装置中选择程序的一种功能。PNS 程序编号通过 8 个输入信号 PNS1～PNS8（UI[9]～UI[16]）来指定。机器人控制装置通过 PNSTROBE 脉冲输入信号（UI[17]）将 PNS1～PNS8 输入作为二进制数读出，程序处在暂停或执行过程中时，PNSTROBE 脉冲输入信号将被忽略。PNS1～PNS8 输入经变换为十进制数后就是 PNS 编号，在该编号的基础上加上基本编号就是程序编号。如果程序编号不足 4 位，需在左侧加 0 补全。机器人控制装置用于确认进而输出 SNO1～SNO8（UO[11～18]），将 PNS 编号以二进制代码方式输出，同时输出 SNACK（UO[19]）脉冲。遥控装置在确认 SNO1～SNO8 的输出与 PNS1～PNS8 输入相同后，发出自动运行启动信号 PROD_ START（UI[18]）。

图 2-3-8 中给出了机器人程序编号选择（PNS1～PNS8）与程序名 PNS0138 之间的对应关系。其中 PNS2、PNS3、PNS6 为 ON，其余为 OFF，对应的二进制数为 00100110，转换

为十进制数是 38，而基本程序编号为 100，因此 PNS 程序编号为 0138，所以对应的 PNS 程序为 PNS0138。PNS 程序设定的操作步骤如表 2-3-17 所示。

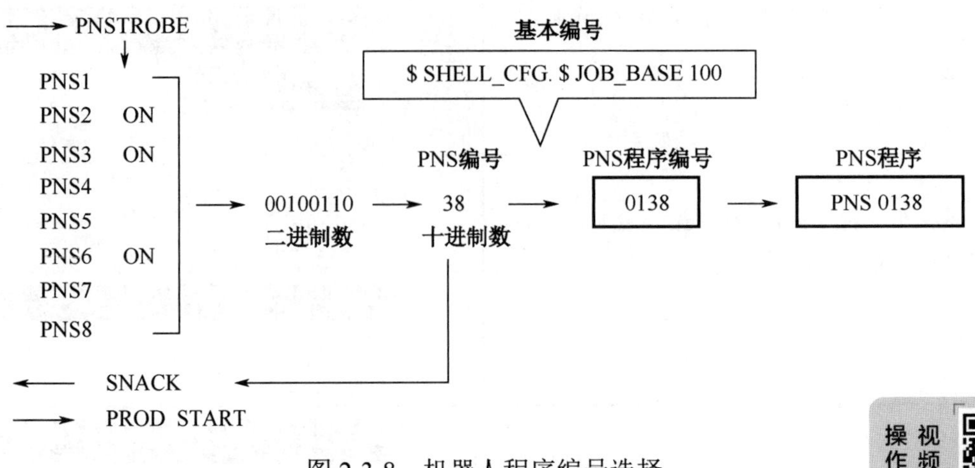

图 2-3-8　机器人程序编号选择

视频讲解 操作步骤

表 2-3-17　PNS 程序设定的操作步骤

步骤	操作方法	操作提示
1	按“MENU”键，显示画面菜单	MENU
2	选择“6 SETUP”（设定）选项	5 I/O 6 SETUP 7 FILE
3	按“F1”[TYPE（画面）]键，显示出画面切换菜单	TYPE 1 1 Prog Select 2 ZDT Client 3 General
4	选择“1 Prog Select”（程序选择）选项，出现程序选择画面	
5	将光标指向“Program select mode”，按“F4 (CHOICE)”键，选择“PNS”选项	F4
6	按“F3”[DETAIL（详细）]键，出现 DNS 详细数据	
7	将光标指向目标项，输入数据	
8	在改变了自动运行功能种类时，需断电并重新上电	如 RSR→PNS

3．程序的停止与恢复

程序执行过程中的停止分为两种：发生报警而引起的机器人停止与人为操纵的机器人停止。而人为操纵机器人程序的停止又可细分为机器人程序停止与机器人程序中断两种情形。其中人为停止机器人程序的方法主要有：（1）按下示教器或操作面板上的急停按钮；（2）松开或握紧迪曼开关；（3）外围设备*IMSTP（UI[1]）输入；（4）按下示教器或操作面板上的“HOLD”键；（5）外围设备*HOLD（UI[2]）输入等。人为中断程序执行的方法主要有：（1）选择示教器辅助菜单项“ABORT（ALL）”；（2）外围设备的CSTOPI（UI[4]）输入等。

1）通过急停操作来停止与恢复程序

按下示教器或操作面板上的急停按钮，执行中的程序立即被中断，示教器画面上出现急停报警的显示，同时FAULT（报警）指示灯亮。

急停恢复方法如下。

首先要排除导致急停的原因，然后按箭头方向旋转急停按钮，解除急停按钮的锁定，最后按下示教器或操作面板上的“RESET”键，示教器上的报警显示消失，FAULT指示灯熄灭。

2）通过“HOLD”键来停止与恢复程序

按“HOLD”（保持）键，系统将执行如下处理。

（1）减速后停止机器人的动作，中断程序的执行，示教器上显示“PAUSED”（暂停）提示消息。

（2）也可通过一般事项设定，使机器人发出报警后断开伺服电源。一般情况下解除系统的暂停提示消息较为简单，只需再次启动程序即可。

如果希望解除暂停状态后进入强制结束状态，按“FCTN”键，显示辅助功能菜单并选择“I ABORT（ALL）”选项，强制结束程序，解除暂停状态。

3）通过报警来停止程序

报警一般在程序示教或再现时检测到某种异常，或者从外围设备输入了急停信号或其他报警信号时发生。发生报警时，示教器上显示报警内容，与此同时机器人停止动作程序的执行。若要解除报警，首先需要排除报警发生的原因，然后按下“RESET”键，即可解除报警。报警解除后机器人进入动作允许状态。机器人报警分类与说明如表2-3-18所示。

表2-3-18　机器人报警分类与说明

序号	报警分类	报警说明
1	WARN	警告操作者比较轻微或非紧要的问题
2	PAUSE	中断程序的执行，在完成动作后使机器人停止
3	STOP	中断程序的执行，使机器人的动作在减速后停止
4	SERVO	中断或强制结束程序的执行，在断开伺服电源后，机器人的动作瞬间停止
5	ABORT	强制结束程序的执行，使机器人的动作减速后停止
6	SYSTEM	与系统相关，将停止机器人的所有操作。一般由系统厂家解决

任务实施

一、任务准备

实施本任务教学所使用的实训设备及工具材料可参考表2-3-19。

表 2-3-19　实训设备及工具材料

序号	分类	名称	型号规格	数量	单位	备注
1	工具	内六角扳手	5.0mm	1	个	钳工台
2	设备器材	内六角螺钉	M5	22	颗	模块存放柜
3		虚拟焊接套件		1	套	模块存放柜
4		焊枪夹具		1	套	模块存放柜

二、模拟焊接模型的安装

把模拟焊接模型套件安装到机器人操作对象平台上的合适位置，并使模型螺钉孔与实训平台螺钉孔对齐且安装稳定可靠，如图 2-3-9 所示。

图 2-3-9　模拟焊接套件的安装

三、焊枪夹具的安装

模拟焊接工作站夹具采用焊枪夹具，其安装方法与模块二任务 2 中的焊枪夹具安装方法相同。此处不再赘述。

四、设计控制原理方框图

根据工作站的控制要求，可判断模拟焊接工作站侧重于工业机器人的编程示教及操作。控制原理方框图和模块二任务 2 的控制原理方框图一致，如图 2-3-10 所示。

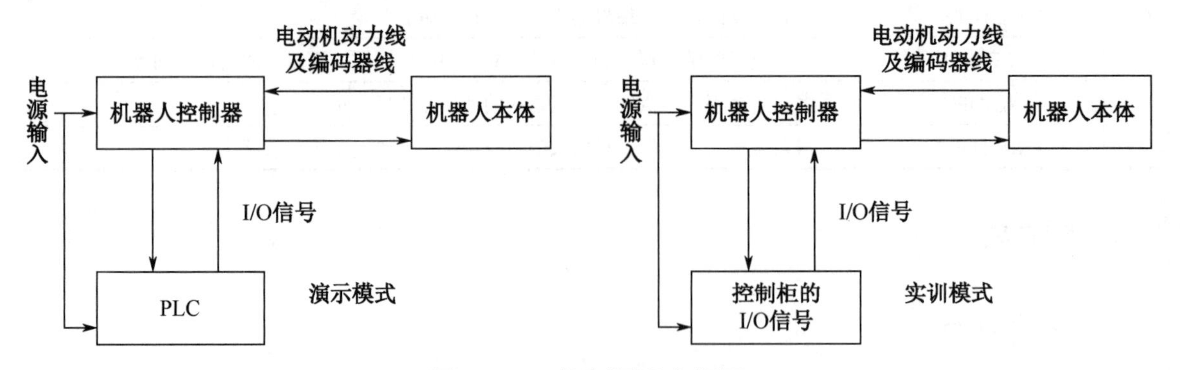

图 2-3-10　控制原理方框图

五、设计两种模式下的机器人 I/O 分配表

1. 演示模式下的机器人 I/O 分配表

PLC 控制柜的配线已经完成。PLC 输入信号 X26～X37 对应机器人输出信号 DO01～DO10，PLC 输出信号 Y26～Y37 对应机器人输入信号 DI01～DI10。根据工作站任务要求对机器人 I/O 信号 System Input、System Output 进行配置，如表 2-3-20 所示。

表 2-3-20 演示模式下的机器人 I/O 分配表

PLC 输出信号		机器人输入信号	
PLC 地址	PLC 符号	信号（Signal）	系统输入（System Input）
Y26	电动机上电	UI8(DI101)	Enable
Y27	机器人启动	UI6(DI102)	Start
Y30	机器人从主程序首条启动	UI9(DI103)	RSR1
Y31	机器人急停复位	UI5(DI104)	Fault reset
Y32	机器人停止	UI2(DI105)	Hold
Y06	机器人外部停止	UI1	IMSTP
Y05	（面板）运行指示灯 HG		
Y04	（面板）停止指示灯 HR		
PLC 输入信号		机器人输出信号	
PLC 地址	PLC 符号	信号（Signal）	系统输出（System Output）
X26	机器电动机已上电	UO1(DO101)	CMDENBL
X27	自动运行状态	UO2(DO102)	SYSRDY
X30	机器人程序暂停	UO4(DO103)	PAUSED
X31	机器人紧急停止	UO6(DO104)	HELD
X32	机器人错误输出	UO6(DO105)	FAULT
X01	（面板）启动按钮 SB1		
X02	（面板）复位按钮 SB2		
X03	（面板）暂停按钮 SB3		
X04	（面板）急停按钮 QS1		

2. 实训模式下的机器人 I/O 分配表

所有信号均分布在面板上，根据工作站任务要求，实训模式下的机器人 I/O 分配表如表 2-3-21 所示。

表 2-3-21 实训模式下的机器人 I/O 分配表

面板按钮	信号（Signal）	系统输入（System Input）
SB1	UI9(DI101)	RSR1
SB2	UI2(DI102)	Hold
SB3	UI6(DI103)	Start
SB4	UI5(D104)	Fault reset

续表

面板指示灯	信号（Signal）	系统输出（System Output）
H1	UO1(DO101)	CMDENBL
H2	UO2(DO102)	SYSRDY

六、线路安装

1．“演示模式”下的接线

“演示模式”下 PLC 控制柜内的配线已完成，不需要另外接线。

2．“实训模式”下的接线

根据表 2-3-21 使用安全连线把机器人输入信号 DI1、DI2、DI3、DI4 接到对应面板上的按钮 SB1、SB2、SB3、SB4。按钮公共端接 0V；机器人的输出信号 DO1、DO2 接入面板指示灯 H1、H2，指示灯公共端接 24V。接线工艺要求如下。

（1）所有安全连线用扎带固定，控制面板上布线合理、布局美观。

（2）安全连线插线牢靠，无松动。

七、PLC 程序设计

PLC 的控制要求如下。

（1）当机器人处于自动模式且无报警时，停止指示灯 HR 点亮表示系统就绪且处于停止状态。

（2）按启动按钮 SB1，系统启动。机器人开始动作，同时运行指示灯 HG 亮起，表示系统处于运行状态。

（3）按暂停按钮 SB3，系统暂停，机器人动作停止。再次按下启动按钮 SB1 时机器人接着上次停止前的动作继续运行。

（4）按急停按钮 QS1，机器人紧急停止并报警，按复位按钮 SB2 后，解除机器人急停报警状态。

参照表 2-3-21 的 I/O 分配表，设计的 PLC 梯形图程序如图 2-3-11 所示。

八、机器人根据坐标的建立及模拟焊接单元轨迹示教

1．工件坐标系 1 的设定

工件坐标系用来定义工件相对于大地坐标系（或其他坐标系）的位置。机器人可以拥有若干个工件坐标系副本，或表示不同工件，或表示同一工件在不同的位置。

对机器人进行编程时就是在工件坐标系中创建目标和路径，其优点一是重新定位工作站中的工件时，只需改变工件坐标系的位置，所有路径立即随之更新；二是允许操作以外轴或传送导轨移动的工件，因为整个工件可连同其路径一起移动。

工件坐标系 1 的设定如图 2-3-12 所示。图中 A 是机器人的大地坐标系，为了方便编程为第一个工件建立了一个工件坐标系 B，并在这个工件坐标系 B 下进行轨迹编程。如果台子上还有一个一样的工件需要走一样的轨迹，只需要建立一个工件坐标系 C，将工件坐标系 B 中

的轨迹复制一份，然后将工件坐标系由 B 更新为 C，即无须对同一工件的重复轨迹编程。

X027
“（UO2）
机器人自动
运行状态”
M0
就绪标志
(M0)
就绪标志

X001 启动按钮
M0 就绪标志
M8 停止标志
M3 急停记忆
X032 “（UO6）机器人错误输出”
M6 暂停标志
(M20)
启动标志
M10
启动_HM1
M20
启动标志

M20
启动标志
[RST Y031 “（DI4）机器人急停复位”]
[RST Y032 “（DI5）机器人停止”]

M20
启动标志
T3
(Y026 “（DI1）机器人电动机上电”)
K20
(T3)
T3
X026 “（UO1）机器人电动机已上电”
T10
暂停记忆
(Y030 “（DI3）机器人主程序启动”)
M2
暂停记忆
T10
(Y027 “（DI2）机器人程序启动”)
K10
(T10)

图 2-3-11　PLC 梯形图程序（机器人启动部分）

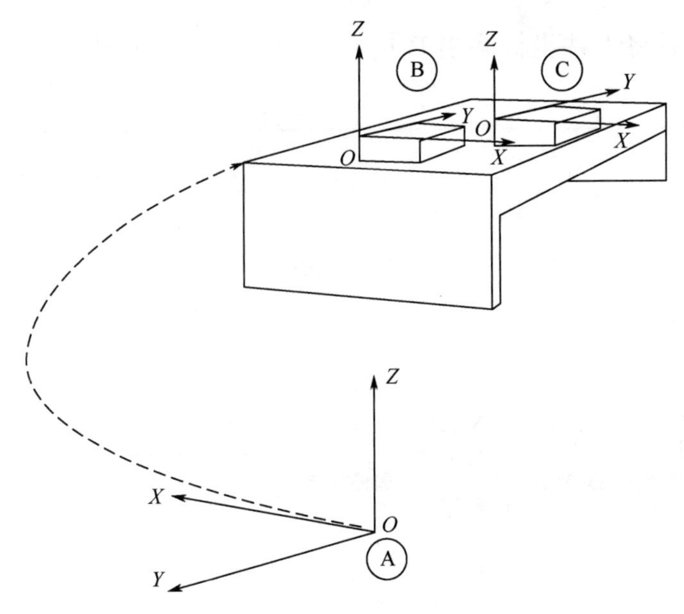

图 2-3-12　工件坐标系 1 的设定

2．工件坐标系 2 的设定

工件坐标系 2 的设定如图 2-3-13 所示。在操作对象平面上，只需要定义三个点，就可以建立一个工件坐标系。图中点 X_1 确定工件坐标系的原点，$X_1 \rightarrow X_2$ 确定工件坐标系 X 轴的正方向；点 Y_1 确定工件坐标系 Y 轴正方向；工件坐标系符合右手定则。另外，在工件坐标系 B 中对对象 A 进行了编程。如果工件坐标的位置变化成工件坐标系 D 后，只需在机器人系统重新定义工件坐标系 D，则机器人的轨迹就自动更新为对象 C 的轨迹了，不需要再次进行轨迹编程了。因为对象 A 相对于工件坐标系 B、对象 C 相对于工件坐标系 D 的关系是一样的，并没有因为整体偏移而发生变化。

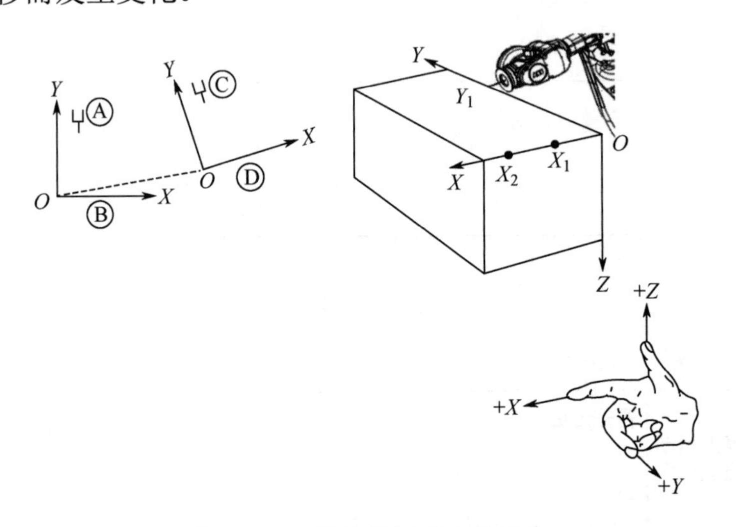

图 2-3-13　工件坐标系 2 的设定

3．创建工件坐标系

在焊接类应用中，当工件位置偏移时，为了方便移植轨迹程序，需要建立工件坐标系。这样当发现工件整体偏移以后，只需要重新标定一下工件坐标系即可完成调整。在此工作站中，所需创建的工件坐标系如图 2-3-14 所示。

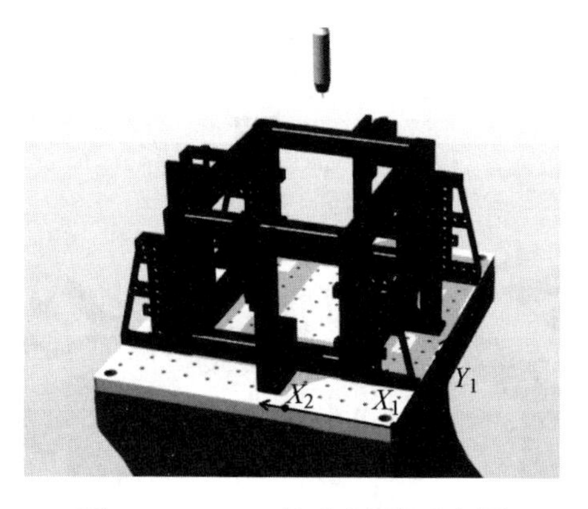

图 2-3-14　工件坐标系示意图

在图 2-3-14 中，根据三点法，依次移动机器人至点 X_1、X_2、Y_1 并记录，则可自动生成工件坐标系 Workobject_1。在标定工件坐标系时，要合理选取 X 轴、Y 轴的正方向，以保证 Z 轴方向便于编程使用。X、Y、Z 轴的正方向要符合笛卡儿坐标系的要求，可使用右手定则来判定，如图 2-3-13 中+X、+Y、+Z 所示。图 2-3-14 中点 X_1 为坐标原点，点 X_2 为 X 轴方向上的任意一点，点 Y_1 为 Y 轴上的任意一点。具体工件坐标系的建立如图 2-3-15 所示。

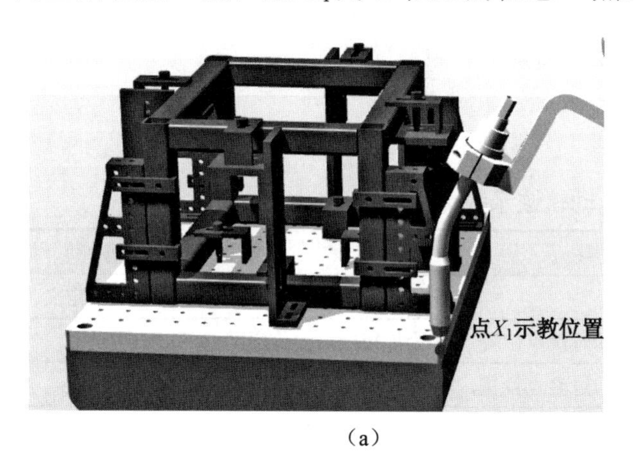

（a）

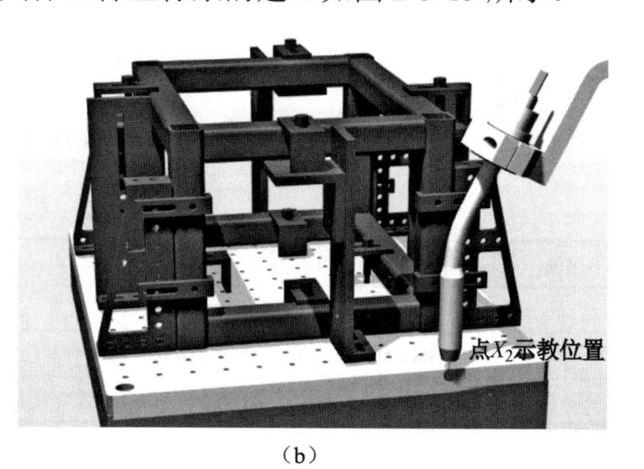

（b）

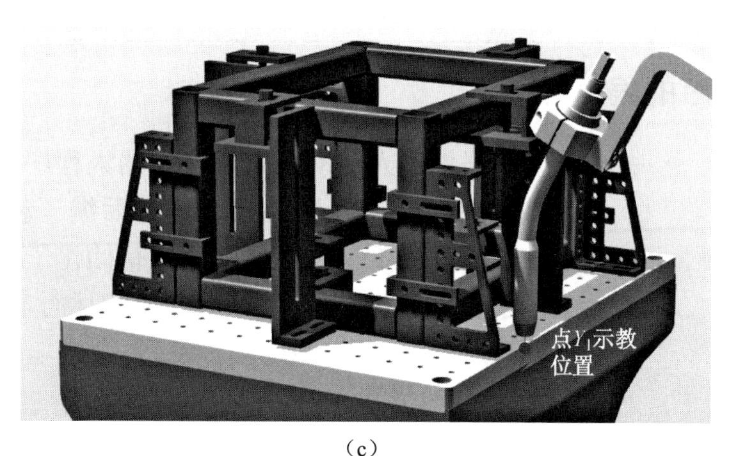

（c）

图 2-3-15　工件坐标系的建立

4. 模拟焊接单元示教点位置

根据图 2-3-16 所示的待焊接模型分析机器人运动轨迹模拟焊接，注意焊枪焊丝在焊接焊缝轨迹时机器人运行速度应该降速还原真实焊接的过程。同时焊枪枪倾角应该尽量满足焊接

工艺要求。

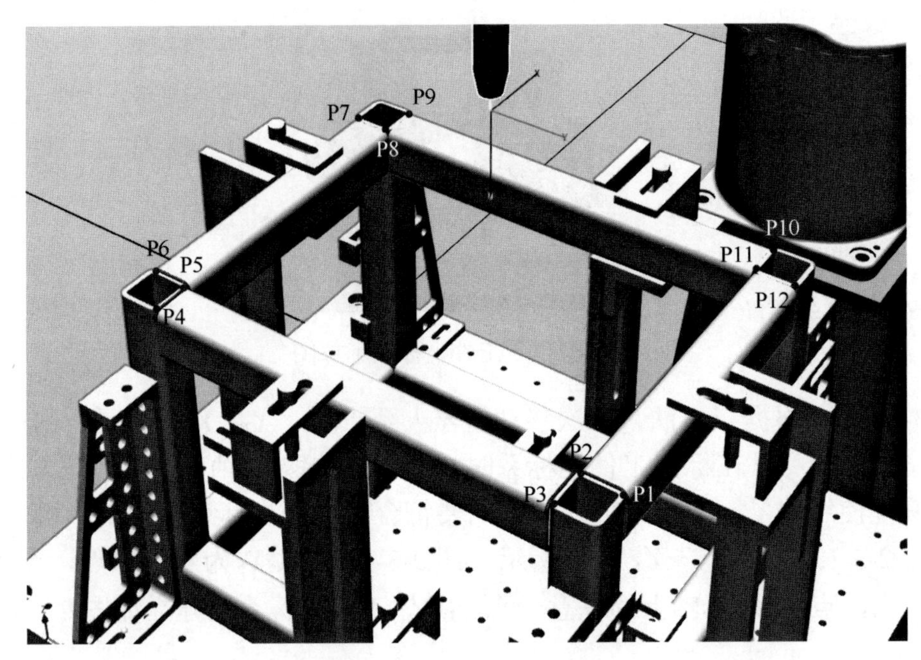

图 2-3-16　机器人的运动轨迹分布图

机器人运动轨迹示教点如表 2-3-22 所示。

表 2-3-22　机器人运动轨迹示教点

序号	点序号	注释	备注
1	HOME	机器人初始位置	程序中定义
2	P1～P3	P1 为开始焊接位置，P2 为焊接过程中的过渡点位置，P3 为焊接结束收弧位置	需示教
3	P4～P6	P4 为开始焊接位置，P5 为焊接过程中的过渡点位置，P6 为焊接结束收弧位置	需示教
4	P7～P9	P7 为开始焊接位置，P8 为焊接过程中的过渡点位置，P9 为焊接结束收弧位置	需示教
5	P10～P12	P10 为开始焊接位置，P11 为焊接过程中的过渡点位置，P12 为焊接结束收弧位置	需示教

九、机器人程序的编写

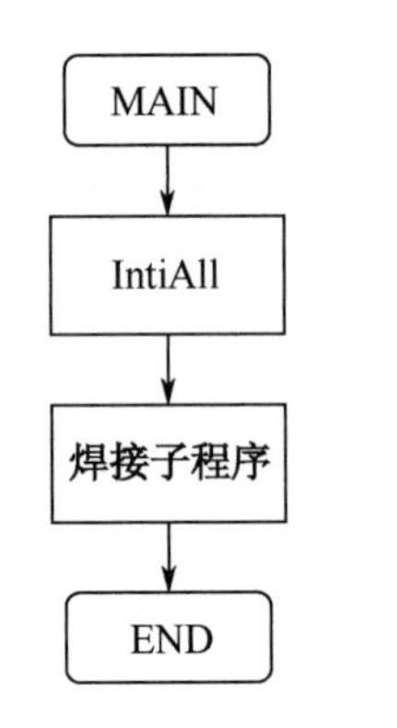

图 2-3-17　机器人程序流程图

根据机器人运动轨迹编写机器人程序时，首先要根据控制要求绘制机器人程序流程图，然后编写机器人主程序和子程序。子程序主要包括机器人程序初始化子程序、焊接子程序。编写子程序前要先设计好机器人的运行轨迹及定义好机器人的示教点。

1. 设计机器人程序流程图

根据控制功能，设计机器人程序流程图，如图 2-3-17 所示。

2. 系统 I/O 设定

进行系统 I/O 设定，设定方法在此不再赘述。

3．机器人程序设计

根据机器人程序流程图、机器人运动轨迹图设计机器人程序。所设计的机器人程序如下（仅供参考）。

```
！到达安全位置
   1. J  PR[1: HOME]  100% FINE
！到达焊接位置上方准备
   2. J  P[1]   100% FINE Offset，PR[2]
！第一部分焊接
   3. J  P[1]   100% FINE
   4. L  P[2]  5% FINE
   5. L  P[3]  5%FINE
！焊接完成焊枪抬起
   6. J  P[3]   100% FINE Offset，PR[2]
！到达焊接位置上方准备
   7. J  P[4]   100% FINE Offset，PR[2]
！第二部分焊接
   8. L  P[4]   100%FINE
   9. L  P[5]   5%FINE
  10. L  P[6]   5%FINE
！焊接完成焊枪抬起
  11. J  P[6]   100% FINE Offset，PR[2]
！到达焊接位置上方准备
  12. J  P[7]   100% FINE Offset，PR[2]
！第三部分焊接
  13. J  P[7]   100% FINE
  14. J  P[8]   5% FINE
  15. J  P[9]   5% FINE
！焊接完成焊枪抬起
  16. J  P[9]   100% FINE Offset，PR[2]
！到达焊接位置上方准备
  17. J  P[10]   100% FINE Offset，PR[2]
！第四部分焊接
  18. J  P[10]   100% FINE
  19. L  P[11]   5%FINE
  20. L  P[12]   5%FINE
！焊接完成焊枪抬起
  21. J  P[12]   100% FINE Offset，PR[2]
  END
```

任务测评

对任务实施的完成情况进行检查，并将结果填入表 2-3-23。

表 2-3-23　任务测评表

序号	主要内容	考核要求	评分标准	配分/分	扣分/分	得分/分
1	机械安装	焊枪夹具与模块固定牢固，不缺少螺钉	1. 焊枪夹具与模块安装位置不合适，扣 5 分。 2. 夹具或模块松动，扣 5 分。 3. 损坏夹具或模块，扣 10 分	20		
2	机器人程序设计与示教操作	程序设计正确，机器人示教正确	1. 操作机器人动作不规范，扣 5 分。 2. 机器人不能完成排列检测，每个轨迹扣 10 分。 3. 程序缺少输出信号设计，每个扣 1 分。 4. 工件坐标系定义错误或缺失，每个扣 5 分	70		
3	安全文明生产	劳动保护用品穿戴整齐，遵守操作规程，讲文明懂礼貌，操作结束要清理现场	1. 操作中违反安全文明生产考核要求的任何一项扣 5 分。 2. 当发现学生有重大事故隐患时，要立即予以制止，并扣 5 分	10		
合　计				100		
开始时间：			结束时间：			

任务 4　工业机器人码垛单元的编程与操作

学习目标

✧ 知识目标：

1. 掌握工业机器人偏移指令的编程与示教。
2. 掌握工业机器人点对点搬运路径的设计方法。
3. 掌握工业机器人指定点搬运路径的设计方法。

✧ 能力目标：

1. 能够新建、编辑和加载程序。
2. 能够完成码垛单元模型及吸盘夹具的安装。
3. 能够完成码垛单元模型系统设计与调试。

工作任务

图 2-4-1 所示为工业机器人码垛单元工作站，码垛模型结构示意图如图 2-4-2 所示。本任务采用示教编程方法，操作机器人实现码垛单元的示教。

图 2-4-1　工业机器人码垛单元工作站

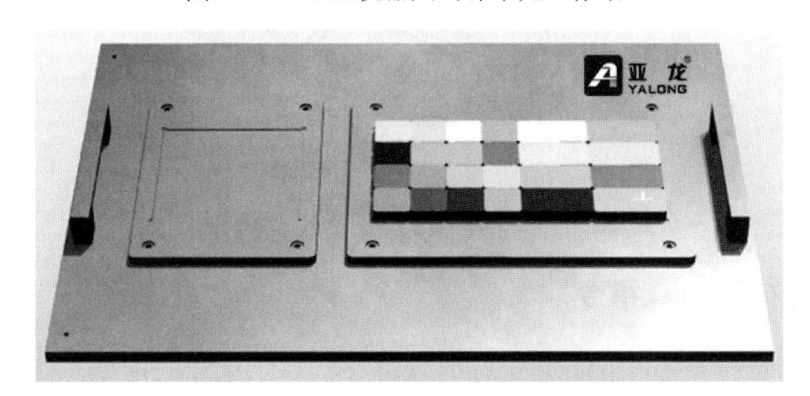

图 2-4-2　码垛模型结构示意图

具体控制要求如下。

1．实训模式

使用安全连线将各个信号正确连接。要求控制面板上急停按钮 QS 按下后机器人能紧急停止并报警。机器人在自动模式下可通过按钮 SB1 控制机器人电动机上电，按钮 SB2 控制机器人从主程序开始运行，按钮 SB3 控制机器人停止，按钮 SB4 控制机器人开始运行，指示灯 H1 显示机器人自动运行状态，指示灯 H2 显示电动机上电状态。

2．演示模式

采用可编程控制器对机器人状态信号进行控制。要求机器人切换至自动模式时停止指示灯 HR 亮起，表示系统准备就绪，且处于停止状态。按下系统启动按钮 SB1，运行指示灯 HG 亮起，停止指示灯 HR 灭掉。同时机器人进行上电运行，开始码垛工作。机器人码垛工作结束后回到工作原点位置后停止，且停止指示灯 HR 亮起表示系统停止。

相关知识

一、工业机器人码垛模型工作站

工业机器人码垛模型工作站可对码垛对象的码垛形状、码垛时的路径等进行自由设定，可按不同要求编写多种机器人实训程序。

码垛模型主要分为码垛物料盛放平台和码垛平台两部分。其中码垛物料盛放平台主要包含 16 块正方形物料、8 块长方形物料。码垛物料盛放平台和码垛平台均采用优质铝材制作，表面进行阳极氧化处理，可采用吸盘夹具对码垛物料进行自由组合来进行机器人码垛训练，如图 2-4-3 所示。

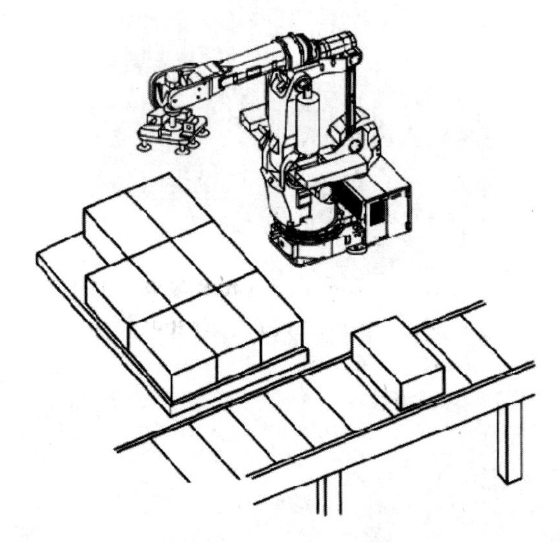

图 2-4-3　码垛训练

二、码垛寄存器运算指令

码垛寄存器运算指令（PL[i]）是进行码垛寄存器算术运算的指令，存储有码垛寄存器要素（*j*，*k*，*l*）。其一般形式为 PL[i]=（值），将码垛寄存器要素代入码垛寄存器。也可先采用 PL[i]=（值）（算符）（值）指令进行算术运算，再将该结果代入码垛寄存器。在所有程序中一共可使用 16 个码垛寄存器。例如：码垛寄存器运算指令例程为 PL[2]=PL[1]+[1，2，1]，程序执行结果是将码垛寄存器 PL[1]的值与码垛寄存器要素[1，2，1]相加后赋值给码垛寄存器 PL[2]。

三、码垛指令

当要求从下段到上段按照一定顺序堆叠工件时（见图 2-4-3），可采用码垛指令（PALLETIZING）编程。应用码垛指令编程时只需要对几个具有代表性的点进行示教。与码垛操作相关的指令有码垛模式指令、码垛动作指令及码垛结束指令。

1. 码垛模式指令

根据码垛寄存器的值、堆叠模式、路径模式可以计算出当前堆叠点的位置与路径，并将计算结果作为码垛动作指令的位置数据写入。按照堆叠模式和路径模式的不同，码垛分为四种模式，如表 2-4-1 所示。

表 2-4-1　码垛模式

码垛模式	可以设定的路径模式
B	堆叠模式简单，路径模式只有 1 种
BX	堆叠模式简单，路径模式有多种
E	堆叠模式复杂，路径模式只有 1 种
EX	堆叠模式复杂，路径模式有多种

码垛模式指令的一般格式为 PALLETIZING- [模式] _i，码垛模式为表 2-4-1 中的一种，用字母表示；*i* 为码垛的编号，取值范围为 1～16。

2. 码垛动作指令

码垛动作指令是用具有趋近点、堆叠点、回退点的路径作为位置数据的动作指令，是码垛专用的动作指令。码垛动作指令的一般格式为 J PAL _i[路径点]100% FINE，其中 *i* 为码垛编号（1～16）；路径点分为趋近点（A_ n，*n*=1～8）、堆叠点（BTM）、回退点（R_ n，*n*=1～8）三种。

3. 码垛结束指令

码垛结束指令用于对码垛寄存器的值进行增减处理，其指令的一般格式为 PALLETIZING-END_i，*i* 为码垛的编号，取值范围为 1～16。

下面给出一段应用码垛指令的程序。

```
1: PALLETIZING-B _3                        ! 码垛模式指令
2: L PAL _3[A  1]100mm/sec CNT10           ! 趋近点A _1
3: L PAL _3[BTM]50mm/sec FINE              ! 堆叠点
4: HAND1 OPEN                              ! 手爪开启
5: L PAL _3[R  1]100mm/sec CNT10           ! 回退点
6: PALLETIZING-END _3                      ! 码垛结束指令
```

四、机器人码垛功能的应用

使用码垛功能时，只要对几个具有代表性的点进行示教，即可实现从下层到上层按照顺序堆叠工件。码垛由堆叠与路径两种模式构成，其中堆叠模式确定工件的堆叠方法，路径模式确定堆叠工件时的路径，如图 2-4-4 所示。

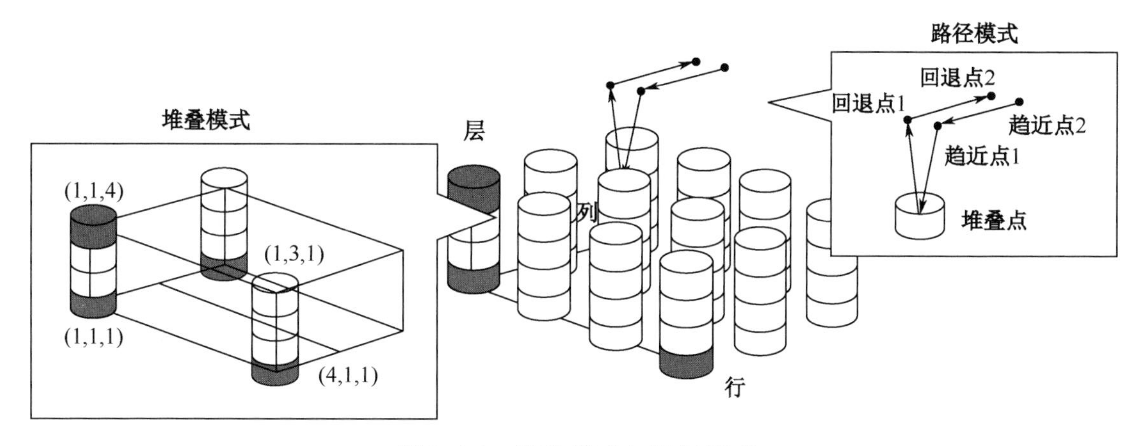

图 2-4-4 堆叠模式与路径模式

采用 B 码垛模式时，所有工件的姿势一致，堆叠的底面形状为线形或平行四边形，如图 2-4-5 所示。E 码垛模式属于比较复杂的堆叠模式，应用于希望改变工件姿势或堆叠底面形状不是四边形的情形，如图 2-4-6 所示。与 B、E 码垛模式只能设定一个路径模式相比，BX、EX 码垛模式可以设定多个路径模式。

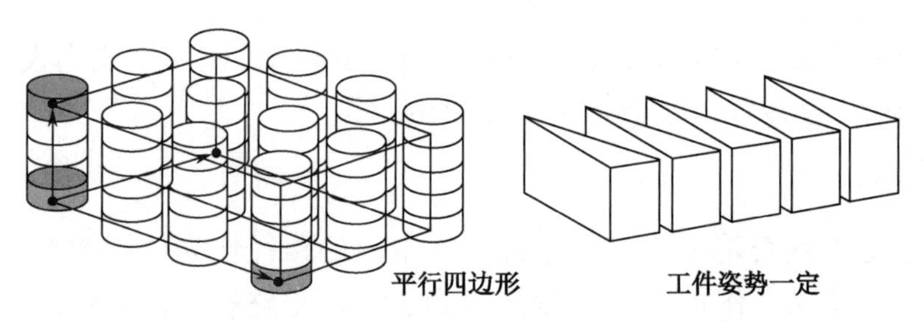

图 2-4-5　B 码垛模式

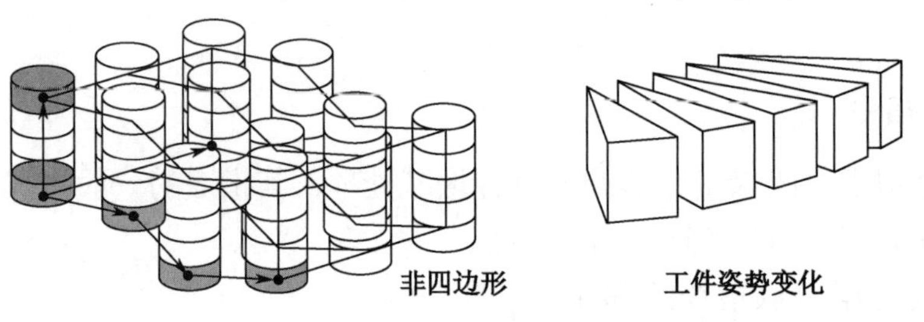

图 2-4-6　E 码垛模式

1. 码垛的示教

码垛的示教在码垛编辑画面上进行，主要操作包括选择码垛模式、输入初始数据、示教堆叠模式、示教路径模式等，如图 2-4-7 所示。

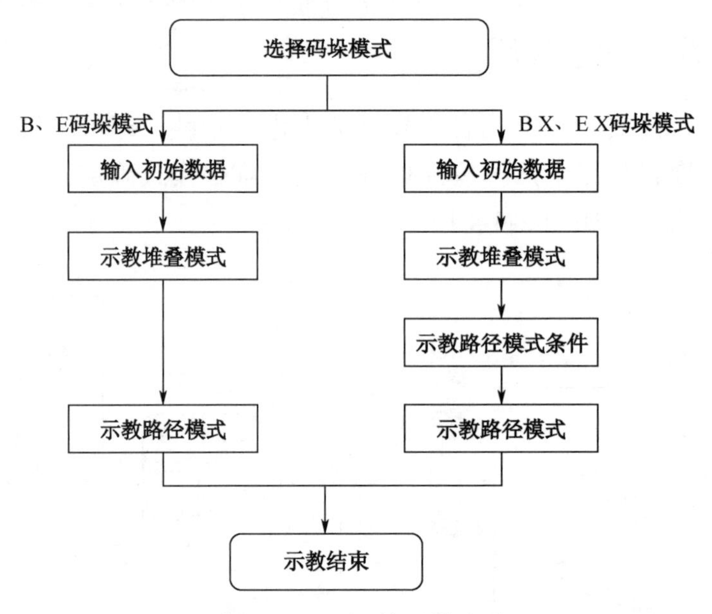

图 2-4-7　码垛的示教步骤

1）选择码垛模式

选择希望进行示教的码垛模式：B、BX、E 或 EX。应在程序编辑画面选择码垛模式，具体操作步骤如表 2-4-2 所示。

表 2-4-2　选择码垛模式的操作步骤

步骤	操作方法	操作提示
1	先按“NEXT”（下一页）键与“>”键，再按下一页上的“F1”（INST）键，显示辅助菜单	[INST]　F1

续表

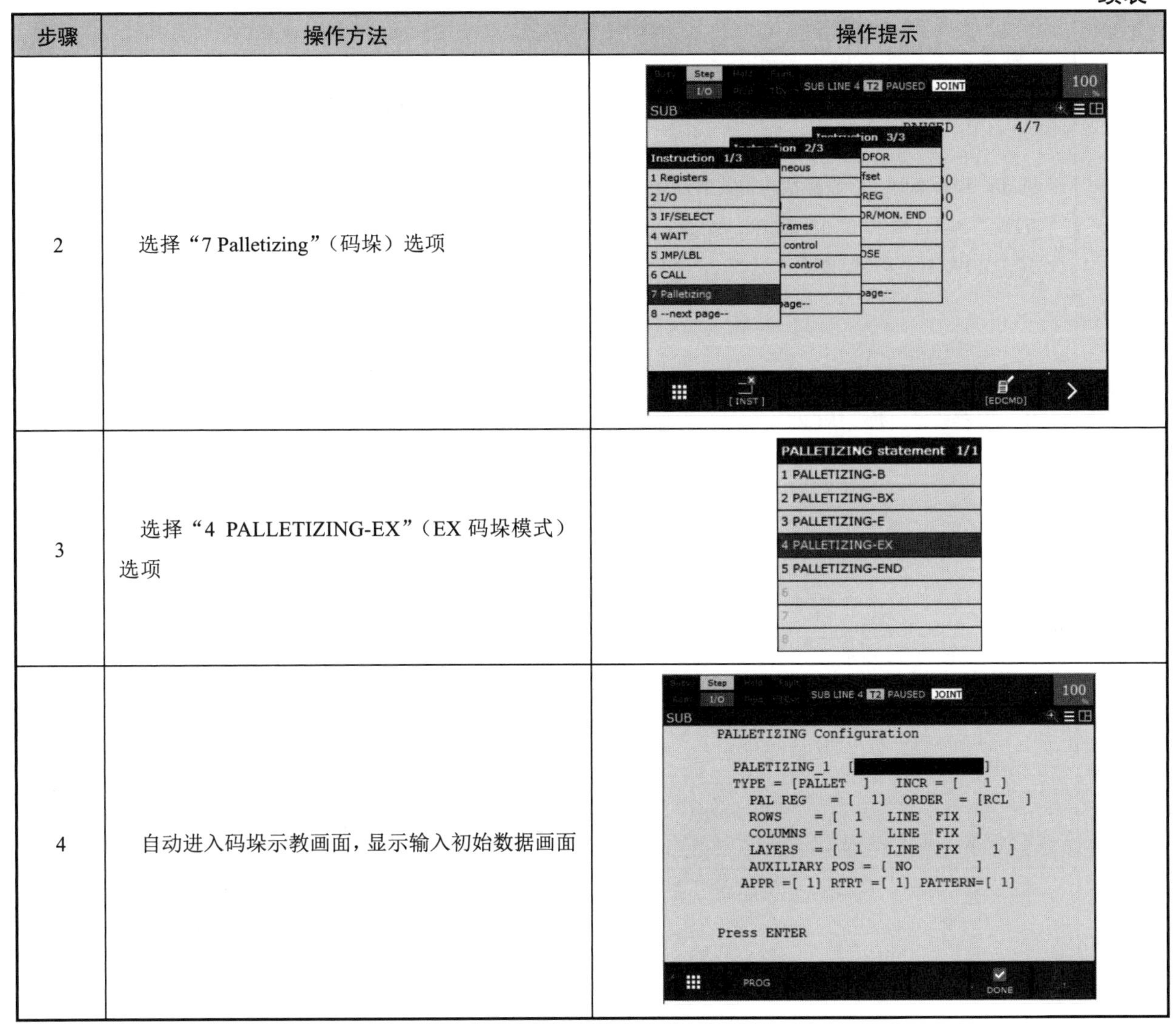

步骤	操作方法	操作提示
2	选择“7 Palletizing”（码垛）选项	
3	选择“4 PALLETIZING-EX”（EX 码垛模式）选项	
4	自动进入码垛示教画面，显示输入初始数据画面	

2）输入初始数据

码垛初始数据分为三类：与堆叠方法相关的初始数据、与堆叠模式相关的初始数据及与路径模式相关的初始数据。输入码垛初始数据的操作步骤如表 2-4-3 所示。

表 2-4-3　输入码垛初始数据的操作步骤

步骤	操作方法	操作提示
1	选择码垛模式后，显示输入初始数据画面	

续表

步骤	操作方法	操作提示
2	选择码垛种类时，将光标指向相关项，如选择“TYPE”选项，按“F2”[PALLET（堆叠）]键或“F3”[DEPALL（拆堆）]键	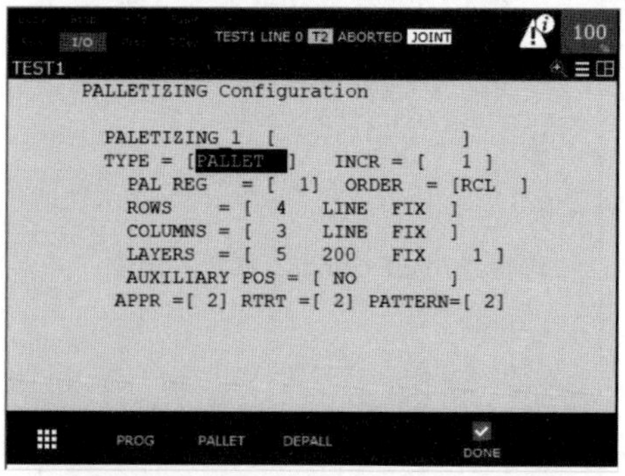 TEST1 LINE 0 T2 ABORTED JOINT 100 TEST1 PALLETIZING Configuration PALETIZING 1 [ ] TYPE = [PALLET] INCR = [1] PAL REG = [1] ORDER = [RCL] ROWS = [4 LINE FIX] COLUMNS = [3 LINE FIX] LAYERS = [5 200 FIX 1] AUXILIARY POS = [NO] APPR =[2] RTRT =[2] PATTERN=[2] PROG PALLET DEPALL DONE
3	输入寄存器增加数（INCR）、码垛寄存器编号（PAL REG）	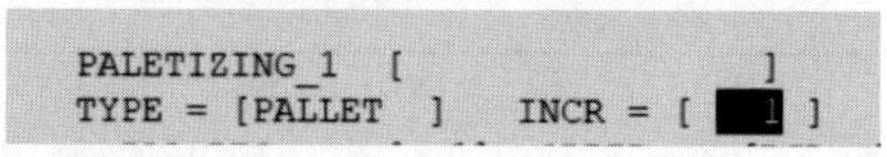 PALETIZING_1 [ ] TYPE = [PALLET] INCR = [1]
4	输入码垛顺序时，按希望设定的顺序选择功能键（R 为行，C 为列，L 为层）	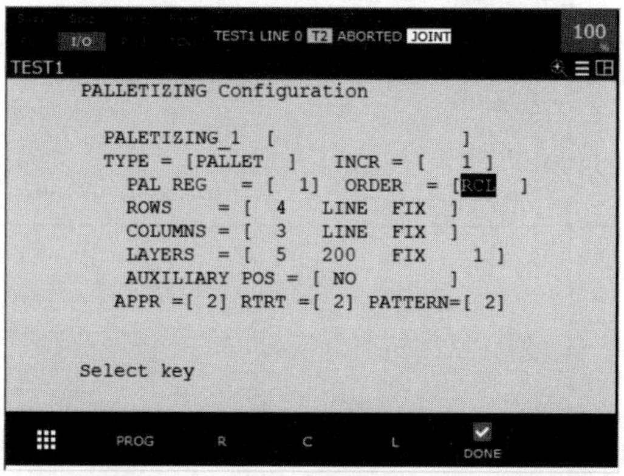 TEST1 LINE 0 T2 ABORTED JOINT 100 TEST1 PALLETIZING Configuration PALETIZING_1 [ ] TYPE = [PALLET] INCR = [1] PAL REG = [1] ORDER = [RCL] ROWS = [4 LINE FIX] COLUMNS = [3 LINE FIX] LAYERS = [5 200 FIX 1] AUXILIARY POS = [NO] APPR =[2] RTRT =[2] PATTERN=[2] Select key PROG R C L DONE
5	指定行、列、层时，先按数值键，再按“ENTER”键；指定排列方法时，将光标指向设定栏，按功能键[“F2”为 FIX（固定），“F3”为 INTER（分割）]	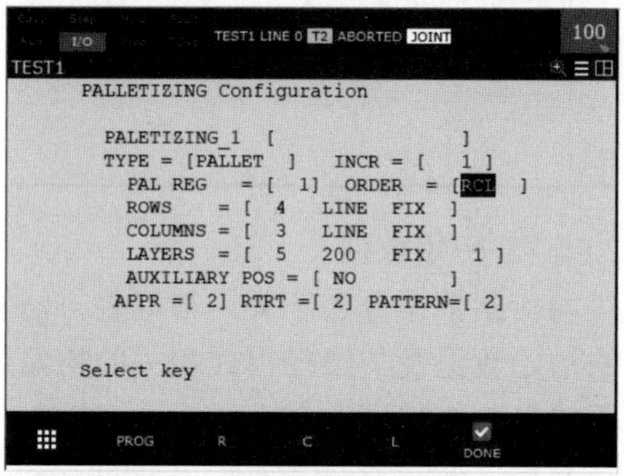 TEST1 LINE 0 T2 ABORTED JOINT 100 TEST1 PALLETIZING Configuration PALETIZING_1 [ ] TYPE = [PALLET] INCR = [1] PAL REG = [1] ORDER = [RCL] ROWS = [4 LINE FIX] COLUMNS = [3 LINE FIX] LAYERS = [5 200 FIX 1] AUXILIARY POS = [NO] APPR =[2] RTRT =[2] PATTERN=[2] Select key PROG R C L DONE
6	按一定间隔指定排列方法时，将光标指向设定栏，输入数值，如 200	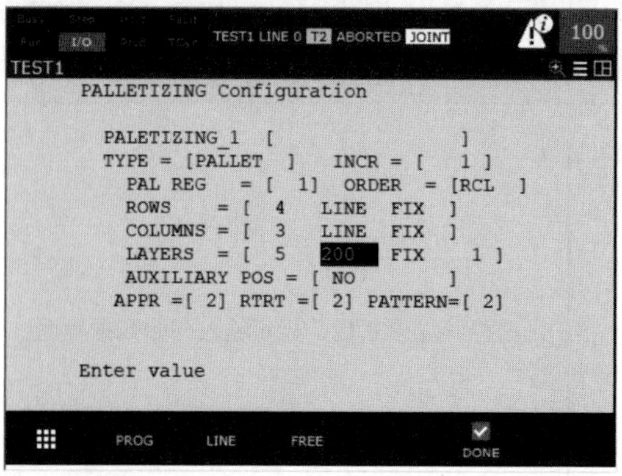 TEST1 LINE 0 T2 ABORTED JOINT 100 TEST1 PALLETIZING Configuration PALETIZING_1 [ ] TYPE = [PALLET] INCR = [1] PAL REG = [1] ORDER = [RCL] ROWS = [4 LINE FIX] COLUMNS = [3 LINE FIX] LAYERS = [5 200 FIX 1] AUXILIARY POS = [NO] APPR =[2] RTRT =[2] PATTERN=[2] Enter value PROG LINE FREE DONE

续表

步骤	操作方法	操作提示
7	指定是否存在辅助点时，将光标指向相关项，选择功能键（“F2”为 YES，“F3”为 NO）	F3
8	输入趋近点数、回退点数	APPR =[2] RTRT =[2]
9	要中断初始数据设定时，按“F1”（PROG）键。若中途中断初始数据设定，则此前设定的值无效	PROG F1
10	输入完所有数据后，按“F5”（DONE）键	

（1）与堆叠方法相关的初始数据。

与堆叠方法相关的初始数据如图 2-4-8 所示。其中码垛种类分为堆叠（PALLET）与拆堆（DEPALLET），默认为堆叠；增加（INCR）指定每几个工件堆叠或拆堆，默认值为 1；码垛寄存器编号（PAL REG）指定与堆叠方法有关、控制码垛的寄存器编号，图中编号为 1；顺序（ORDER）表示堆叠或拆堆的顺序，图中“RCL”表示按照“行→列→层”的顺序堆叠。

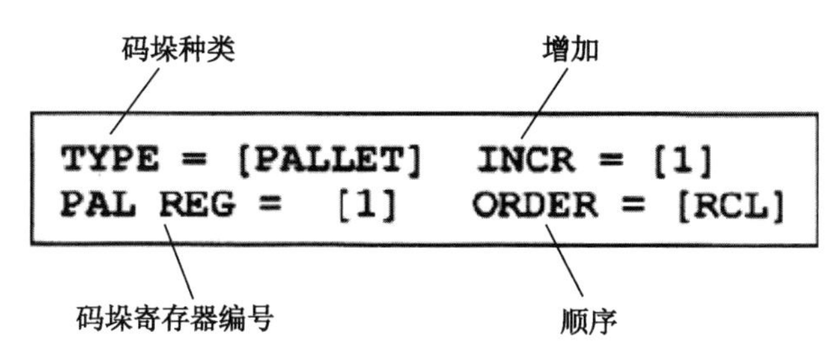

图 2-4-8　与堆叠方法相关的初始数据

（2）与堆叠模式相关的初始数据。

作为堆叠模式的初始数据，设定行列层数、排列方法、姿势控制、层模式数、是否有辅助点等，如图 2-4-9 所示。

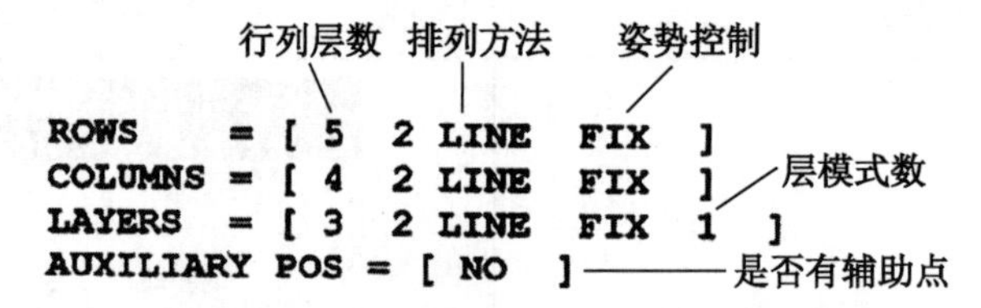

图 2-4-9　与堆叠模式相关的初始数据

（3）与路径模式相关的初始数据。

作为路径模式的初始数据，设定趋近点数、回退点数及路径模式数，如图 2-4-10 所示。

APPR = [2]　RTRT = [2]　PATTERN = [1]

趋近点数　回退点数　路径模式数

图 2-4-10　与路径模式相关的初始数据

3）示教堆叠模式

示教堆叠模式是指在码垛堆叠模式示教画面上，对堆叠模式的代表堆叠点进行示教。执行码垛程序时将根据所示教的代表堆叠点自动计算目标堆叠点。

以 B 码垛模式为例，进行平行四边形的堆叠模式示教。通过码垛初始数据，显示示教位置一览画面如图 2-4-11（a）所示，以及堆叠模式如图 2-4-11（b）所示。基于此对代表堆叠点的位置进行示教，操作步骤如表 2-4-4 所示。

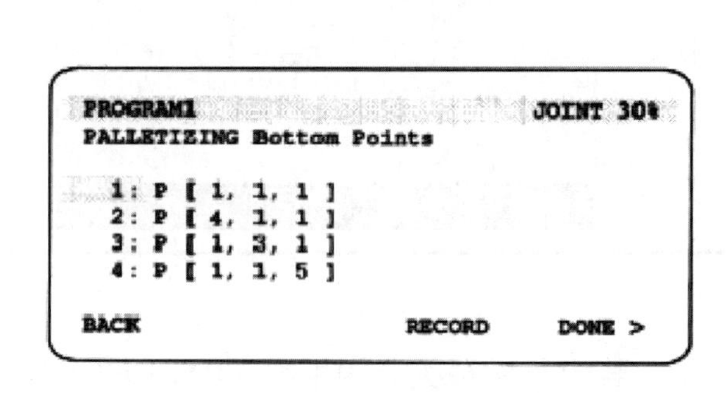

（a）

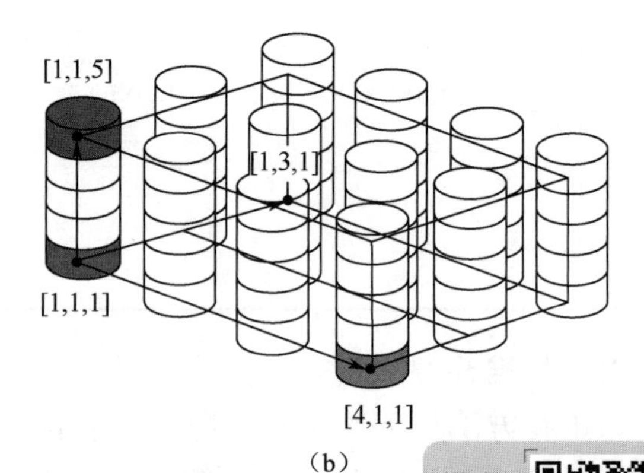

（b）

图 2-4-11　码垛示教代表堆叠点一览

操作步骤 视频讲解

表 2-4-4　示教码垛堆叠模式的操作步骤

步骤	操作方法	操作提示
1	按照初始数据的设定，显示应该示教的代表堆叠点	TEST1 LINE 0 T2 ABORTED JOINT 100% TEST1 PALLETIZING Bottom Points 1: *P [1, 1, 1] 1/1 2: *P [4, 1, 1] 3: *P [1, 3, 1] 4: *P [1, 1, 5] [End] BACK RECORD DONE
2	将机器人手动进给到希望示教的代表堆叠点	

续表

步骤	操作方法	操作提示
3	将光标指向相应行，同时按下“SHIFT”键与“F4”（RECORD）键，当前机器人位置就会被记录下来	1: *P [1, 1, 1] 2: *P [4, 1, 1] 3: *P [1, 3, 1] 4: *P [1, 1, 2] [End] SHIFT F4
4	要显示所示教代表堆叠点的详细位置数据，将光标指向代表堆叠点编号，按“F5”[POSITION（位置）]键	SUB LINE 4 T2 PAUSED JOINT 100 SUB PALLETIZING Bottom Points 1:--P [1, 1, 1]-- 1/1 2: *P [4, 1, 1] 3: *P [1, 3, 1] 4: *P [1, 1, 2] [End] POSITION F5
5	显示出位置详细数据。也可以直接输入位置数据的数值。P 前面的标记为“-”表示已示教位置；标记为“*”表示未示教位置	SUB LINE 4 T2 PAUSED JOINT 100 SUB PAL 1[BTM]UF:0 UT:1 CONF:NUT 000 X 171.747 mm W -180.000 deg Y 237.990 mm P -.000 deg Z -100.509 mm R -.000 deg Position Detail PALLETIZING Bottom Points 1:--P [1, 1, 1]-- 1/1 2: *P [4, 1, 1] 3: *P [1, 3, 1] 4: *P [1, 1, 2] [End] Enter value CONF DONE
6	同时按住“SHIFT”键与“FWD”键，机器人将移动到光标行的代表堆叠点，可用于示教点的确认	SHIFT FWD
7	按照相同的步骤，对所有代表堆叠点进行示教	
8	按“F5”（DONE）键，显示下一个路径模式条件设定画面（BX、EX 码垛模式）或路径模式示教画面（B、E 码垛模式）	RECORD DONE F5

4）设定路径模式条件

对于 BX、EX 码垛模式，在路径模式示教画面上设定了多个路径模式的情况下，需在码垛路径模式条件设定画面里事先设定相对于哪个堆叠点使用哪种路径模式条件。而 B、E 码垛模式只可以设定一种路径模式，因此不会显示设定码垛路径模式条件画面。

执行码垛指令时，使用堆叠点的行、列、层与路径模式条件的行、列、层一致的条件编号的路径模式。其中行、列、层的值既可以直接指定，也可以采用余数指定。直接指定时，在 1～127 的范围内指定堆叠点，“*”表示任意堆叠点；采用余数指定时，路径模式条件要素为“*m*-*n*”，根据余数来指定堆叠点，如余数指定路径模式条件中列值为“3-1”，表示用 3 去除堆叠点的列值余数为 1 的点。基于此，图 2-4-12 中堆叠点的第一列使用模式 1，第二列使用模式 2，第三列使用模式 3。设定码垛路径模式条件的操作步骤如表 2-4-5 所示。

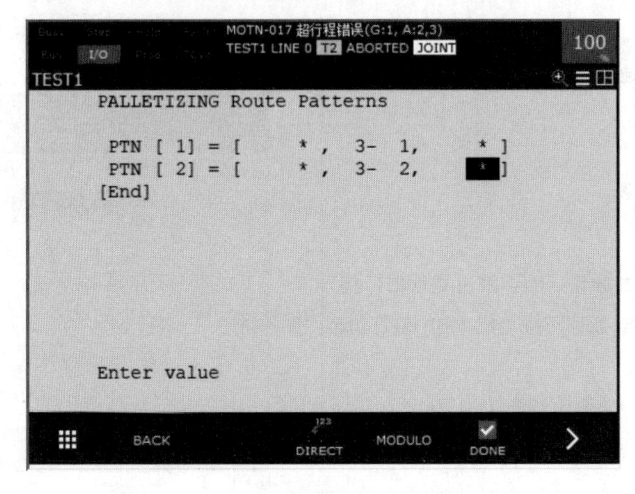

图 2-4-12　路径模式条件设定画面

表 2-4-5　设定码垛模式条件的操作步骤

步骤	操作方法	操作提示
1	根据初始数据的模式设定值，显示路径模式条件设定画面	PALLETIZING Route Patterns PTN [1] = [*, *, *] PTN [2] = [*, *, *] [End] Enter value
2	直接指定方式下，将光标指向希望更改的点，输入数值	PALLETIZING Route Patterns PTN [1] = [*, 1, *] PTN [2] = [*, *, *] [End] Enter value

续表

步骤	操作方法	操作提示
3	余数指定方式下，按“F4”（MODULO）键，条目被分为两个，在该状态下输入数值	MOTN-017 超行程错误(G:1, A:2,3) TEST1 LINE 0 T2 ABORTED JOINT 100% TEST1 PALLETIZING Route Patterns PTN [1] = [*, 1- 0, *] PTN [2] = [*, *, *] [End] Enter value BACK DIRECT MODULO DONE
4	若按“F1”（BACK）键，则返回到之前的堆叠点示教画面	BACK F1
5	完成后按“F5”（DONE）键，完成码垛路径模式条件的设定，并进入码垛路径模式示教画面	DIRECT MODULO DONE F5

5）示教码垛路径模式

在码垛路径模式示教画面上，设定向堆叠点堆叠工件或从上面拆堆前后经过的几个路径点。路径点位置随着堆叠点位置的改变而改变。图 2-4-13 给出了[2,3,4]的路径点：趋近点 2、趋近点 1、回退点 1 与回退点 2。示教码垛路径模式的操作步骤如表 2-4-6 所示。

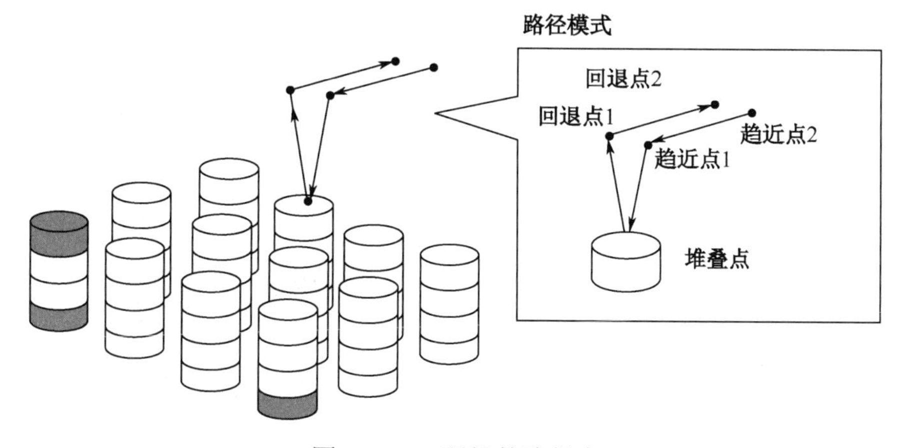

图 2-4-13　码垛的路径点

表 2-4-6　示教码垛路径模式的操作步骤

步骤	操作方法	操作提示
1	按照初始数据的设定，显示有关示教的路径一览画面	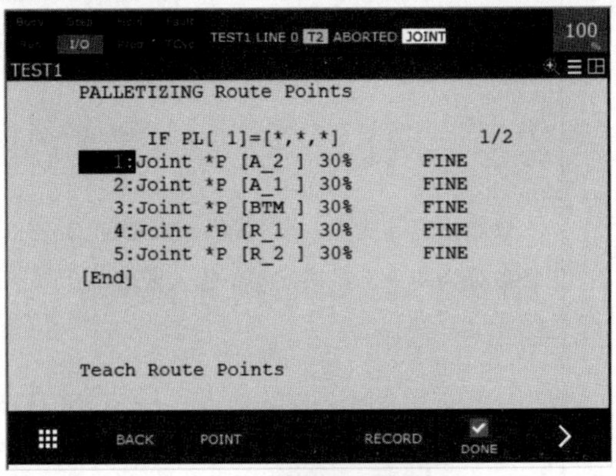 TEST1 LINE 0 T2 ABORTED JOINT 100 TEST1 PALLETIZING Route Points IF PL[1]=[*,*,*] 1/2 1:Joint *P [A_2] 30% FINE 2:Joint *P [A_1] 30% FINE 3:Joint *P [BTM] 30% FINE 4:Joint *P [R_1] 30% FINE 5:Joint *P [R_2] 30% FINE [End] Teach Route Points BACK POINT RECORD DONE
2	将机器人手动进给到希望示教的路径点	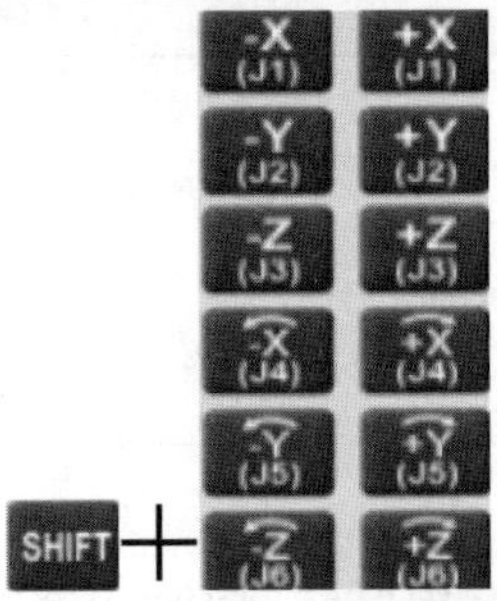 -X (J1) +X (J1) -Y (J2) +Y (J2) -Z (J3) +Z (J3) -X (J4) +X (J4) -Y (J5) +Y (J5) SHIFT + -Z (J6) +Z (J6)
3	将光标指向设定区，有两种方法进行位置示教。方法一：同时按下“SHIFT”键与“F2”（POINT）键；方法二：同时按下“SHIFT”键与“F4”（PECORD）键 只按“F2”（POINT）键显示标准动作菜单，可设定动作类型与动作移动速度	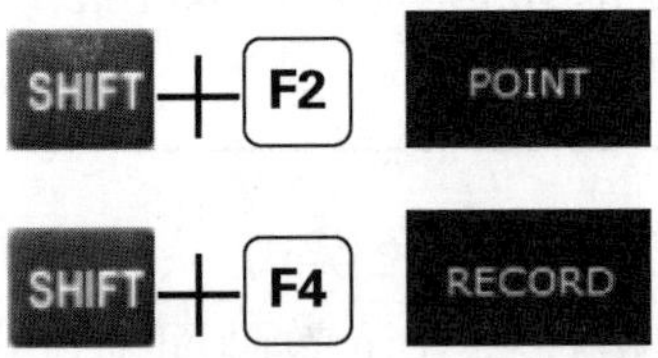 SHIFT + F2 POINT SHIFT + F4 RECORD
4	要显示所示教的路径点位置详细数据，将光标指向路径点编号，按“F5”（POSITION）键，显示位置详细数据。返回时按“F4”（DONE）键	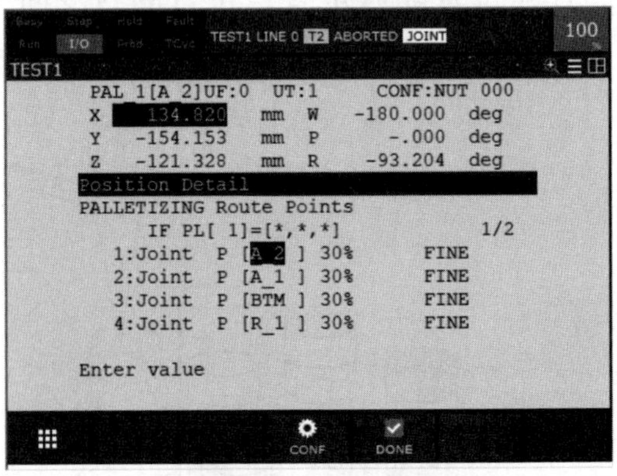 TEST1 LINE 0 T2 ABORTED JOINT 100 TEST1 PAL 1[A 2]UF:0 UT:1 CONF:NUT 000 X 134.820 mm W -180.000 deg Y -154.153 mm P -.000 deg Z -121.328 mm R -93.204 deg Position Detail PALLETIZING Route Points IF PL[1]=[*,*,*] 1/2 1:Joint P [A_2] 30% FINE 2:Joint P [A_1] 30% FINE 3:Joint P [BTM] 30% FINE 4:Joint P [R_1] 30% FINE Enter value CONF DONE
5	同时按“SHIFT”键与“FWD”键时，进行路径点的确认	 SHIFT + FWD
6	按“F1”（BACK）键返回到堆叠模式示教画面	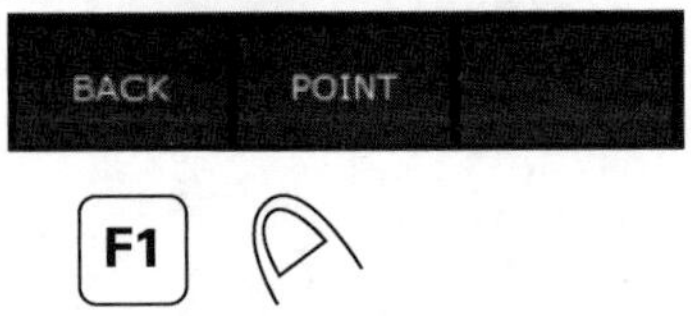 BACK POINT F1

续表

步骤	操作方法	操作提示
7	按“F5”（DONE）键，显示下一路径模式示教画面	TEST1 8/8 1: PALLETIZING-EX_1 2:J PAL_1[A_2] 30% FINE 3:J PAL_1[A_1] 30% FINE 4:J PAL_1[BTM] 30% FINE 5:J PAL_1[R_1] 30% FINE 6:J PAL_1[R_2] 30% FINE 7: PALLETIZING-END_1 [End] Select lines SELECT PASTE
8	所有路径模式示教结束后，按“F5”（DONE）键，退出码垛编辑画面，返回程序画面，码垛指令自动写入程序	TEST1 8/8 1: PALLETIZING-EX_1 2:J PAL_1[A_2] 30% FINE 3:J PAL_1[A_1] 30% FINE 4:J PAL_1[BTM] 30% FINE 5:J PAL_1[R_1] 30% FINE 6:J PAL_1[R_2] 30% FINE 7: PALLETIZING-END_1 [End] Select lines SELECT PASTE
9	堆叠位置的机械手控制指令，路径点的动作类型的更改等可在程序画面上与通常程序一样设置	TEST1 7/10 1: PALLETIZING-EX_1 2:J PAL_1[A_2] 30% FINE 3:L PAL_1[A_1] 1200mm/sec FINE 4:L PAL_1[BTM] 1200mm/sec FINE 5: DO[1]=ON 6: WAIT .55(sec) 7:L PAL_1[R_1] 1200mm/sec FINE 8:L PAL_1[R_2] 1200mm/sec FINE 9: PALLETIZING-END_1 [End] [INST] [EDCMD]

2．码垛的修改

码垛的修改是指对所示教的码垛代表点的位置数据与码垛编号的修改。更改码垛位置数据的操作步骤如表 2-4-7 所示，更改码垛编号的操作步骤如表 2-4-8 所示。

表 2-4-7　更改码垛位置数据的操作步骤

步骤	操作方法	操作提示
1	将光标指向希望修改的码垛指令，按“F1”（MODIFY）键，显示修改菜单	TEST1 1/10 1: PALLETIZING-EX_1 2:J PAL_1[A_2] 30% FINE 3:L PAL_1[A_1] 1200mm/sec FINE 4:L PAL_1[BTM] 1200mm/sec FINE 5: DO[1]=ON 6: WAIT .55(sec) 7:L PAL_1[R_1] 1200mm/sec FINE 8:L PAL_1[R_2] 1200mm/sec FINE 9: PALLETIZING-END_1 [End] Select item [MODIFY] [CHOICE] LIST F1

续表

步骤	操作方法	操作提示
2	BOTTOM：修改堆叠点的位置。 ROUTE：修改路径点的位置。 选择“2 BOTTOM”选项修改堆叠点的位置	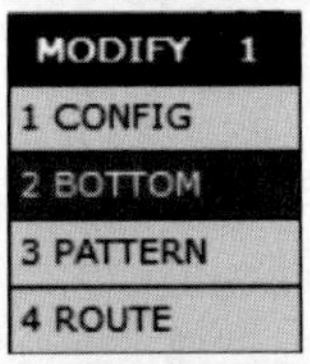 MODIFY 1 1 CONFIG 2 BOTTOM 3 PATTERN 4 ROUTE
3	按“F1”（BACK）键返回码垛编辑画面之前的画面，按“F5”（DONE）键进入码垛编辑画面之后的画面	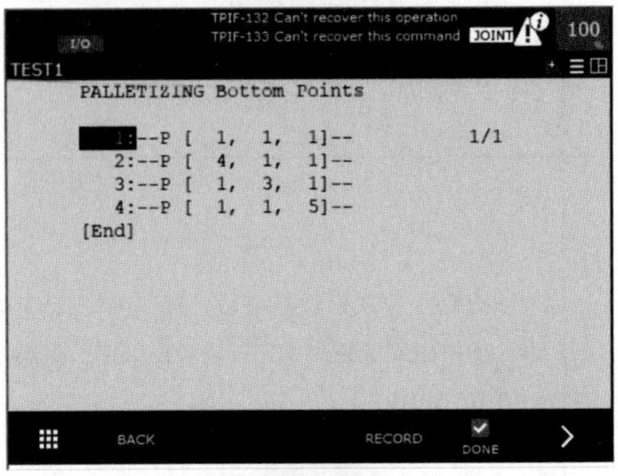 PALLETIZING Bottom Points 1:--P [1, 1, 1]-- 1/1 2:--P [4, 1, 1]-- 3:--P [1, 3, 1]-- 4:--P [1, 1, 5]-- [End] BACK RECORD DONE
4	修改结束后，按“NEXT”键，再按下一页上的“F1”（PROG）键结束	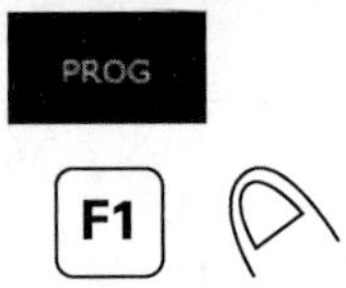 PROG F1

表 2-4-8　更改码垛编号的操作步骤

步骤	操作方法	操作提示
1	将光标指向希望修改的码垛指令，输入希望更改的码垛编号	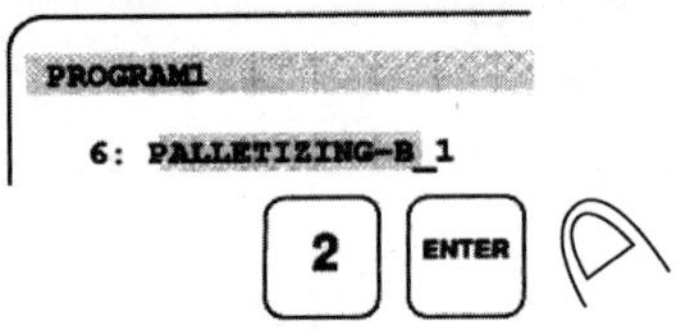 PROGRAM1 6: PALLETIZING-B_1 2 ENTER 操作步骤 视频讲解
2	码垛动作指令、码垛结束指令的编号将随同码垛指令自动更改	在更改码垛编号时，确认更改后的编号没有在其他码垛指令中使用

3．码垛的执行

码垛的一般流程如图 2-4-14 所示。执行码垛指令后，首先计算即将移动的路径点，接着将工件经由路径点搬运至堆叠点，然后在堆叠点打开机械手手爪，松开工件，最后经由回退点，执行码垛结束指令，计算码垛寄存器的值。

码垛寄存器用于当前的堆叠点位置的管理，码垛指令执行时会根据码垛寄存器的值计算出实际的堆叠点与路径点。执行码垛结束指令后将更新码垛寄存器的值，码垛寄存器值的更新规则参考初始数据的设定方法。以 3 行 2 列 3 层的码垛按行、列、层顺序堆叠，执行码垛结束指令时，按[1,1,1]→[2,1,1]→[3,1,1]→[1,2,1]→[2,2,1]→[3,2,1]→[1,1,2]→[2,1,2]→[3,1,2]→[1,2,2]→[2,2,2]→[3,2,2]→[1,1,3]→[2,1,3]→[3,1,3]→[1,2,3]→[2,2,3]→[3,2,3]的顺序更改码垛寄存器的值。

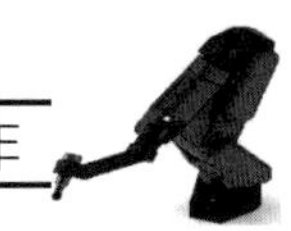

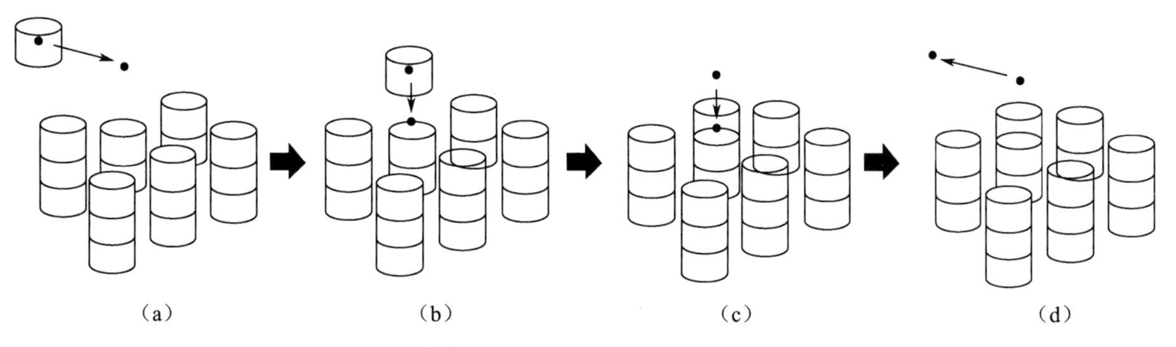

图 2-4-14　码垛的一般流程

图 2-4-15 所示为码垛示例，其中 P[1]为机器人待命位置，P_ 3[A_ 1]、P_ 3[R_ 1]、P_ 3[BTM]分别为趋近点、回退点与堆叠点的位置，机械手在 P[3]位置处闭合以抓取工件，机械手在堆叠点位置张开以放置工件。程序如下。

```
5: J P[1] 100% FINE
6: J P[2] 70% CNT50
7: L P[3] 50mm/sec FINE
8: hand close
9: L P[2] 100mm/sec CNT50
10: PALLETIZING-B_3
11: L PAL_3[A_1]100mm/sec CNT10
12: L PAL_3[BTM]50mm/sec FINE
13: hand open
14: L PAL_3[R_1]100mm/sec CNT10
15: PALLETIZING-END_3
16: J P[2] 70% CNT50
17: J P[1] 100% FINE
```

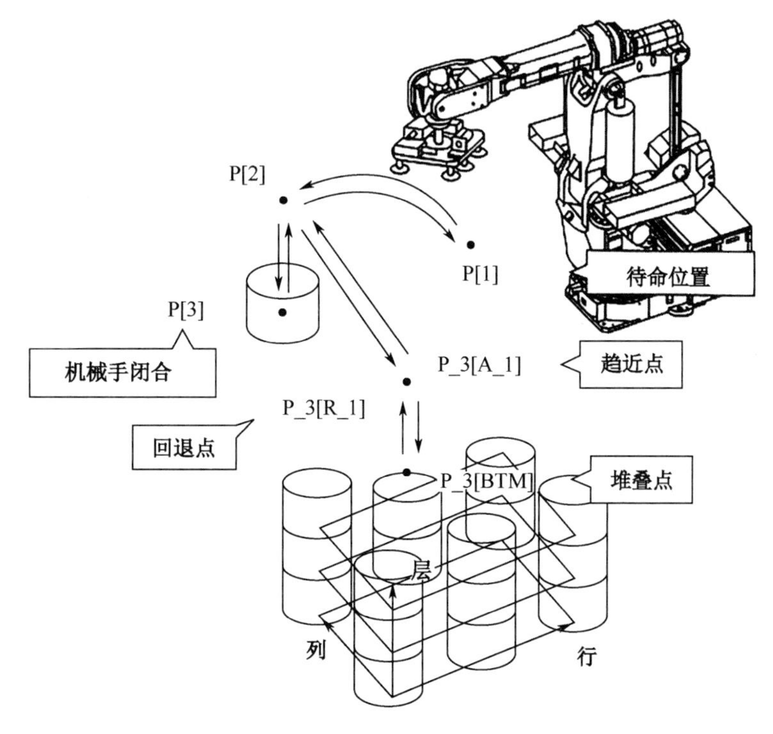

图 2-4-15　码垛示例

五、动作附加指令

1. 手动关节动作指令

一般情形下，机器人执行直线或圆弧轨迹动作时，其手腕的姿势将保持不变。采用手动关节动作指令（Wjnt）后，执行直线或圆弧轨迹动作时不对机械手腕的姿势进行控制，尽管机械手腕姿势在运动中发生变化，但不会引起因为机械手腕轴的特殊点而造成机械手腕轴的反转动作，从而使得 TCP 正常地沿着编程轨迹运动。例程如下。

```
L P[i]50mm/s FINE Wjnt
```

2. 加减速倍率指令

加减速倍率指令（ACC）指定机器人再现动作中加减速所需的时间比率。如图 2-4-16 所示，减小加减速倍率时，加、减速时间将会延长；增大加减速倍率时，加减速时间将会缩短。加、减速取值范围为 0～150%。加减速倍率为 60%时的例程如下。

```
L P[1]50% FINE ACC60
```

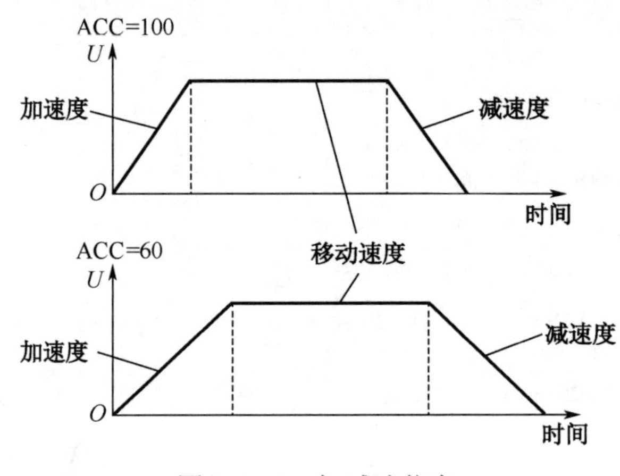

图 2-4-16　加减速倍率

有时加减速倍率太大会导致机器人的动作生硬或振动，还有可能引起伺服电动机报警。若出现此类现象应减小加减速倍率或删除加减速倍率指令。

3. 跳过指令

跳过指令（Skip，LBL[i]）一般格式为 SKIP CONDITION[I/O]=[值]，程序示例如下。

```
J P[1]50% FINE Skip，LBL[3]
```

编程时，应在跳过指令之前预先指定跳过条件指令。

机器人在向目标位置移动的过程中，跳过条件满足时，机器人中途取消动作，执行下一行程序语句。跳过指令在跳过条件尚未满足的情况下，在结束机器人动作后，跳到转移目的地标签。下面给出跳过指令的例程，在输入 DI[1]时，机器人运行轨迹为 P1→P3→P4；没有输入 DI[1]时，机器人运行轨迹为 P1→P2→P4，如图 2-4-17 所示。

```
SKIP CONNDITION DI[1]=ON
J P[1]100% FINE
L P[2]1000mm/sec FINE Skip，LBL[1]
J P[3]50% FINE
LBL[1]
```

```
J P[:4]50% FINE
```

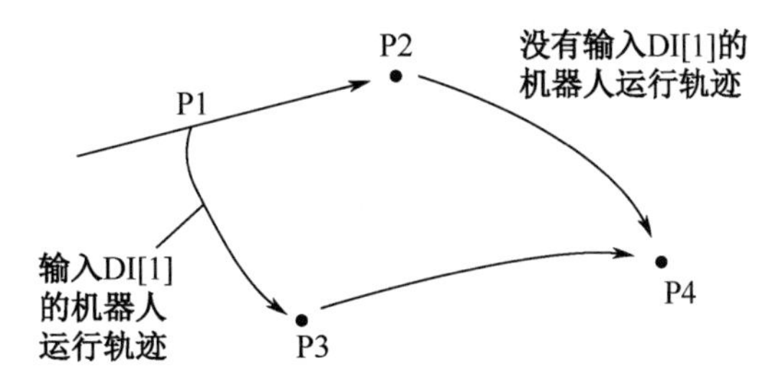

图 2-4-17　跳过指令

若想将跳过条件成立时刻机器人的位置存储在由程序指定的位置寄存器中，可采用高速跳过功能，指令格式为 Skip，LBL[10]，PR[5]=LPOS（或 JPOS）。高速跳过功能中的跳过条件的示教与通常跳过功能情形相同，其指令也是通过动作附加指令的菜单予以选择的。

4．位置补偿指令

位置补偿指令（Offset）一般与位置补偿条件指令配合使用。位置补偿条件指令需要在位置补偿指令前执行，主要包含指定偏移方向与偏移量的位置寄存器（PR[i]，*i*=1～10）及用户坐标系编号（UFRAME[j]，*j*=1～5），其格式如下。

```
OFFSET CONDITION PR[i] （UFRAME[j]）
```

执行位置补偿指令后，使机器人移动至目标位置的基础上再偏移位置补偿条件中所指定补偿量（PR[i]）后的位置。位置偏移量一般相对于程序中指定的用户坐标系，若未指定，则位置偏移量相对于当前所选的用户坐标系，如图 2-4-18 所示。例程如下。

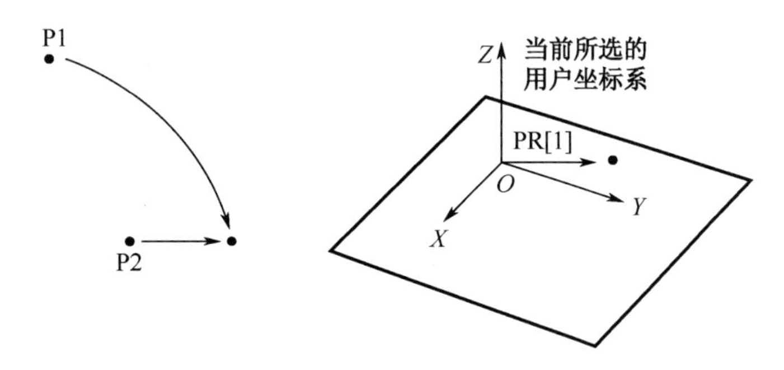

图 2-4-18　位置补偿指令

```
OFFSET CONDITION PR[1]
J P[1]100% FINE
L P[2]500mm/sec FINE Offset
```

编程时若采用直接位置补偿指令，将忽略位置补偿条件指令，而直接按照指定的位置寄存器的值偏移。使用当前所选的用户坐标系作为基准坐标系。应用直接位置补偿指令的例程如下。

```
J P[1]50% FINE Offset，PR[2]
```

六、常用指令

1．置位指令

置位指令是将数字输出信号置为 ON。例如：

```
DO[1]=ON
```

程序执行结果是将数字输出信号 DO[1]置为 ON。

2．复位指令

复位指令是将数字输出信号置为 OFF。例如：

```
DO[1]=OFF
```

程序执行结果是将数字输出信号 DO[1]置为 OFF。

七、常用逻辑控制指令

1．IF 指令

IF 指令的功能是满足不同条件，执行对应的程序。例如：

```
LBL[1]
IF R[1]＞5，JMP LBL[1]
```

若满足条件 R[1]＞5，则执行指令 JMP LBL[1]。

2．FOR 指令

FOR 指令的功能是根据指定的次数，重复执行对应程序。例如：

```
FOR R[1]=1 TO 10
J P[1] 100% FINE;
J P[2] 100% FINE;
ENDFOR
```

程序执行结果是重复执行 10 次程序。

提示：FOR 指令后面跟的是循环计数值，不用在程序数据中定义，每次运行一遍 FOR 循环中的指令后会自动执行加 1 操作。

3．SELECT 指令

SELECT 指令的功能是根据指定变量的判断结果，执行对应程序。例如：

```
SELECT R[1]=1 , CALL TEST1
SELECT R[1]=2 , CALL TEST2
```

程序执行结果是若 R[1]为 1，则调用 TEST1 子程序；若 R[1]为 2 则调用 TEST2 子程序；否则执行下一行指令。

提示：在 SELECT 指令中，若多种条件下执行同一操作，则可合并在同一 SELECT 指令中。例如：

```
SELECT R[1]=1,2,3 , JMP LBL[1];
```

任务实施

一、任务准备

实施本任务教学所使用的实训设备及工具材料可参考表 2-4-9。

表 2-4-9　实训设备及工具材料

序号	分类	名称	型号规格	数量	单位	备注
1	工具	内六角扳手	5.0mm	1	个	钳工桌
2		内六角扳手	4.0mm	1	个	钳工桌
3	设备器材	内六角螺钉	M4	4	颗	模块存放柜
4		内六角螺钉	M5	8	颗	模块存放柜
5		码垛单元		1	个	模块存放柜
6		单吸盘夹具		1	套	模块存放柜

二、码垛模型的安装

把码垛模型放置到实训平台上，选择任意合适位置用螺钉把码垛模型板固定到实训平台上，如图 2-4-19 所示。

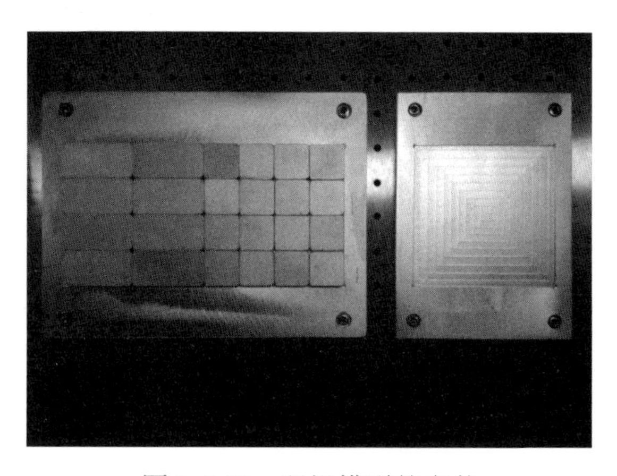

图 2-4-19　码垛模型的安装

三、吸盘夹具及夹具电路和气路的安装

1. 吸盘夹具的安装

先将与机器人的连接法兰安装到机器人的 J6 轴法兰盘上，再把吸盘夹具安装到连接法兰上，如图 2-4-20 所示。

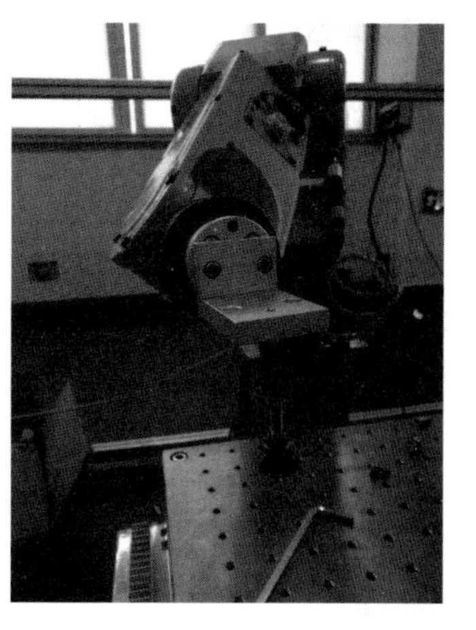

图 2-4-20　吸盘夹具安装示意图

2．夹具气路的安装

把吸盘手爪、真空发生器用合适的气管连接好，并固定。

四、设计控制原理方框图

根据控制要求，设计控制原理方框图，如图 2-4-21 所示。

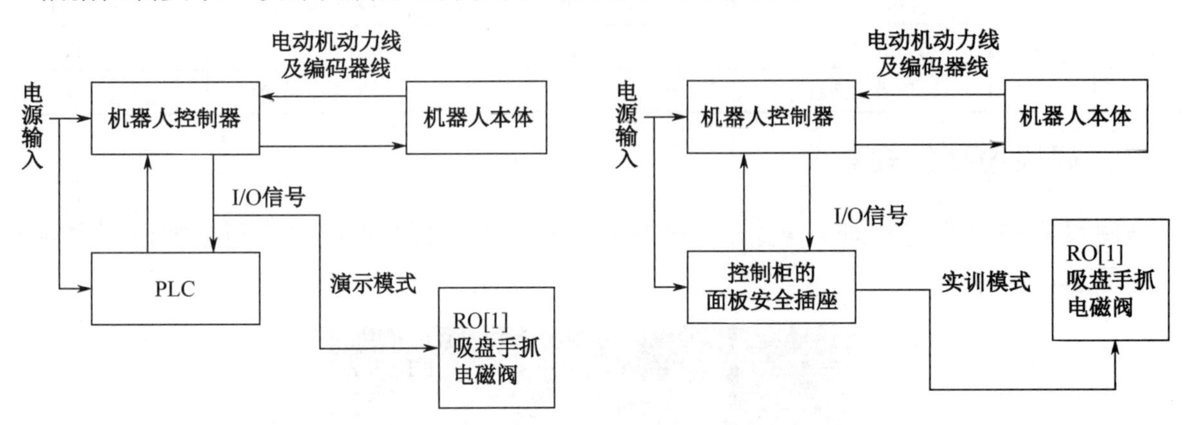

图 2-4-21 控制原理方框图

五、码垛吸盘夹具数据设定

在码垛单元工作站中，工具部件为吸盘工具。此工具部件较为规整，可以直接测量出相关数据并创建，此处新建的吸盘工具坐标系相对于默认工具坐标来说，沿着其 *Z* 轴正方向偏移了 65mm，沿着其 *X* 轴正方向偏移了 83mm，新建吸盘工具坐标系的方向沿用默认工具坐标方向。具体操作步骤如下。

（1）依次按键操作："MENU"（菜单）→ "SEYUP"（设置）→ "F1" [TYPE（类型）] → "Frames"（坐标系）进入坐标系设置界面，如图 2-4-22 所示。

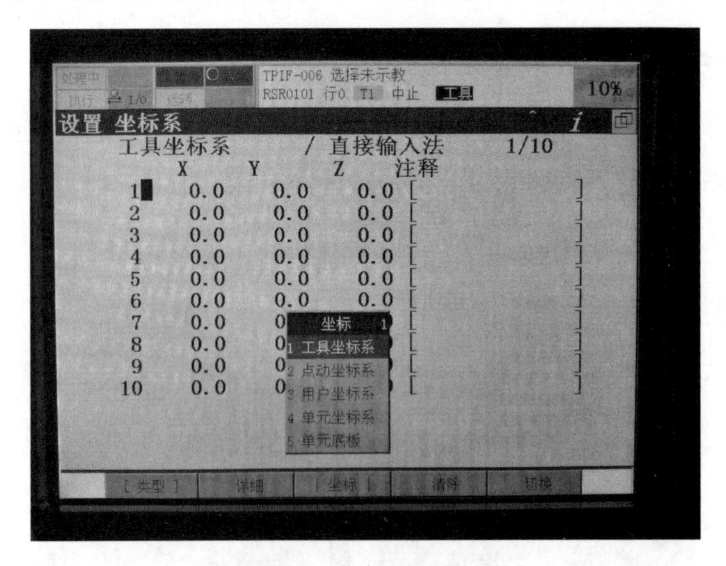

图 2-4-22 坐标系设置界面

（2）按"F3" [OTHER（坐标）]键，选择"Tool Frame"（工具坐标系）选项，进入工具坐标的设置界面，如图 2-4-23 所示。

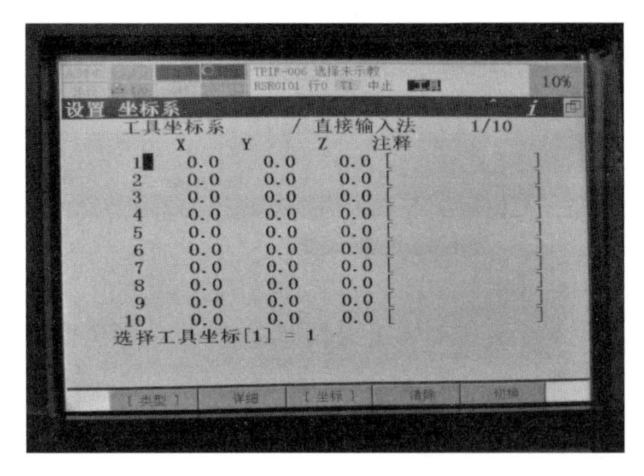

图 2-4-23　工具坐标的设置界面

（3）移动光标到所需设置的工具坐标号上，按“F2”[DETAIL（详细）]键，进入详细界面，如图 2-4-24 所示。

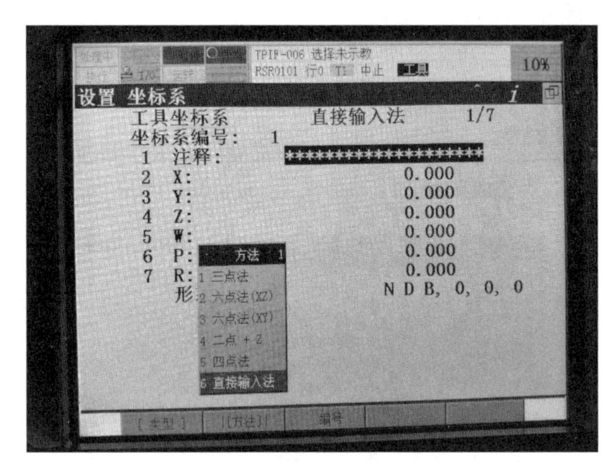

图 2-4-24　详细界面

（4）按“F2”[METHOD（方法）]键，如图 2-4-24 所示，选择所用的设置方法为直接输入法，按“ENTER”键确认，如图 2-4-25 所示。

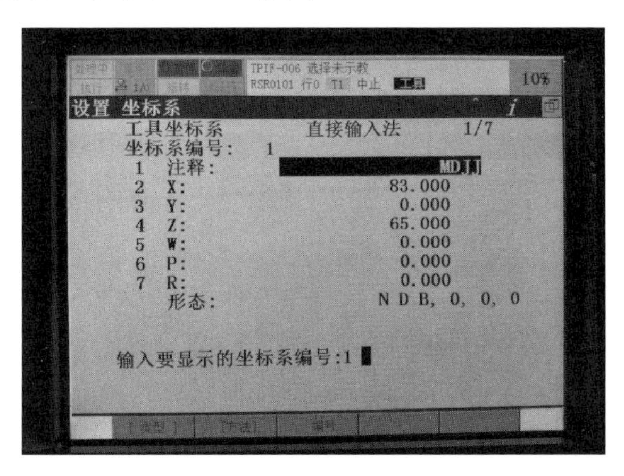

图 2-4-25　坐标系输入界面

（5）修改位置数据。

以选定的目标点为基准，沿着选定工件坐标系的 X、Y、Z 轴方向偏移一定的距离。例如：

```
L  P[1] 100mm/sec FINE Offset,PR[1]
```

① 首先设置位置寄存器 PR[1]的值，按示教器上的“DATA”键，出现如图 2-4-26 所示的画面。

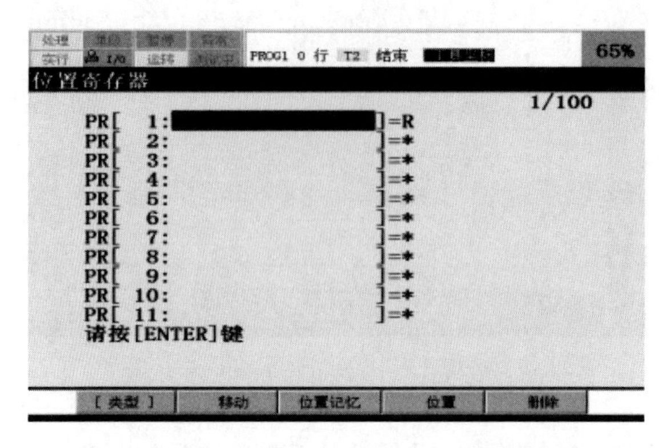

图 2-4-26 设置位置寄存器 PR[1]的值

② 按上、下方向键选择需要的位置寄存器，按“F4”（位置）键，出现如图 2-4-27 所示的画面。

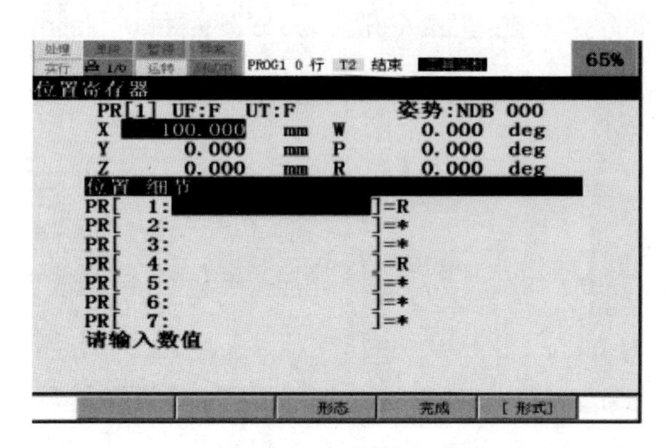

图 2-4-27 按“F4”（位置）键出现的画面

③ 将偏移值输入光标位置后按示教器上的“ENTER”键，W、P、R 全部输入 0 后单击“完成”按钮（X、Y、Z 代表机器人的坐标轴，W、P、R 代表机器人在 *X*、*Y*、*Z* 轴方向做的旋转），按“EDIT”键进入程序编辑界面并将光标移至该行程序最后，如图 2-4-28 所示。

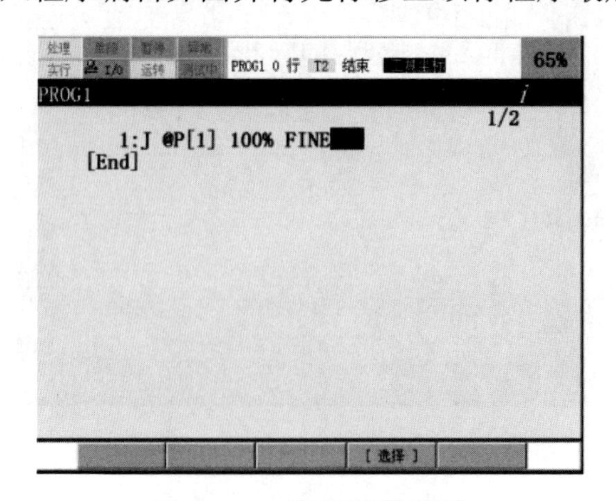

图 2-4-28 程序编辑界面

④ 选择“Offset，PR[ ]”选项，然后在 Offset，PR[ ]中输入设置的寄存器编号后按“ENTER”键，完成偏移程序的编写，即该点相对于 P[1]在 *X* 轴正方向偏移 100mm，如图 2-4-29 所示。

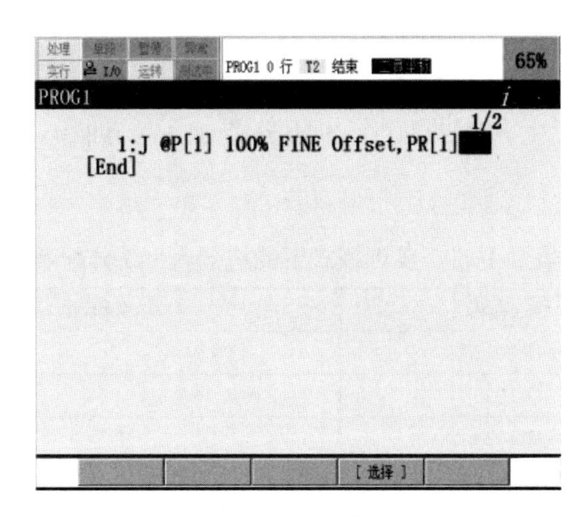

图 2-4-29 编写偏移程序

六、设计两种模式下的机器人 I/O 分配表

1. 演示模式下的机器人 I/O 分配表

PLC 控制柜的配线已经完成。PLC 输入信号 X26～X37 对应机器人输出信号 DO01～DO10，PLC 输出信号 Y26～Y37 对应机器人输入信号 DI01～DI10。根据工作站任务要求对机器人 I/O 信号 System Input、System Output 进行配置，如表 2-4-10 所示。

表 2-4-10 演示模式下的机器人 I/O 分配表

PLC 输出信号		机器人输入信号	
PLC 地址	PLC 符号	信号（Signal）	系统输入（System Input）
Y26	电动机上电	UI8（DI101）	Enable
Y27	机器人启动	UI6（DI102）	Start
Y30	机器人从主程序首条启动	UI9（DI103）	RSR1
Y31	机器人急停复位	UI5（DI104）	Fault reset
Y32	机器人停止	UI2（DI105）	Hold
Y06	机器人外部停止	UI1	IMSTP
Y05	（面板）运行指示灯 HG		
Y04	（面板）停止指示灯 HR		
PLC 输入信号		**机器人输出信号**	
PLC 地址	PLC 符号	信号（Signal）	系统输出（System Output）
X26	机器电动机已上电	UO1（DO101）	CMDENBL
X27	自动运行状态	UO2（DO102）	SYSRDY
X30	机器人程序暂停	UO4（DO103）	PAUSED
X31	机器人紧急停止	UO6（DO104）	HELD
X32	机器人错误输出	UO6（DO105）	FAULT
X01	（面板）启动按钮 SB1		
X02	（面板）复位按钮 SB2		
X03	（面板）暂停按钮 SB3		
X04	（面板）急停按钮 QS1		

2．实训模式下的机器人 I/O 分配表

所有信号均分布在面板上，根据工作站任务要求，实训模式下的机器人 I/O 分配表如表 2-4-11 所示。

表 2-4-11　实训模式下的机器人 I/O 分配表

面板按钮	信号（Signal）	系统输入（System Input）
SB1	UI9（DI101）	RSR1
SB2	UI2（DI102）	Hold
SB3	UI6（DI103）	Start
SB4	UI5（D104）	Fault reset
面板指示灯	信号（Signal）	系统输出（System Output）
H1	UO1（DO101）	CMDENBL
H2	UO2（DO102）	SYSRDY

七、线路安装

1．“演示模式”下的接线

“演示模式”下 PLC 控制柜内的配线已完成，不需要另外接线。

2．“实训模式”下的接线

（1）根据表 2-4-11 完成机器人 I/O 信号和系统信号的关联配置。

（2）采用安全连线对工作台夹具执行信号 YA08 与机器人输出信号 DO16 进行连接。由机器人 DO16 信号直接控制手抓吸盘动作。

（3）机器人的两组外部急停信号，必须接至控制柜面板的急停按钮 QS。注意机器人两组外部急停信号 ES1_A 对应 ES1_B、ES2_A 对应 ES2_B。

（4）根据机器人 I/O 配置表使用安全连线把机器人输入信号接至面板上的对应的按钮，按钮公共端接 0V；机器人的输出信号接入面板指示灯，指示灯公共端接 24V。

八、PLC 程序设计

PLC 的控制要求如下。

（1）当机器人处于自动模式且无报警时。停止指示灯 HR 点亮表示系统就绪且处于停止状态。

（2）按启动按钮 SB1，系统启动。机器人开始动作。同时运行指示灯 HG 亮起，表示系统处于运行状态。

（3）按暂停按钮 SB3，系统暂停机器人动作停止。再次按下启动按钮 SB1 时机器人接着上次停止前的动作继续运行。

（4）按急停按钮 QS1，机器人紧急停止并报警，按复位按钮 SB2 后，解除机器人急停报警状态。

参照表 2-4-11 的 I/O 分配表，设计的 PLC 梯形图程序，如图 2-4-30 所示。

X027
“（UO2）
机器人自动
运行状态”
M0
就绪标志
M0
就绪标志

X001
启动按钮
M0
就绪标志
M8
停止标志
M3
急停记忆
X032
“（UO6）
机器人错误
输出”
M6
暂停标志
M20
启动标志
M10
启动_HM1
M20
启动标志

M20
启动标志
[RST Y031]
“（DI4）
机器人急停
复位”
[RST Y032]
“（DI5）
机器人停止”

M20
启动标志
T3
Y026
“（DI1）
机器人电动
机上电”
K20
T3
T3
X026
“（UO1）
机器人电动
机已上电”
T10
暂停记忆
Y030
“（DI3）
机器人主程
序启动”
M2
暂停记忆
T10
Y027
“（DI2）
机器人程序
启动”
K10
T10

图 2-4-30　PLC 梯形图程序（机器人启动部分）

九、确定机器人运动所需的示教点

码垛套件可灵活自由组合成多种排列码垛方式。本任务以第一层（底层）为正方形，第二层（上层）为长方形为例进行介绍。第一层物料码放形状如图 2-4-31 所示，第二层物料码放形状如图 2-4-32 所示。

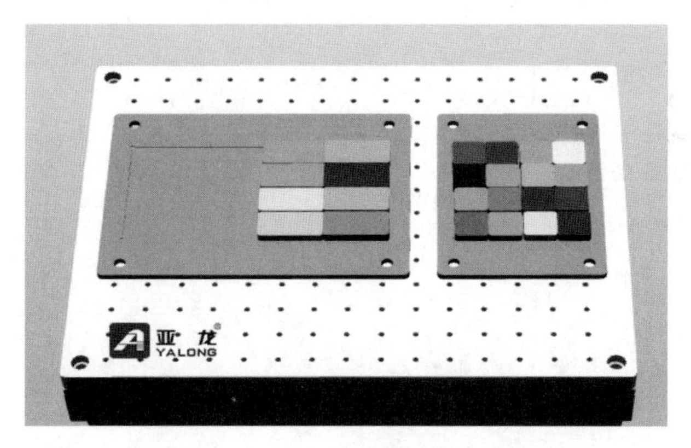

图 2-4-31　第一层物料码垛形状

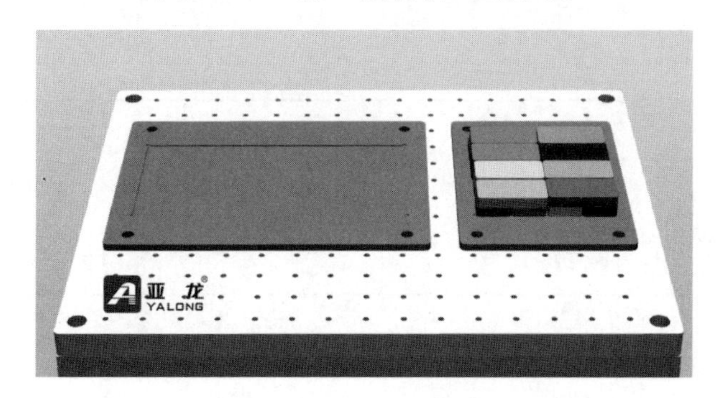

图 2-4-32　第二层物料码垛形状

根据上述码垛要求分析并设计机器人的运行轨迹，如图 2-4-33 所示，可确定其运动所需的示教点，如表 2-4-12 所示。

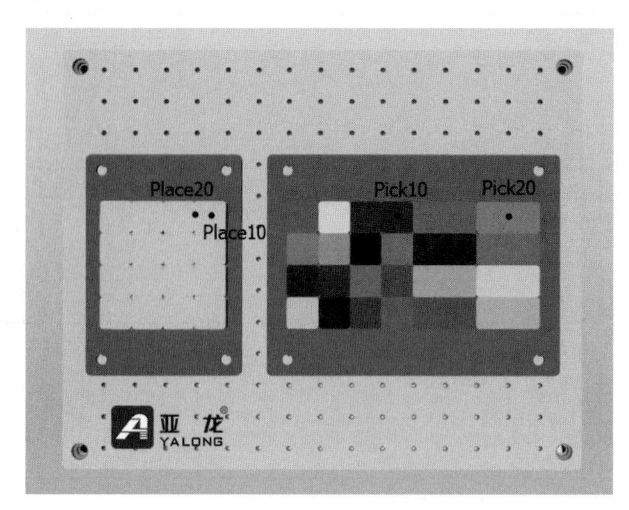

图 2-4-33　机器人运行轨迹分布图

表 2-4-12　机器人运动轨迹示教点

序号	点序号	注释	备注
1	HOME	机器人初始位置	需示教
2	Pick10	第一个正方形物料吸取位置	需示教
3	Pick20	第一个长方形物料吸取位置	需示教
4	Place10	第一个正方形物料码放位置	需示教
5	Place20	第一个长方形物料码放位置	需示教

十、机器人程序编写

根据机器人运动轨迹编写机器人程序时，首先要根据控制要求绘制机器人程序流程图，然后编写机器人主程序和子程序。子程序主要包括机器人初始化子程序、搬运子程序、码垛子程序。编写子程序前要先设计好机器人的运行轨迹及定义好机器人的示教点。

1. 设计机器人程序流程图

根据控制功能，设计机器人程序流程图，如图 2-4-34 所示。

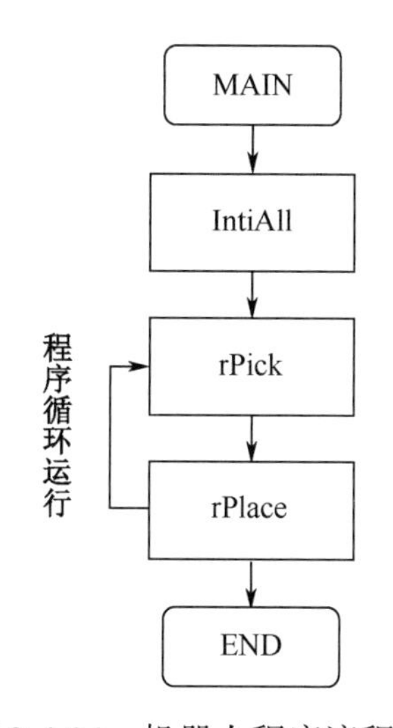

图 2-4-34　机器人程序流程图

2. 系统 I/O 设定

进行系统 I/O 设定，设定方法在此不再赘述。

3. 机器人程序设计

设计的机器人参考程序如下。

```
码垛主程序
！利用关节移动指令运行至第一个位置点正上方
1.   J  P[1，HOME]    100%  CNT0
！初始化数据
2.   R[1]=0
3.   PR[1，1]=0
4.   PR[1，2]=0
5.   PR[1，3]=0
！小料码放2号循环
6.   LBL[2]
7.   R[1]=0
！数据计算
8.   PR[1，2]=R[2]*30
！小料码放1号循环
9.   LBL[1]
！数据计算
10.  PR[1，1]=R[1]*30
11.  CALL PICK1
12.  CALL PLACE1
13.  R[1]=R[1]+1
！逻辑判断
14.  IF  R[1]<4  JMP LBL[1]
```

```
15.  R[2]=R[2]+1
！逻辑判断
16.  IF  R[2]<4  JMP LBL[2]
17.  J  P[1，HOME]    100%  CNT0
18.  R[3]=0
19.  PR[2，1]=0
20.  PR[2，2]=0
！大料码放4号循环
21.   LBL[4]
22.   R[3]=0
23.   PR[2，2]=R[4]*60
！大料码放3号循环
24.   LBL[3]
25.  PR[2，1]=R[3]*30
26.  CALL PICK2
27.  CALL PLACE2
28.  R[3]=R[3]+1
29.  IF  R[1]<4  JMP LBL[3]
30.  R[4]=R[4]+1
31.  IF  R[4]<2  JMP LBL[4]
码垛子程序PICK1
1.   PR[1，3]=100
2.   L   P[2]  100%  CNT0 Offect PR[1]
3.   PR[1，3]=0
4.   L   P[2]  100%  CNT0 Offect PR[1]
！执行抓取动作
5.   RO[1]=ON
！延时1s
6.   WAIT  1(sec)
7.   PR[1，3]=100
8.   L   P[2]  100%  CNT0 Offect PR[1]
码垛子程序PLACE1
1.   L   P[3]  100%  CNT0 Offect PR[1]
2.   PR[1，3]=0
3.   L   P[3]  100%  CNT0 Offect PR[1]
！执行码放动作
4.   RO[1]=OFF
！延时1s
5.    WAIT  1(sec)
6.   PR[1，3]=100
7.   L   P[3]  100%  CNT0 Offect PR[1]
码垛子程序PICK2
1.   PR[2，3]=100
2.   L   P[3]  100%  CNT0 Offect PR[1]
3.   PR[2，3]=0
！执行抓取动作
4.   RO[1]=ON
！延时1s
```

```
5.   WAIT  1(sec)
6.   L   P[3]  100%  CNT0 Offect PR[1]
7.   PR[2, 3]=100
8.   L   P[3]  100%  CNT0 Offect PR[1]
码垛子程序PLACE2
1.   L   P[4]  100%  CNT0 Offect PR[1]
2.   PR[1, 3]=0
! 执行码放动作
3.   RO[1]=OFF
! 延时1s
4.   WAIT  1(sec)
5.   L   P[4]  100%  CNT0 Offect PR[1]
6.   PR[1, 3]=100
7.   L   P[4]  100%  CNT0 Offect PR[1]
```

任务测评

对任务实施的完成情况进行检查，并将结果填入表 2-4-13。

表 2-4-13　任务测评表

序号	主要内容	考核要求	评分标准	配分/分	扣分/分	得分/分
1	安装	夹具与模块固定牢固，不缺少螺钉	1．夹具与模块安装位置不合适，扣 5 分。 2．夹具或模块松动，扣 5 分。 3．损坏夹具或模块，扣 10 分。 4．面板插线松动、未按工艺要求插线扣 5 分	20		
2	机器人程序设计与示教操作	I/O 配置完整，程序设计正确，机器人示教正确	1．操作机器人动作不规范，扣 5 分。 2．机器人不能完成物料码垛，每个物料扣 2 分。 3．缺少 I/O 配置，每个扣 1 分。 4．程序缺少输出信号设计，每个扣 1 分。 5．工具坐标系定义错误或缺失，每个扣 5 分。 6．演示模式时不能通过 PLC 程序正常进行系统集成，扣 20 分。 7．实训模式时不能通过面板插线的按钮正常启动机器人，扣 10 分	70		
3	安全文明生产	劳动保护用品穿戴整齐，遵守操作规程，讲文明懂礼貌，操作结束要清理现场	1．操作中违反安全文明生产考核要求的任何一项扣 5 分。 2．当发现学生有重大事故隐患时，要立即予以制止，并扣 5 分	10		
合　计				100		
开始时间：			结束时间：			

任务 5　工业机器人搬运单元的编程与操作

学习目标

✧ 知识目标:

1. 掌握工业机器人搬运单元程序的编写。
2. 掌握工业机器人抓手吸盘的控制使用方法。
3. 掌握工业机器人搬运路径的设计方法。

✧ 能力目标:

1. 能够完成模块及单吸盘夹具的安装。
2. 能够完成搬运单元的机器人程序编写。
3. 能够完成搬运单元系统的设计与调试。

工作任务

图 2-5-1 所示为工业机器人搬运单元工作站，搬运模型结构示意图如图 2-5-2 所示。本任务采用示教编程方法，操作机器人实现搬运单元运动轨迹的示教。

图 2-5-1　工业机器人搬运单元模型工作站

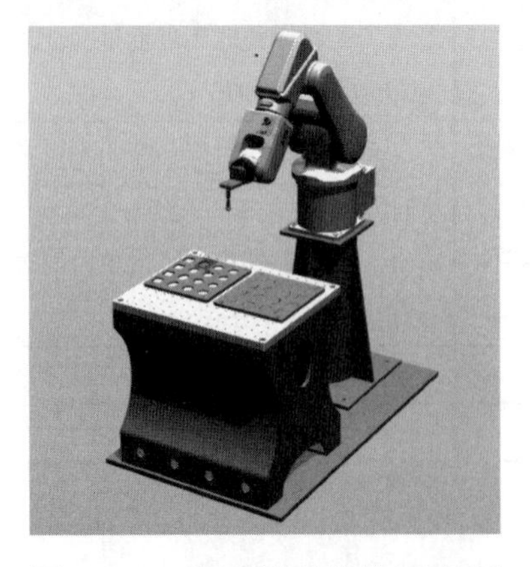

图 2-5-2　搬运模型结构示意图

具体控制要求如下。

1．实训模式

使用安全连线对各个信号正确连接。要求控制面板上急停按钮 QS 按下后机器人紧急停止并报警。机器人在自动模式时可通过按钮 SB1 控制机器人电动机上电，按钮 SB2 控制机器人从主程序开始运行，按钮 SB3 控制机器人停止，按钮 SB4 控制机器人开始运行，指示灯 H1 显示机器人自动运行状态，指示灯 H2 显示电动机上电状态。

2．演示模式

采用可编程控制器对机器人状态信号进行控制。要求机器人切换至自动模式时停止指示灯 HR 亮起，表示系统准备就绪，且处于停止状态。按下系统启动按钮 SB1，运行指示灯 HG 亮起，停止指示灯 HR 灭掉。同时机器人进行上电运行，开始搬运工作。机器人搬运工作结束后回到工作原点位置后停止，且停止指示灯 HR 亮起表示系统停止。

相关知识

一、工业机器人搬运模型工作站

搬运模型工作站由两块底板座和采用不锈钢制造且分别有四组不同形状（有圆形、正方形、六边形等）和编号的工件组成。搬运模块由两块图块固定板与多形状物料（正方形、圆形、六边形、椭圆形）组成，如图 2-5-3 所示。机器人通过吸盘夹具依次把一个物料板摆放的多种形状物料拾取、搬运到另一个物料板上。机器人可进行点对点搬运练习，且搬运的物料形状、角度的不同，深化了机器人点到点示教时的角度、姿态等调整。机器人可对 OFFS 偏移指令及机器人重定位姿态进行学习。

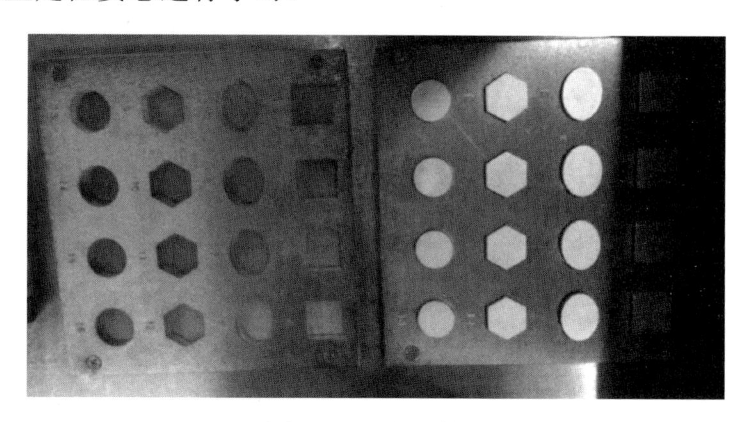

图 2-5-3　搬运模型

二、待命指令

待命指令就是使程序处于等待状态的指令，分为指定时间待命指令与条件待命指令。指定时间待命指令使程序执行在指定时间内待命，单位为 s，如使程序等待 10.5s 可编程：WAIT 10.5s。条件待命指令在指定的条件得到满足或经过超时时间之前使程序执行待命，超时时间在系统设定画面中的“14 WAIT timeout”设置。

条件待命指令可分为寄存器条件待命指令、I/O 条件待命指令与错误条件待命指令三类。

1. 寄存器条件待命指令

寄存器条件待命指令将寄存器的值和另外一方的值进行比较，在条件得到满足之前待命。其指令的一般格式为 WAIT（变量）（算符）（值）（处理），此处变量主要分为寄存器变量 R[i]与系统变量，算符包括：>、>=、=、<=、<、<>六种。值既可以是常数也可以是寄存器变量 R[i]，处理分为两种情形：在无指定时，待命时间为无限长；在指定 TIMEOUT，LBL[i]时，待命时间达到系统设定的超时时间但条件尚未满足时将跳转至指定标签处执行。例程如下。

```
1: WAIT R[1] >200
2: WAIT R[2] <>1, TIMEOUT, LBL[1]
```

程序段 1 中没有指定待命时间，在条件 R[1]>200 没有得到满足前程序将一直处于待命状态；程序段 2 执行时若 R[2]<>1 条件没有得到满足，但在待命时间达到系统设定的超时时间后程序将向 LBL[1]标签处转移。

2. I/O 条件待命指令

I/O 条件待命指令将 I/O 的值与另一方的值进行比较，在条件得到满足之前待命。其指令的一般格式与寄存器条件待命指令格式相同，不同之处在于变量与值的类型。例程如下。

```
1: WAIT RI[1] =R[1]
2: WAIT DI[2] <>OFF, TIMEOUT, LBL[1]
3. 错误条件待命指令
```

3. 错误条件待命指令

错误条件待命指令在发生所设定的错误编号报警之前待命，其指令的一般格式为 WAIT ERR_ NUM=（值）（处理）。错误编号（ERR_ NUM）中并排显示报警 ID 和报警编号，以 aabbb 的形式显示，其中 aa 为报警 ID、bbb 为报警编号。例如：在发生“SRVO-006 Hand broken”（伺服-006 机械手臂断裂）报警的情况下，伺服报警 ID 为 11，报警编号为 006，此时错误编号为 11006。若存在多个待命条件，可在条件语句中使用逻辑运算符 AND、OR 等。逻辑积的一般格式为 WAIT<（条件 1）>AND<（条件 2）>AND<（条件 3）>；逻辑和的一般格式为 WAIT<（条件 1）>OR<（条件 2）>OR<（条件 3）>。但需注意：逻辑运算符 AND 与 OR 不能组合使用。

三、计时器指令

计时器指令用来启动或停止程序计时器，其指令的一般格式为 Timer[i] =（处理）。（处理）有 START、STOP 与 RESET 三种类型，其功能分别为启动定时器、停止计时器与复位计时器。程序计时器的值超过 2 147 483.647s 时将溢出，可使用寄存器指令进行检查其是否溢出。例程如下。

```
R[1] =TIMER_ OVER_ FLOW[1]
```

若 R[1] = 0，则计时器[1]尚未溢出；若 R[1] = 1，则计时器[1]已经溢出。

四、机器人文件的输入与输出

机器人文件主要分为程序文件、标准指令文件、系统文件/应用程序文件、数据文件与

ASCII 文件等类型。

1．程序文件

程序文件（*.TP）也就是机器人示教程序文件，记录程序指令，可以对机器人动作、外围设备等进行控制。程序文件被自动保存在控制装置 CMOS 随机存储器中。可按“SELECT”键显示程序文件一览画面。TP 格式的程序文件可以被机器人系统加载，但在计算机等设备上不能正常显示，须转换成 ASCII 格式的文件（*.LS）。

2．标准指令文件

标准指令文件（*.DF）存储程序编辑画面上分配给各功能键的标准指令语句的设定。文件 DF_ MOTNO.DF 存储标准动作指令语句的设定，分配给功能键 F1；DF_ LOGI1.DF、DF_ LOGI2.DF、DF_ LOGI3.DF 三个文件存储标准指令语句的设定，分别分配给功能键 F2、F3、F4。

3．系统文件/应用程序文件

系统文件/应用程序文件（*.SV）是为了运行应用工具软件的系统程序或在系统中使用的数据存储文件，又可细分为以下几类。

（1）存储坐标系、基准点、关节可动范围等系统变量设定的文件 SYSVARS.SV。

（2）存储伺服参数设定的文件 SYSSERVO.SV。

（3）存储调校数据的文件 SYSMAST.SV。

（4）存储宏指令设定的文件 SYSMACRO.SV。

（5）存储为进行坐标系设定而使用参照点、注释等数据的文件 FRAMEVAR.SV。

4．数据文件

数据文件分为一般数据文件（*.VR）、I/O 分配数据文件（*.IO）与机器人设定数据文件（*.DT）：一般数据文件又分为存储寄存器的数据文件（NUMREG.VR）、存储位置寄存器数据文件（POSREG.VR）及存储码垛寄存器数据文件（PALREG.VR）；I/O 分配数据文件（*.IO）用于存储 I/O 分配的设定；机器人设定数据文件（*.DT）存储机器人设定画面上的内容。

5．ASCII 文件

ASCII 文件是采用 ASCII 格式的文件，不能被机器人系统加载，但可通过计算机等设备显示与打印 ASCII 文件内容。

五、文件的保存与加载

1．文件 I/O 装置

机器人控制装置可以使用不同类型的文件 I/O 装置，标准设定为存储卡（MC:）。存储卡分为 Flash ATA 存储卡与 SRAM 存储卡，在小型闪存卡上附加 PCMCIA（个人计算机存储卡国际协会）适配器后使用。存储卡 PCMCIA 插槽在主板上，如图 2-5-4 所示。

文件 I/O 装置也可采用 USB（通用串行总线）存储器（UD1:）。机器人控制装置的操作面板上备有 USB 端口，如图 2-5-5 所示，可通过 USB 存储器进行文件的保存与加载。

切换文件 I/O 设备的操作步骤如表 2-5-1 所示。

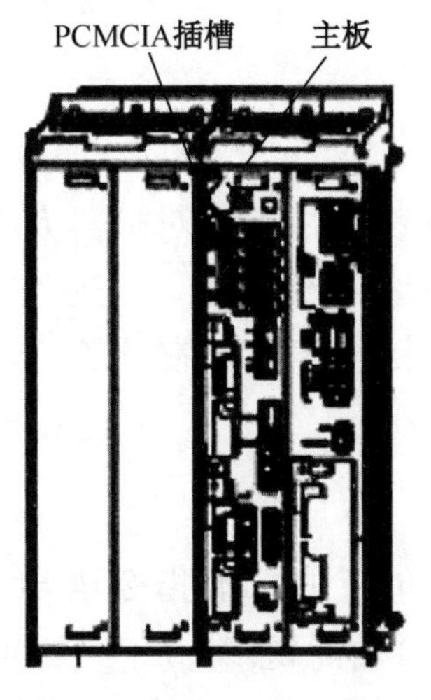

图 2-5-4　存储卡插入的位置

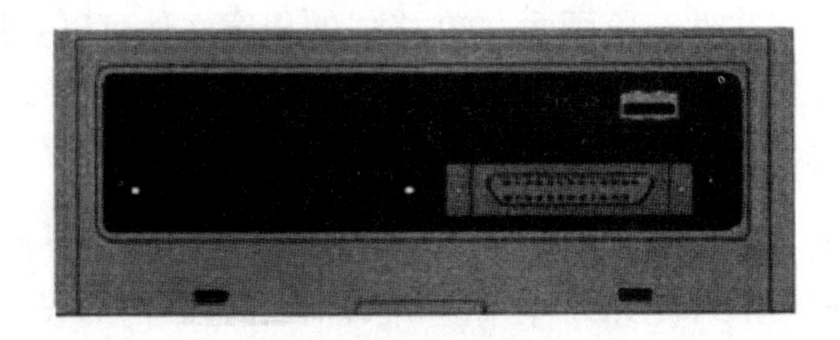

图 2-5-5　操作面板上的 USB 端口

表 2-5-1　切换文件 I/O 设备的操作步骤

步骤	操作方法	操作提示
1	按“MENU”键，显示画面菜单	MENU
2	选择“7 FILE”选项	MENU 1 1 UTILITIES 2 TEST CYCLE 3 MANUAL FCTNS 4 ALARM 5 I/O 6 SETUP 7 FILE 8 9 USER 0 -- NEXT --
3	出现文件画面后按“F5”（UTIL）键，选择“Set Device”选项	FILE MC:*.*　2/32 1 * * (all files) 2 * KL (all KAREL source) 3 * CF (all command files) 4 * TX (all text files) 5 * LS (all KAREL listings) 6 * DT (all KAREL data files) 7 * PC (all KAREL p-code) 8 * TP (all TP pro… 9 * MN (all MN pro… 10 * VR (all variab… 11 * SV (all system… UTIL 1 1 Set Device 2 Format 3 Format FAT32 4 Make DIR [TYPE]　[DIR]　LOAD　[BACKUP]　[UTIL]
4	选择要使用的文件 I/O 装置。其中，4 为存储卡，7 为 USB 存储器	1 1 FROM Disk (FR:) 2 Backup (FRA:) 3 RAM Disk (RD:) 4 Mem Card (MC:) 5 Mem Device (MD:) 6 Console (CONS:) 7 USB Disk (UD1:) 8 --next page--

2．文件保存

可以通过程序一览画面（见表 2-5-2）、文件画面（见表 2-5-3）或辅助菜单“2 SAVE”（见表 2-5-4）将程序或数据保存到外部存储器中。

表 2-5-2　从程序一览画面保存数据的操作步骤

步骤	操作方法	操作提示
1	按“MENU”键，显示画面菜单	MENU
2	先选择“0-NEXT”选项，再选择下一页上的“1 SELECT”选项。也可直接按“SELECT”键	MENU 1 1 UTILITIES 2 TEST CYCLE 3 MANUAL FCTNS 4 ALARM 5 I/O 6 SETUP 7 FILE 8 9 USER 0 -- NEXT -- MENU 2 1 SELECT 2 EDIT 3 DATA 4 STATUS 5 4D GRAPHICS 6 SYSTEM 7 USER2 8 BROWSER 9 0 -- NEXT --
3	显示程序一览画面	TPIF-132 Can't recover this operation TPIF-133 Can't recover this command JOINT 100 Select All 688828 bytes free 26/32 No. Program name Comment 22 REQMENU MR [Request PC Menu] 23 SENDDATA MR [Send PC Data] 24 SENDEVNT MR [Send PC Event] 25 SENDSYSV MR [Send PC SysVar] 26 SUB [ ] 27 SUBTEST [ ] 28 SWIUPDT VR [ ] 29 TBSWRC65 VR [ ] 30 TEST1 [ ] 31 USR_WORK VR [ ] COPY DETAIL LOAD SAVE AS PRINT >
4	先按“>”键，再按下一页上的“F4”（SAVE AS）键	COPY DETAIL LOAD SAVE AS PRINT F4
5	显示程序保存画面，输入将要保存的程序名“SAMPLE3”，按“ENTER”键。所指定的程序就被保存	TPIF-132 Can't recover this operation TPIF-133 Can't recover this command JOINT 100 SAVEAS From Path: 1/3 MD:\\ From Filename: SUB.TP To Device: [FR:] To Directory: \\ To Filename: SUB.TP DO_SAVE [CHOICE] CANCEL
6	若已经存在同名的程序文件，则不能执行文件保存操作	希望保存新的文件时，应先删除外部装置中的文件，再执行文件保存操作

表 2-5-3　从文件画面保存数据的操作步骤

<table>
<tr><th>步骤</th><th>操作方法</th><th>操作提示</th></tr>
<tr><td>1</td><td>按“MENU”键，显示画面菜单</td><td>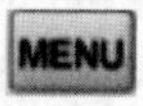MENU</td></tr>
<tr><td>2</td><td>选择“7 FILE”选项</td><td>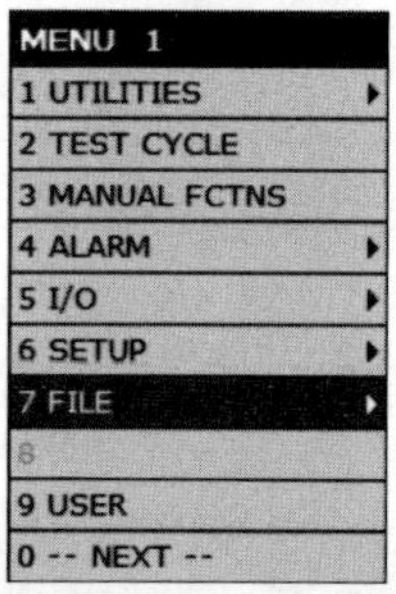MENU 1
1 UTILITIES
2 TEST CYCLE
3 MANUAL FCTNS
4 ALARM
5 I/O
6 SETUP
7 FILE
8
9 USER
0 -- NEXT --</td></tr>
<tr><td>3</td><td>显示文件画面</td><td>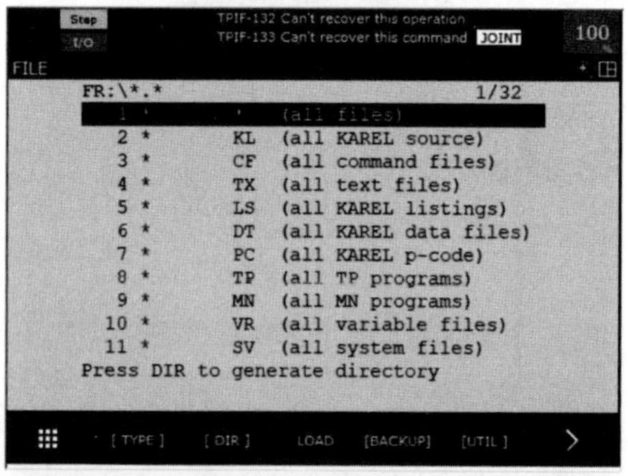FILE
FR:*.*　1/32
1 *　*　(all files)
2 *　KL　(all KAREL source)
3 *　CF　(all command files)
4 *　TX　(all text files)
5 *　LS　(all KAREL listings)
6 *　DT　(all KAREL data files)
7 *　PC　(all KAREL p-code)
8 *　TP　(all TP programs)
9 *　MN　(all MN programs)
10 *　VR　(all variable files)
11 *　SV　(all system files)
Press DIR to generate directory
[TYPE]　[DIR]　LOAD　[BACKUP]　[UTIL]</td></tr>
<tr><td>4</td><td>按“F4”（BACKUP）键，选择“2 TP programs”选项</td><td>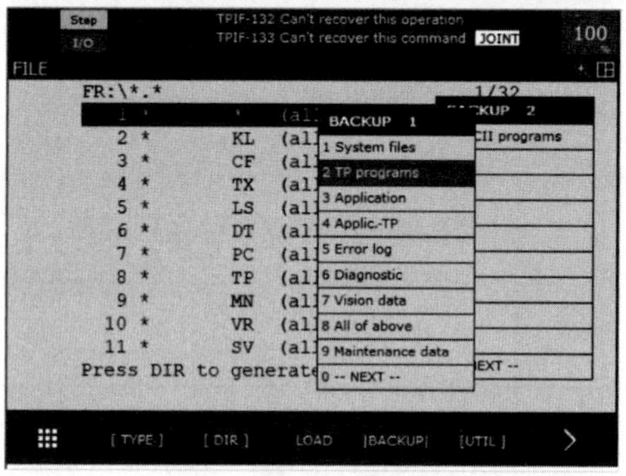FILE
FR:*.*
BACKUP 1
1 System files
2 TP programs
3 Application
4 Applic.-TP
5 Error log
6 Diagnostic
7 Vision data
8 All of above
9 Maintenance data
0 -- NEXT --
Press DIR to generate
[TYPE]　[DIR]　LOAD　[BACKUP]　[UTIL]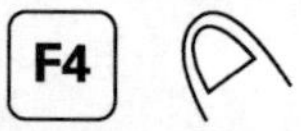F4</td></tr>
<tr><td>5</td><td>出现提问是否要保存文件的画面
F2：退出；F3：保存所有程序文件与标准指令文件；F4：保存指定文件；F5：不保存文件</td><td>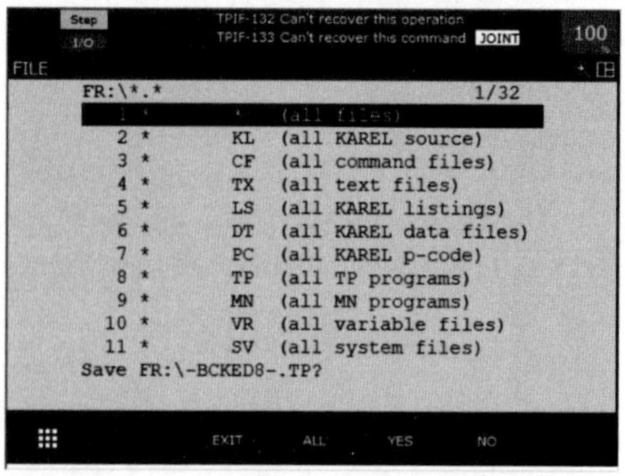FILE
FR:*.*　1/32
1 *　*　(all files)
2 *　KL　(all KAREL source)
3 *　CF　(all command files)
4 *　TX　(all text files)
5 *　LS　(all KAREL listings)
6 *　DT　(all KAREL data files)
7 *　PC　(all KAREL p-code)
8 *　TP　(all TP programs)
9 *　MN　(all MN programs)
10 *　VR　(all variable files)
11 *　SV　(all system files)
Save FR:\-BCKED8-.TP?
EXIT　ALL　YES　NO</td></tr>
<tr><td>6</td><td>如果显示存在相同名称的程序文件的提示
F3（OVERWRITE）：覆盖所指定的文件；F4（SKIP）：不保存指定文件；F5（CANCEL）：结束文件保存操作</td><td>MC: \8AMPLE1.TP　already　exists
OVERMRITE　SKIP　CANCRL</td></tr>
</table>

表 2-5-4　通过辅助菜单保存数据

步骤	操作方法	操作提示
1	显示程序编辑画面或程序一览画面	All 688828 bytes free 26/32 No. Program name Comment 22 REQMENU MR [Request PC Menu] 23 SENDDATA MR [Send PC Data] 24 SENDEVNT MR [Send PC Event] 25 SENDSYSV MR [Send PC SysVar] 26 SUB [ ] 27 SUBTEST [ ] 28 SWIUPDT VR [ ] 29 TBSWRC65 VR [ ] 30 TEST1 [ ] 31 USR_WORK VR [ ] COPY DETAIL LOAD SAVE AS PRINT
2	按“FCTN”键，显示辅助菜单	FCTN
3	先选择“0 NEXT”选项，再选择“2 SAVE”选项。所选的程序就被保存起来	FUNCTION 1 1 ABORT (ALL) 2 Disable FWD/BWD 3 4 5 6 7 RELEASE WAIT 8 9 0 -- NEXT -- FUNCTION 2 1 QUICK/FULL MENUS 2 SAVE 3 PRINT SCREEN 4 PRINT 5 6 UNSIM ALL I/O 7 8 CYCLE POWER 9 ENABLE HMI MENUS 0 -- NEXT --
4	如果已存在同名文件，那么不能执行文件保存操作	希望保存新的文件时，应先删除外部装置中的文件，再执行文件保存操作

3. 文件加载

文件加载就是将文件从外部 I/O 装置加载到机器人控制装置中的操作，可以从程序一览画面（见表 2-5-5）或文件画面（见表 2-5-6）加载所指定的文件。

表 2-5-5　从程序一览画面加载文件

步骤	操作方法	操作提示
1	按“MENU”键，显示画面菜单	MENU
2	先选择“0-NEXT”选项，再选择下一页“1 SELECT”。也可直接按“SELECT”键	MENU 1 1 UTILITIES 2 TEST CYCLE 3 MANUAL FCTNS 4 ALARM 5 I/O 6 SETUP 7 FILE 8 9 USER 0 -- NEXT -- MENU 2 1 SELECT 2 EDIT 3 DATA 4 STATUS 5 4D GRAPHICS 6 SYSTEM 7 USER2 8 BROWSER 9 0 -- NEXT --
3	显示程序一览画面	All 688828 bytes free 32/32 No. Program name Comment 23 SENDDATA MR [Send PC Data] 24 SENDEVNT MR [Send PC Event] 25 SENDSYSV MR [Send PC SysVar] 26 SUB [ ] 27 SUBTEST [ ] 28 SWIUPDT VR [ ] 29 TBSWRC65 VR [ ] 30 TEST1 [ ] 31 USR WORK VR [ ] 32 VCMRINIT PC [ ]

续表

步骤	操作方法	操作提示
4	先按“>”键，再按下一页上的“F3”（LOAD）键	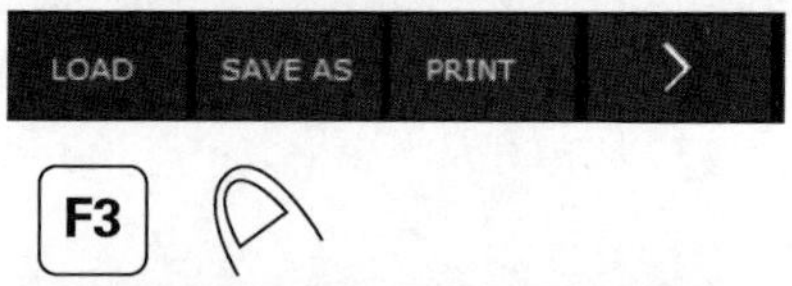 LOAD SAVE AS PRINT > F3
5	显示程序加载画面	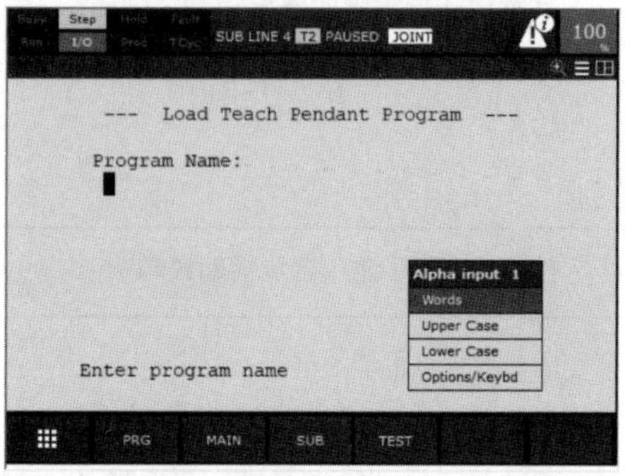 --- Load Teach Pendant Program --- Program Name: Enter program name
6	输入希望加载的程序名“PROG001”，按“ENTER”键	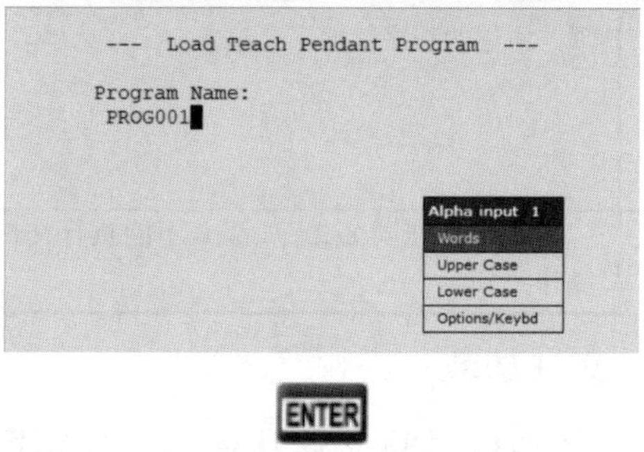 --- Load Teach Pendant Program --- Program Name: PROG001 ENTER
7	所指定的程序即被加载	如果存在同名文件，那么加载新文件将覆盖原文件

表 2-5-6　从文件画面加载文件

步骤	操作方法	操作提示
1	按“MENU”键，显示画面菜单	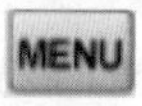 MENU
2	选择“7 FILE”选项	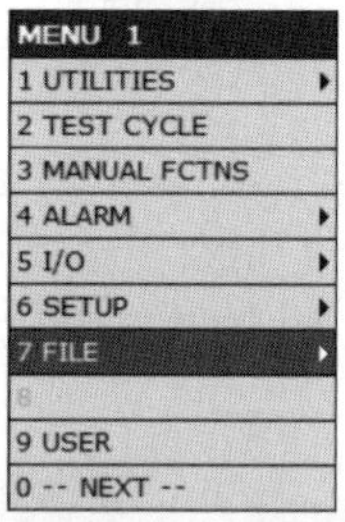 MENU 1 1 UTILITIES 2 TEST CYCLE 3 MANUAL FCTNS 4 ALARM 5 I/O 6 SETUP 7 FILE 8 9 USER 0 -- NEXT --
3	显示文件画面	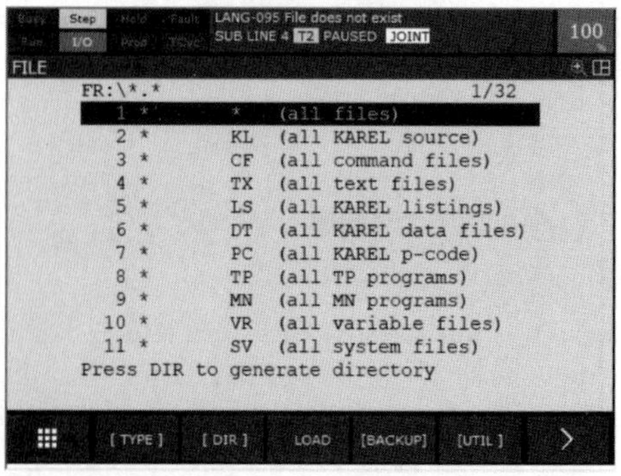 FILE FR:*.* 1/32 1 * * (all files) 2 * KL (all KAREL source) 3 * CF (all command files) 4 * TX (all text files) 5 * LS (all KAREL listings) 6 * DT (all KAREL data files) 7 * PC (all KAREL p-code) 8 * TP (all TP programs) 9 * MN (all MN programs) 10 * VR (all variable files) 11 * SV (all system files) Press DIR to generate directory [TYPE] [DIR] LOAD [BACKUP] [UTIL] >

续表

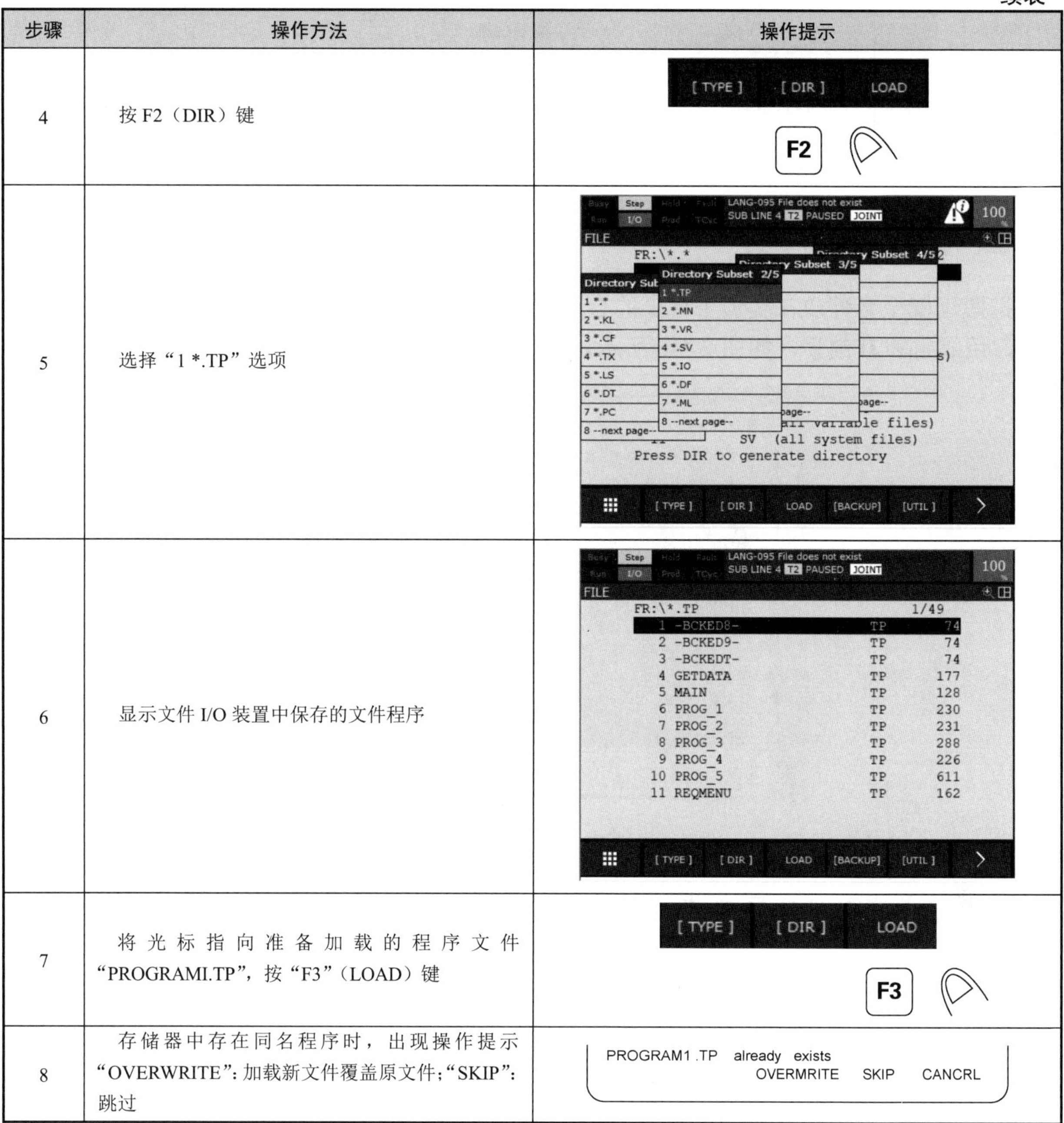

步骤	操作方法	操作提示
4	按 F2（DIR）键	[TYPE]　[DIR]　LOAD F2
5	选择“1 *.TP”选项	Directory Subset 2/5 1 *.TP 2 *.MN 3 *.VR 4 *.SV 5 *.IO 6 *.DF 7 *.ML 8 --next page-- Press DIR to generate directory
6	显示文件 I/O 装置中保存的文件程序	FR:*.TP　1/49 1 -BCKED8-　TP　74 2 -BCKED9-　TP　74 3 -BCKEDT-　TP　74 4 GETDATA　TP　177 5 MAIN　TP　128 6 PROG_1　TP　230 7 PROG_2　TP　231 8 PROG_3　TP　288 9 PROG_4　TP　226 10 PROG_5　TP　611 11 REQMENU　TP　162
7	将光标指向准备加载的程序文件“PROGRAMI.TP”，按“F3”（LOAD）键	[TYPE]　[DIR]　LOAD F3
8	存储器中存在同名程序时，出现操作提示“OVERWRITE”：加载新文件覆盖原文件；“SKIP”：跳过	PROGRAM1 .TP already exists OVERMRITE　SKIP　CANCRL

任务实施

一、任务准备

实施本任务教学所使用的实训设备及工具材料可参考表 2-5-7。

表 2-5-7　实训设备及工具材料

序号	分类	名称	型号规格	数量	单位	备注
1	工具	内六角扳手	4.0mm	1	个	钳工桌
2		内六角扳手	5.0mm	1	个	钳工桌

续表

序号	分类	名称	型号规格	数量	单位	备注
3	设备器材	内六角螺钉	M4	4	颗	模块存放柜
4		内六角螺钉	M5	8	颗	模块存放柜
5		搬运模型套件		1	套	模块存放柜
6		抓手吸盘夹具		1	套	模块存放柜

二、搬运模型的安装

把搬运模型套件放在实训平台上的合适位置，并保持安装螺钉孔与实训平台固定螺钉孔对应，用螺钉将其锁紧，如图 2-5-6 所示。

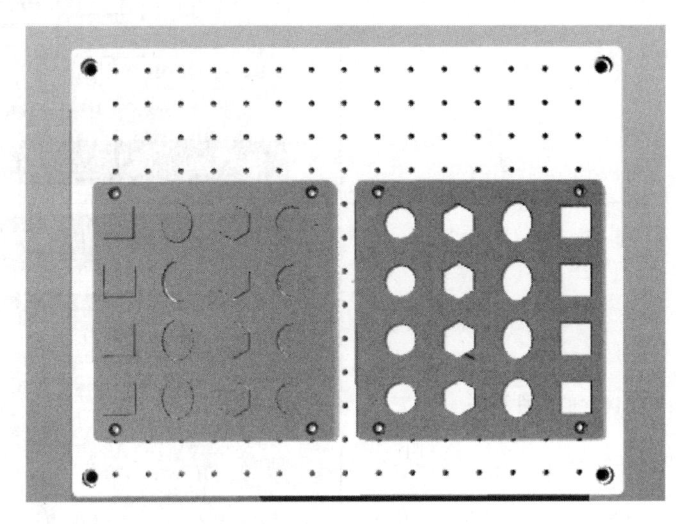

图 2-5-6　搬运模型的安装

三、吸盘夹具及夹具电路和气路的安装

1．吸盘夹具的安装

先将与机器人的连接法兰安装至机器人的 J6 轴法兰盘上，再把吸盘夹具安装至连接法兰上，如图 2-5-7 所示。

图 2-5-7　单吸盘夹具安装示意图

2. 夹具气路的安装

把吸盘手爪、真空发生器用合适的气管连接好，并固定。

四、设计控制原理方框图

根据控制要求，设计控制原理方框图，如图 2-4-8 所示。

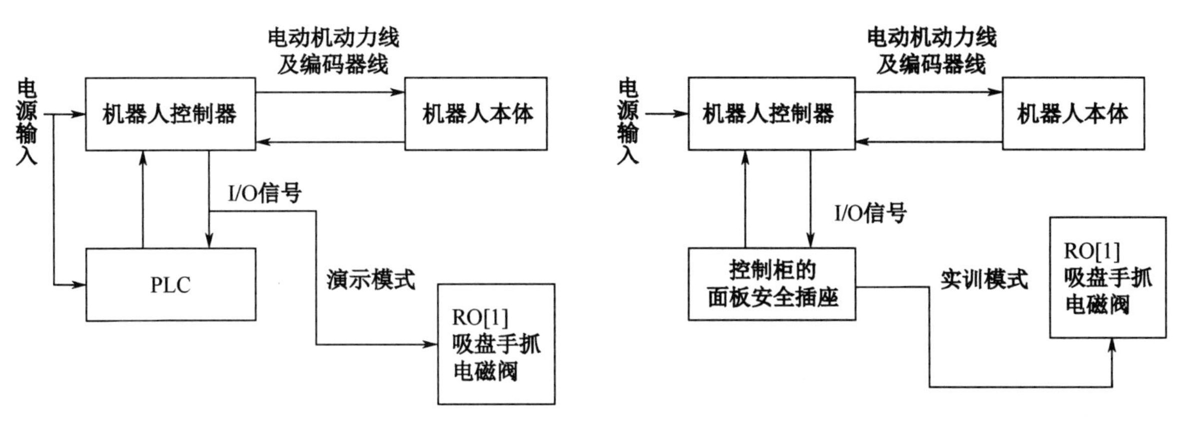

图 2-5-8 控制原理方框图

五、设计两种模式下的 I/O 分配表

1. 演示模式的 I/O 分配表

PLC 控制柜的配线已经完成。PLC 输入信号 X26～X37 对应机器人输出信号 DO01～DO10，PLC 输出信号 Y26～Y37 对应机器人输入信号 DI01～DI10。根据工作站任务要求，对机器人 I/O 信号 System Input、System Output 进行配置，如表 2-5-8 所示。

表 2-5-8 演示模式下的机器人 I/O 分配表

PLC 输出信号		机器人输入信号	
PLC 地址	PLC 符号	信号（Signal）	系统输入（System Input）
Y26	电动机上电	UI8（DI101）	Enable
Y27	机器人启动	UI6（DI102）	Start
Y30	机器人从主程序首条启动	UI9（DI103）	RSR1
Y31	机器人急停复位	UI5（DI104）	Fault reset
Y32	机器人停止	UI2（DI105）	Hold
Y06	机器人外部停止	UI1	IMSTP
Y05	（面板）运行指示灯 HG		
Y04	（面板）停止指示灯 HR		
PLC 输入信号		机器人输出信号	
PLC 地址	PLC 符号	信号（Signal）	系统输出（System Output）
X26	机器人电动机已上电	UO1（DO101）	CMDENBL
X27	自动运行状态	UO2（DO102）	SYSRDY
X30	机器人程序暂停	UO4（DO103）	PAUSED
X31	机器人紧急停止	UO6（DO104）	HELD

续表

PLC输入信号		机器人输出信号	
PLC地址	PLC符号	信号（Signal）	系统输出（System Output）
X32	机器人错误输出	UO6（DO105）	FAULT
X01	（面板）启动按钮SB1		
X02	（面板）复位按钮SB2		
X03	（面板）暂停按钮SB3		
X04	（面板）急停按钮QS1		

2．实训模式下的机器人I/O分配表

所有信号均分布在面板上，根据工作站任务要求，实训模式下的机器人如表2-5-9所示。

表2-5-9　实训模式下的机器人I/O分配表

面板按钮	信号（Signal）	系统输入（System Input）
SB1	UI9	RSR1
SB2	UI2	Hold
SB3	UI6	Start
SB4	UI5	Fault reset
面板指示灯	信号（Signal）	系统输出（System Output）
H1	UO1	MotorOn
H2	UO2	AutoOn

六、线路安装

1．“演示模式”下的接线

“演示模式”下PLC控制柜内的配线已完成，不需要另外接线。

2．“实训模式”下的接线

根据表2-5-9完成机器人I/O信号和系统信号的关联配置。要求使用安全连线把机器人输入信号DI1、DI2、DI3、DI4接至对应面板上的按钮SB1、SB2、SB3、SB4。按钮公共端接0V；机器人的输出信号DO1、DO2接面板指示灯H1、H2，指示灯公共端接24V。工艺要求如下。

（1）所有安全连线用扎带固定，控制面板上布线合理布局美观。

（2）安全连线插线牢靠，无松动。

七、PLC程序设计

PLC的控制要求如下。

（1）当机器人处于自动模式且无报警时，停止指示灯HR点亮表示系统就绪且处于停止状态。

（2）按启动按钮SB1，系统启动。机器人开始动作，同时运行指示灯HG亮起，表示系统处于运行状态。

（3）按暂停按钮 SB3，系统暂停机器人动作停止。再次按下启动按钮 SB1 时机器人接着上次停止前的动作继续运行。

（4）按急停按钮 QS1，机器人紧急停止报警，按复位按钮 SB2 后，解除机器人急停报警状态。

参照表 2-5-8 的 I/O 分配表，设计的 PLC 梯形图程序，如图 2-5-9 所示。

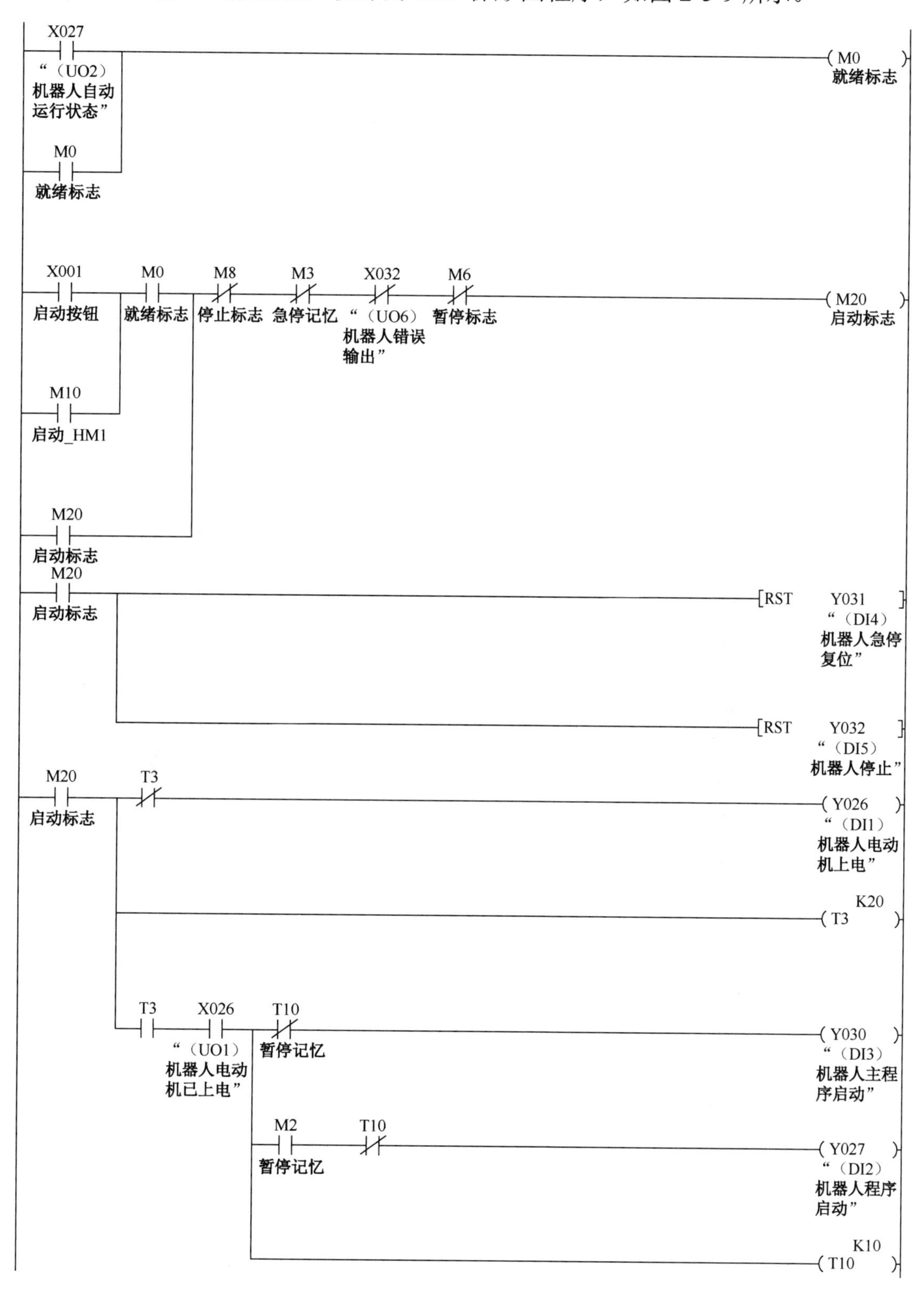

图 2-5-9　PLC 梯形图程序（机器人启动部分）

八、确定机器人运动所需示教点

根据工作站任务分析对机器人运动轨迹进行分解，选择对应的示教点位置。本任务搬运点较为基础，在此不再详述。

九、机器人程序编写

根据机器人运动轨迹编写机器人程序时，首先要根据控制要求绘制机器人程序流程图，然后编写机器人主程序和子程序。子程序主要包括机器人初始化子程序、抓取物料子程序、码放物料子程序。编写子程序前要先设计好机器人的运行轨迹及定义好机器人的示教点。

1. 设计机器人程序流程图

根据控制功能，设计机器人程序流程图，如图 2-5-10 所示。

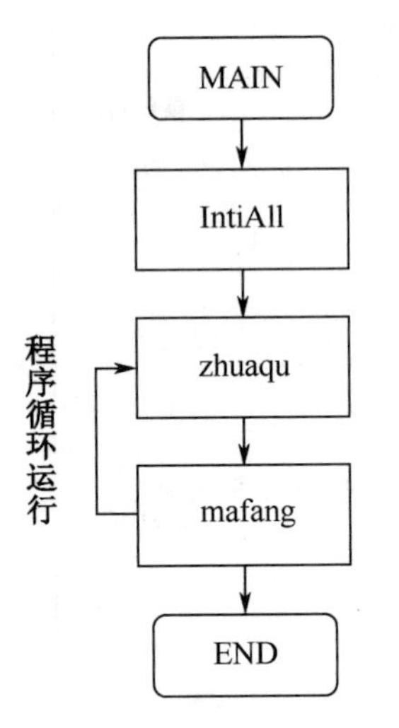

图 2-5-10　机器人程序流程图

2. 系统 I/O 设定

进行系统 I/O 设定，设定方法在此不再赘述。

3. 机器人程序设计

机器人参考程序如下。

```
1.   J  P[1, HOME]    100%  CNT0
 ！初始化数据
2.   R[1]=0
3.   PR[1, 1]=0
4.   PR[1, 2]=0
5.   PR[1, 3]=0
 ！2号循环
6.   LBL[2]
7.   R[1]=0
8.   PR[1, 2]=R[2]*52
 ！1号循环
9.   LBL[1]
     ！数据计算
10.  PR[1, 1]=R[1]*52
11.  CALL PICK1
12.  CALL PLACE1
13.  R[1]=R[1]+1
 ！逻辑判断
14.  IF  R[1]<4  JMP LBL[1]
15.  R[2]=R[2]+1
 ！逻辑判断
16.  IF  R[2]<4  JMP LBL[2]
     ！返回安全位置
17.  J  P[1, HOME]    100%  CNT0
```

```
搬运子程序PICK1
    1.  PR[1, 3]=100
2.  L   P[2]  100%  CNT0 Offect PR[1]
    3.  PR[1, 3]=0
4.   L   P[2]  100%  CNT0 Offect PR[1]
! 执行抓取动作
5.  R[0]=ON
! 延时1s
    6.  WAIT  1(sec)
    7.  PR[1, 3]=100
    8. L   P[2]  100%  CNT0 Offect PR[1]
搬运子程序PLACE1
    1.   L   P[3]  100%  CNT0 Offect PR[1]
    2.   PR[1, 3]=0
    3.   L   P[3]  100%  CNT0 Offect PR[1]
4.   PR[1, 3]=100
    ! 执行抓取动作
5.   R[0]=OFF
! 延时1s
    6.   WAIT  1(sec)
7.   L   P[3]  100%  CNT0 Offect PR[1]
```

对任务实施的完成情况进行检查，并将结果填入表 2-5-10。

表 2-5-10　任务测评表

序号	主要内容	考核要求	评分标准	配分/分	扣分/分	得分/分
1	安装	夹具与模块固定牢固，不缺少螺钉	1．夹具与模块安装位置不合适，扣 5 分。 2．夹具或模块松动，扣 5 分。 3．损坏夹具或模块，扣 10 分。 4．面板插线松动、未按工艺要求插线扣 5 分	20		
2	机器人程序设计与示教操作	I/O 配置完整，程序设计正确，机器人示教正确	1．操作机器人动作不规范，扣 5 分。 2．机器人不能完成物料搬运，每个物料扣 2 分。 3．缺少 I/O 配置，每个扣 1 分。 4．程序缺少输出信号设计，每个扣 1 分。 5．工具坐标系定义错误或缺失，每个扣 5 分。 6．演示模式时不能通过 PLC 程序正常进行系统集成，扣 20 分。 7．实训模式时不能通过面板插线的按钮正常启动机器人，扣 10 分	70		

续表

序号	主要内容	考核要求	评分标准	配分/分	扣分/分	得分/分
3	安全文明生产	劳动保护用品穿戴整齐，遵守操作规程，讲文明懂礼貌，操作结束要清理现场	1．操作中违反安全文明生产考核要求的任何一项扣5分。 2．当发现学生有重大事故隐患时，要立即予以制止，并扣5分	10		
合　计				100		
开始时间：			结束时间：			

任务6　工业机器人大小料装配工作站的编程与操作

学习目标

◇ 知识目标：

1. 掌握工业机器人偏移指令的编程与示教。
2. 掌握工业机器人多功能夹具的控制使用方法。
3. 掌握工业机器人对立体库的码垛入库控制使用。
4. 掌握工业机器人的运动路径的设计方法。
5. 掌握工业机器人与PLC系统集成的设计方法。

◇ 能力目标：

1. 能够完成大小料装配工作站及多功能夹具的安装。
2. 能够完成PLC编程。
3. 能够完成机器人与工作站的系统集成。

工作任务

图2-6-1所示为工业机器人大小料装配单元模型工作站，大小料装配模型结构示意图如图2-6-2所示。本任务采用示教编程方法，操作机器人实现大小料装配及装配后入库的示教。

演示模式采用可编程控制器对机器人状态信号进行控制。具体控制要求如下。

（1）机器人切换至自动模式时停止指示灯HR亮起，表示系统准备就绪，且处于停止状态。

（2）按启动按钮SB1，运行指示灯HG亮起，停止指示灯HR灭掉。同时机器人电动机上电开始运行，机器人等待工作站工作。待大小料供料机构供料以后，出料口检测到物料。机器人抓取大料放至装配台，再切换吸盘手爪吸取小料，与大料进行装配。装配后整齐码放至立体库。

（3）机器人码垛工作结束后回到工作原点位置后停止，且停止指示灯HR亮起表示系统

停止。

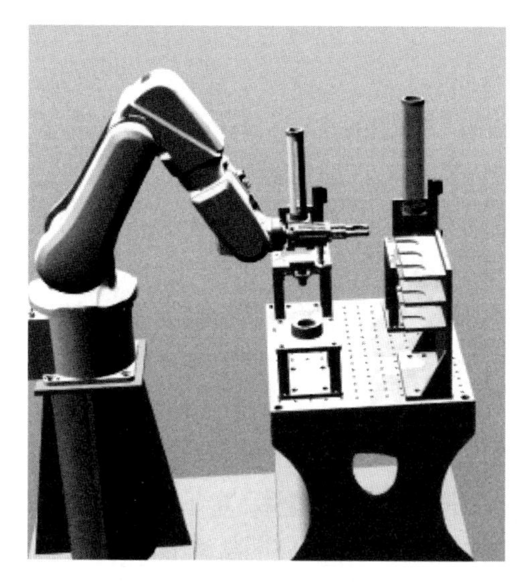

图 2-6-1　工业机器人大小料装配单元模型工作站

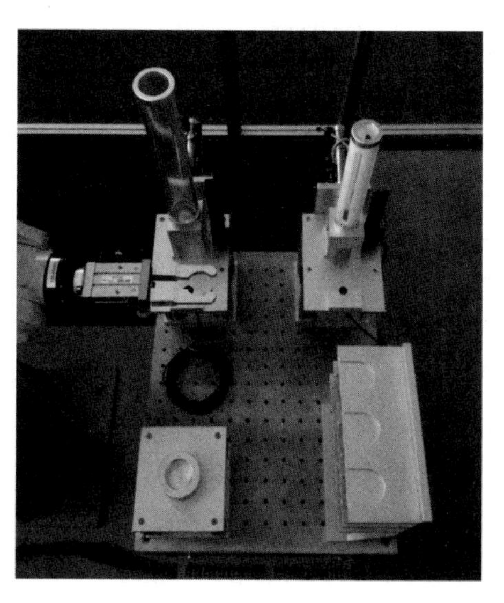

图 2-6-2　大小料装配模型结构示意图

相关知识

一、工业机器人大小料装配模型工作站

工业机器人大小料装配模型工作站采用的是一款额定负载为 4kg、小型六自由度的工业机器人。它由机器人本体、控制器、连接电缆和示教器组成，如图 2-6-3 所示。

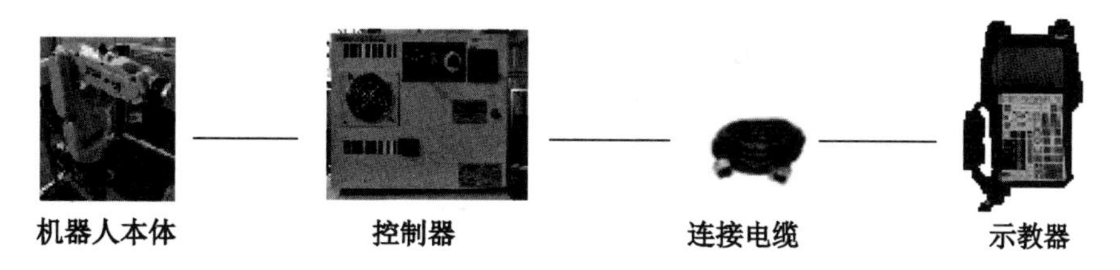

图 2-6-3　工业机器人系统组成示意图

装配工作站包含两套供料机构、料台检测等。一个装配台（尺寸为 135mm×120mm×140mm）由一个三层三列的立体库组成。

两套立体落料式供料机构，可对物料 A、物料 B 同时进行原料供给；装配安装平台可盛放物料，用于物料 A、B 安装，待物料 A、B 装配完成后对其进行入库处理。其功能是训练对机器人精确定位及抓手吸盘夹具的学习。

二、Wait 指令

指令作用：可以在所指定的时间或条件得到满足之前使程序的执行待命。

WAIT	（variable）	（operator）	（value）	TIMEROUT LBL[i]
	Constant	>	Constant	
	R[i]	>=	R[i]	
	AI/AO	=	ON	

GI/GO = OFF
DI/DO <
UI/UO <>

（1）程序等待指定时间指令为（WAIT 2.00 sec），即等待2s后，程序继续往下执行。

（2）程序等待指定信号，如果信号不满足，程序将一直处于等待状态。

```
WAIT DI[1]=ON
```

等待信号DI[1]为ON，否则机器人程序一直停留在本行。

（3）程序等待指定信号，如果信号在指定时间不满足，程序将跳转到标签，超时时间由参数$WAITTMOUT指定，参数指令在其他指令中。

$WAITTMOUT=200表示超时时间为2s。

```
WAIT DI[1]=ON TIMEOUT, LBL[1]
```

等待DI[1]信号为ON，若2s内信号没有为ON，则程序跳转至标签1。

注意：当程序在运行中遇到不满足条件的等待语句，会一直处于等待状态，如需要人工干预时，可以通过按“FCTN”（功能）键后，选择“7 RELEASE WAIT”（解除等待）选项跳过等待语句，并在下个语句处等待。

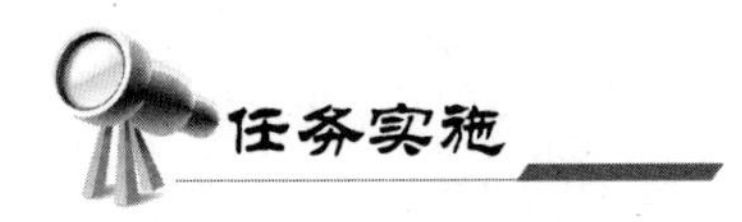

一、任务准备

实施本任务教学所使用的实训设备及工具材料可参考表2-6-1。

表2-6-1 实训设备及工具材料

序号	分类	名称	型号规格	数量	单位	备注
1	工具	内六角扳手	4.0mm	1	个	钳工桌
2		内六角扳手	5.0mm	1	个	钳工桌
3	设备器材	内六角螺钉	M4	4	颗	模块存放柜
4		内六角螺钉	M5	18	颗	模块存放柜
5		多功能夹具	气动手抓夹具+吸盘夹具	1	套	模块存放柜
6		大小料装配套件		1	个	模块存放柜

二、大小料装配套件与夹具的安装

1．大小料装配套件的安装

用螺钉将大小料装配套件固定在模型实训平台合适位置，要求固定稳定可靠，如图2-6-4所示。

2．多功能夹具的安装

大小料装配站采用多功能夹具，包含气动手爪、真空吸盘夹具。采用合适的内六角螺钉安装至机器人J6轴法兰盘上，如图2-6-5所示。

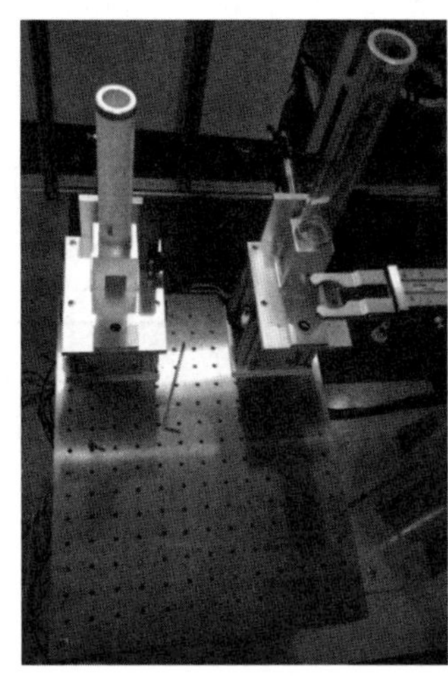

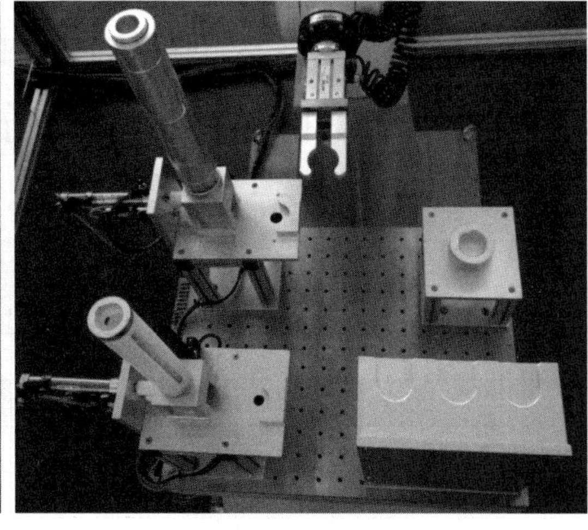

图 2-6-4　大小料装配套件的安装

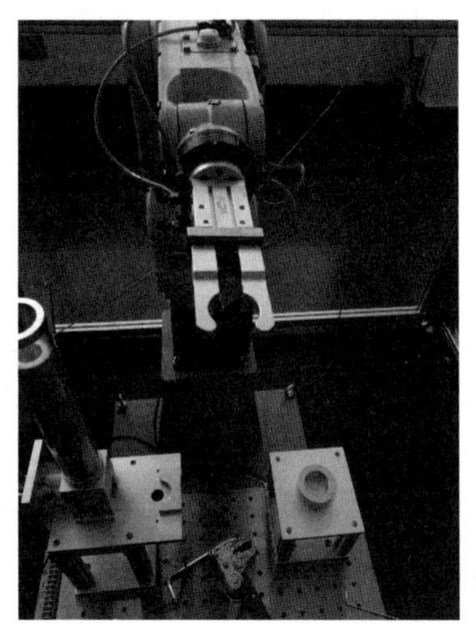

图 2-6-5　多功能夹具的安装

三、设计控制原理方框图

根据控制要求，设计控制原理方框图，如图 2-6-6 所示。

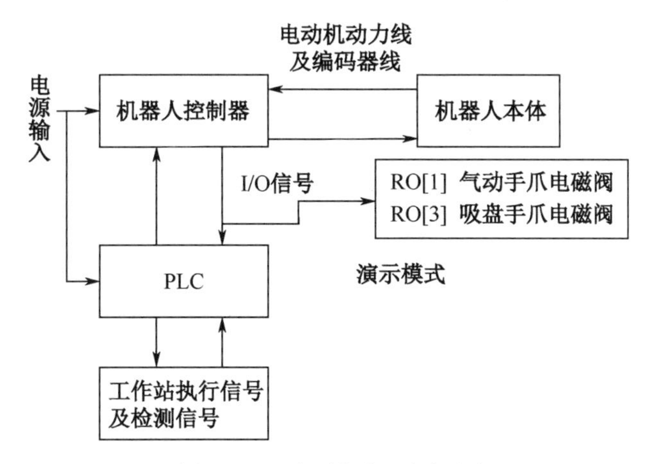

图 2-6-6　控制原理方框图

四、设计 I/O 分配表

根据工作站任务要求，可设计出演示模式的系统 I/O 分配表，如表 2-6-2 所示。

表 2-6-2　演示模式下 PLC 的 I/O 分配表

PLC 输入信号				
序号	PLC 地址	作用	注释	信号连接设备
1	X00			
2	X01	启动按钮		PLC 控制柜面板
3	X02	复位按钮		
4	X03	暂停按钮		
5	X04	急停按钮	1=正常 0=急停动作	
6	X05	门磁开关	1=门关闭 0=门打开	安全防护系统 （有机玻璃房）
7	X06	光幕常闭信号	1=正常 0=触发光幕	
8	X07	SC1 顶料气缸后限位（大料）	大料 A 落料机构传感器	集成接线端子盒 （位于机器人工作台侧面）
9	X10	SC2 推料气缸后限位（大料）		
10	X11	SC3 落料检测（大料）		
11	X12	SC4 出料检测（大料）		
12	X13	SC5 顶料气缸后限位（小料）	小料 B 落料机构传感器	
13	X14	SC6 推料气缸后限位（小料）		
14	X15	SC7 落料检测（小料）		
15	X16	SC8 出料检测（小料）		
16	X17	系统预留		
17	X20	系统预留		
18	X21	系统预留		
19	X22	系统预留		
20	X23	系统预留		
21	X24	系统预留		
22	X25	系统预留		
23	X26	UO1（DO101）机器人电动机已上电		机器人 I/O 板
24	X27	UO2（DO102）自动运行状态		
25	X30	UO4（DO103）机器人程序暂停		
26	X31	UO6（DO104）机器人紧急停止		
27	X32	UO5（DO105）机器人错误输出		
28	X33			
29	X34			
30	X35			
31	X36			
32	X37			

续表

PLC 输出信号				
序号	PLC 地址	作用	注释	信号连接设备
1	Y00			
2	Y01			
3	Y02			
4	Y03			
5	Y04	运行指示灯 HG		PLC 控制柜面板
6	Y05	停止指示灯 HR		
7	Y06	机器人外部紧急停止	连接至 KA33 继电器	机器人控制器外部急停信号
8	Y07	AGV_HA1		安全防护系统（有机玻璃房）
9	Y10	AGV_HA2		
10	Y11	AGV_HA3		
11	Y12	运行警示灯 HL1		
12	Y13	停止警示灯 HL2		
13	Y14	报警警示灯 HL3		
14	Y15	YA01 顶料气缸电磁阀（大料）	大料 A 落料机构气缸电磁阀	集成接线端子盒（位于机器人工作台侧面）
15	Y16	YA02 推料气缸电磁阀（大料）		
16	Y17	YA03 顶料气缸电磁阀（小料）	小料 B 落料机构气缸电磁阀	
17	Y20	YA04 推料气缸电磁阀（小料）		
18	Y21	YA05（未使用）		
19	Y22	YA06（未使用）		
20	Y23			
21	Y24			
22	Y25			
23	Y26	UI8（DI101）电动机上电		机器人 I/O 板
24	Y27	UI6（DI102）机器人启动		
25	Y30	UI9（DI103）机器人从主程序首条启动		
26	Y31	UI5（DI104）机器人急停复位		
27	Y32	UI2（DI105）机器人停止		
28	Y33			
29	Y34			
30	Y35			
31	Y36	DI109 大料出料信号		
32	Y37	DI110 小料出料信号		

五、电气线路和气路的安装

1. 电气线路的安装

（1）根据表 2-6-2 所示的 I/O 分配表和图 2-6-7 所示的工作站接线示意图，进行大小料装

配工作站的电气线路安装。

（2）根据如图 2-6-7 所示的工作站接线示意图，把大小料工作站的检测信号及执行信号分别接入机器人操作对象承载平台侧面接线端子盒对应的端子上，要求接线合理、布局美观且每根线头均压有插针。对象承载平台侧面结构如图 2-6-8 所示，包含一个用于快速更换工作套件检测/执行信号的接线端子盒、一个气源装置、六只电磁阀组件。

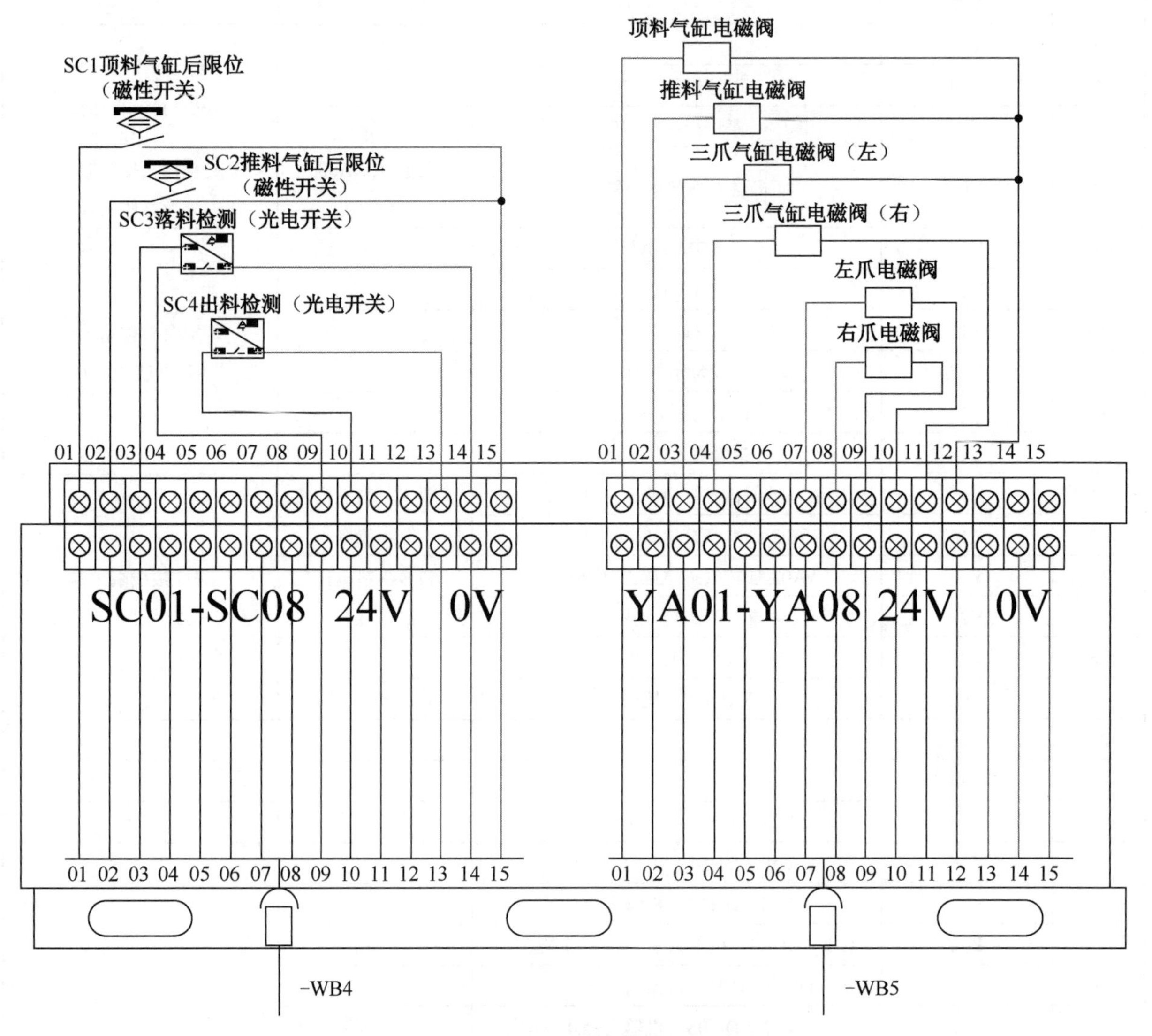

图 2-6-7　工作站接线示意图

图 2-6-8　操作对象承载平台侧面机构

2．气路的安装

根据图 2-6-9 所示的工作站气路接线图，把装配套件上对应的执行气缸采用ϕ4mm 的气管接入对应的电磁阀，并用扎带固定。要求气管布局合理、美观。

图 2-6-9　工作站气路接线图

六、六轴机器人单元的 PLC 程序设计

根据任务要求，参照表 2-6-2 所示的 I/O 分配表，设计的 PLC 部分梯形图程序，如图 2-6-10 所示。

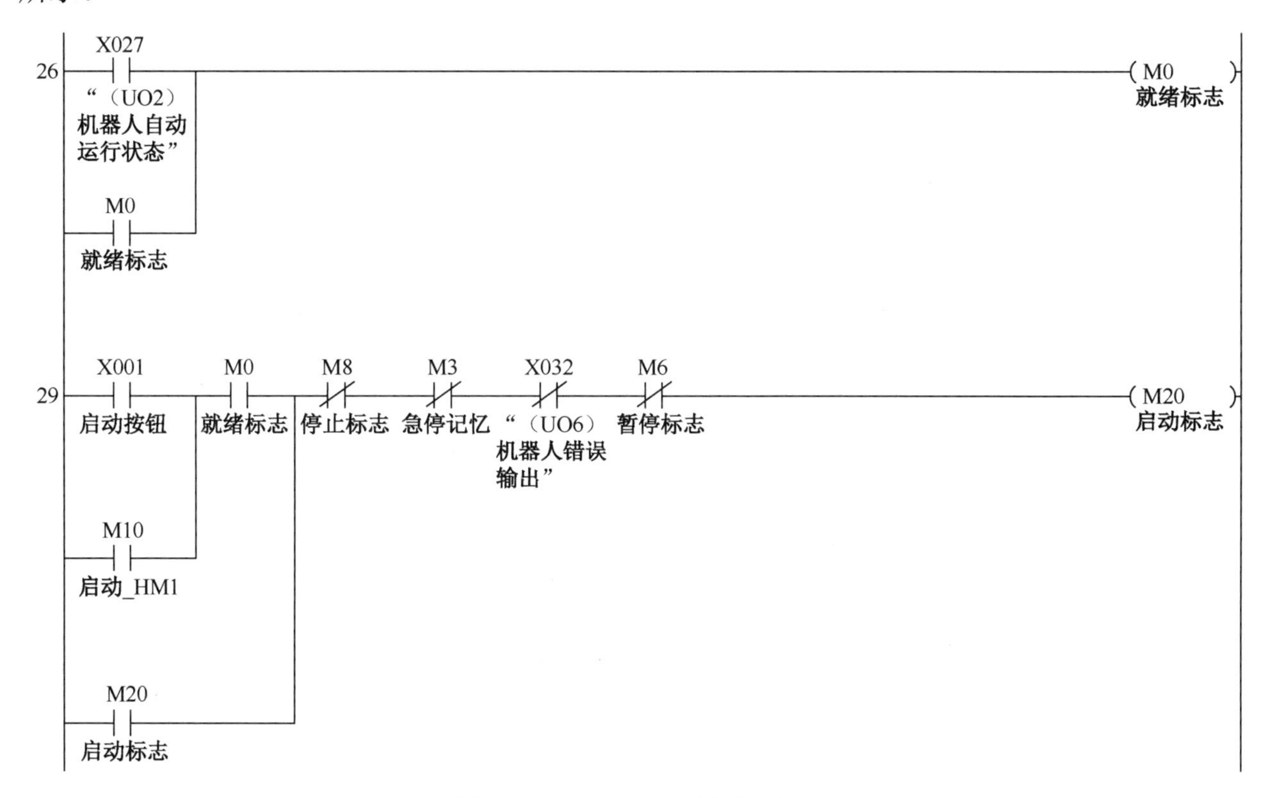

图 2-6-10　PLC 部分梯形图程序

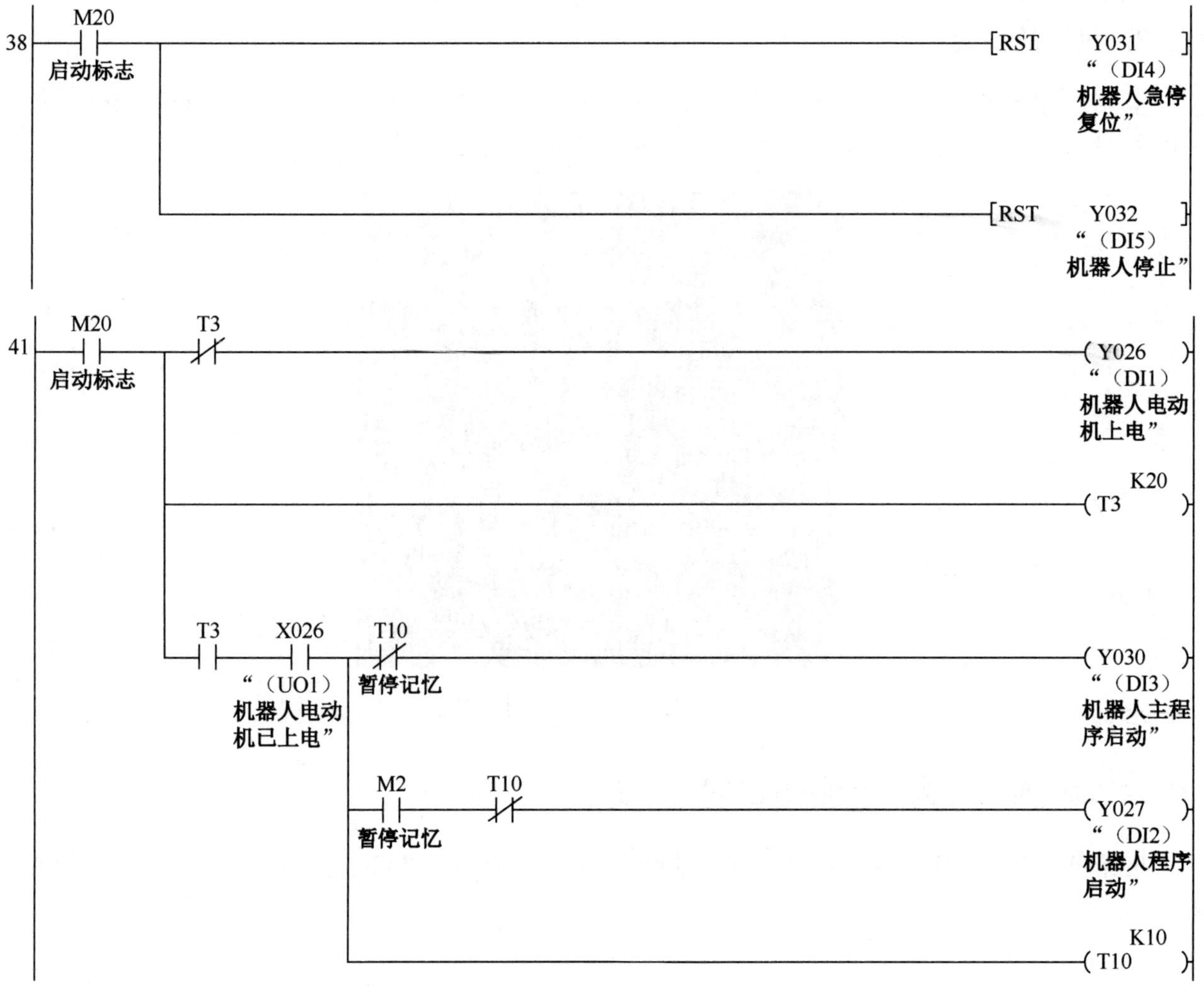

38 M20 启动标志 [RST Y031 “（DI4）机器人急停复位”]
[RST Y032 “（DI5）机器人停止”]

41 M20 启动标志 T3 (Y026 “（DI1）机器人电动机上电”)
K20 (T3)
T3 X026 “（UO1）机器人电动机已上电” T10 暂停记忆 (Y030 “（DI3）机器人主程序启动”)
M2 暂停记忆 T10 (Y027 “（DI2）机器人程序启动”)
K10 (T10)

图 2-6-10　PLC 部分梯形图程序（续）

七、确定机器人运动所需的示教点

对工作站的工作流程进行分析，大小料供料机构出料口检测信号置一时，机器人先运动至大料位置抓料至装配台，再切换手爪对小料进行抓取，移动至装配台和大料进行装配。装配完成后机器人抓取装配完成的工件放入立体库。

根据工作站工作流程，可自由选定机器人的运动所需的示教点位置。所需的示教点位置不再详细介绍。

八、机器人程序的编写

根据机器人运动轨迹编写机器人程序时，首先要根据控制要求绘制机器人程序流程图，然后编写机器人主程序和子程序。子程序主要包括机器人初始化子程序、大料抓取子程序、小料抓取子程序、装配入库子程序。编写子程序前要先设计好机器人的运行轨迹及定义好机器人的示教点。

1. 设计机器人程序流程图

根据控制功能，设计机器人程序流程图，如图 2-6-11 所示。

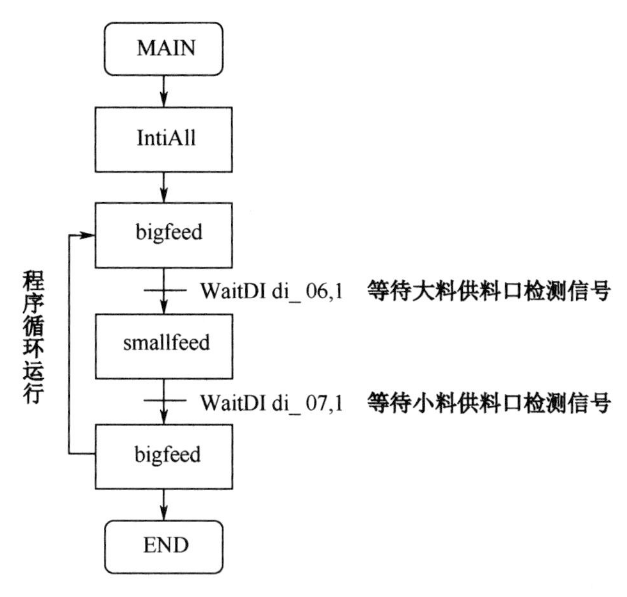

图 2-6-11　机器人程序流程图

2. 系统 I/O 设定

进行系统 I/O 设定，设定方法在此不再赘述。

3. 机器人程序设计

设计出的机器人参考程序如下。

```
！初始化数据
1.  R[1]=0
2.  R[2]=0
3.  J  PR[1, HOME]   100%  FINE
！二号循环开始
4.  LBL[2]
5.  R[1]=0
！数据计算
6.  PR[4, 3]=R[2]*(-50)
！一号循环开始
7.  LBL[1]
8. CALL BIGFEED
9. CALL SMALLFEED
10. CALL WAREHOUSE
11. R[1]=R[1]+1
！数据计算
12. PR[4, 2]=R[2]*(-50)
！逻辑判断
13. IF R[1]<3  JMP LBL[1]
14. R[2]=R[2]+1
！逻辑判断
```

```
15. IF R[2]<3  JMP LBL[2]
16. J  PR[1, HOME]  100%  FINE
！大料搬运程序
CALL BIGFEED
1.  J  PR[1: HOME]  100%  FINE
2.  L  P[1]  1000mm/sec  FINE  Offset, PR[2: UP]
3.  L  P[1]  1000mm/sec  FINE
！执行抓取动作
4.  RO[1]=ON
！延时1s
5. WAIT  1(sec)
6.  L  P[1]  1000mm/sec  FINE  Offset, PR[2: UP]
7.  L  P[2]  1000mm/sec  FINE  Offset, PR[2: UP]
8.  L  P[2]  1000mm/sec  FINE
！执行码放动作
9.  RO[1]=OFF
！延时1s
10. WAIT  1(sec)
11. L  P[2]  1000mm/sec  FINE  Offset, PR[2: UP]
12. J  PR[1: HOME]  100%  FINE
！小料搬运子程序
CALL SMALLFEED
1. J  PR[1: HOME]  100%  FINE
2. L  P[3]  1000mm/sec  FINE
3. L  P[4]  1000mm/sec  FINE
4. L  P[5]  1000mm/sec  FINE
！执行抓取动作
5. RO[3]=ON
！延时1s
6. WAIT  1(sec)
7. L  P[4]  1000mm/sec  FINE
8. L  P[3]  1000mm/sec  FINE
9. L  P[6]  1000mm/sec  FINE  Offset, PR[2: UP]
10.L  P[6]  1000mm/sec  FINE
！执行码放动作
11.RO[3]=OFF
！延时1s
12. WAIT  1(sec)
13.L  P[6]  1000mm/sec  FINE  Offset, PR[2: UP]
！入库程序
CALL WAREHOUSE
1. L  PR[3]  1000mm/sec  FINE
2. L  P[9]  1000mm/sec  FINE Offset, PR[2: UP]
！执行抓取动作
3. RO[1]=ON
！延时1s
```

```
4. WAIT  1(sec)
5. L  P[10]  1000mm/sec  FINE Offset, PR[2: UP]
6. L  P[11]  1000mm/sec  FINE Offset, PR[2: UP]
! 执行码放动作
7. RO[1]=OFF
! 延时1s
8. WAIT  1(sec)
9. L  P[10]  1000mm/sec  FINE Offset, PR[2: UP]
10. L  PR[3]  1000mm/sec  FINE
```

任务测评

对任务实施的完成情况进行检查，并将结果填入表2-6-3。

表2-6-3　任务测评表

序号	主要内容	考核要求	评分标准	配分/分	扣分/分	得分/分
1	机械安装	夹具与模块固定牢固，不缺少螺钉	1. 夹具与模块安装位置不合适，扣5分。 2. 夹具或模块松动，扣5分。 3. 损坏夹具或模块，扣10分	10		
2	机器人程序设计与示教操作	I/O配置完整，程序设计正确，机器人示教正确	1. 操作机器人动作不规范，扣5分。 2. 机器人不能完成涂装，每个轨迹扣10分。 3. 缺少I/O配置，每个扣1分。 4. 程序缺少输出信号设计，每个扣1分。 5. 工具坐标系定义错误或缺失，每个扣5分	70		
3	PLC程序设计	PLC程序正确，I/O配置完整，PLC程序完整	1. PLC程序出错，扣3分。 2. PLC配置不完整，每个扣1分。 3. PLC程序缺失，视情况严重性扣3～10分	10		
4	安全文明生产	劳动保护用品穿戴整齐，遵守操作规程，讲文明礼貌，操作结束要清理现场	1. 操作中违反安全文明生产考核要求的任何一项扣5分。 2. 当发现学生有重大事故隐患时，要立即予以制止，每次扣5分	10		
合　计				100		
开始时间：		结束时间：				

任务 7　工业机器人涂胶工作站的编程与操作

学习目标

✧ 知识目标：

1. 掌握工业机器人的编程与示教。
2. 掌握工业机器人涂胶夹具的控制使用方法。
3. 掌握工业机器人的运动路径的设计方法。
4. 掌握工业机器人与 PLC 系统集成的设计方法。

✧ 能力目标：

1. 能够完成涂胶工作站及多功能夹具的安装。
2. 能够完成 PLC 编程。
3. 能够完成机器人与工作站的系统集成。

工作任务

图 2-7-1 所示为工业机器人涂胶单元模型工作站，涂胶模型结构示意图如图 2-7-2 所示。本任务采用示教编程方法，操作机器人实现涂胶的示教。

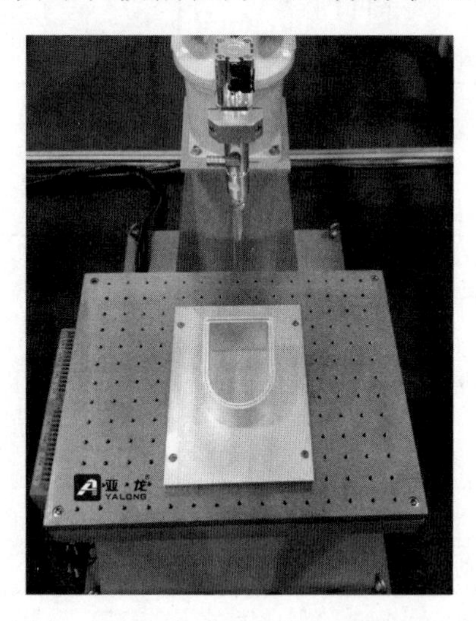

图 2-7-1　工业机器人涂胶单元模型工作站

图 2-7-2　涂胶模型结构示意图

具体控制要求如下。

1．实训模式

使用安全连线对各个信号正确连接。要求控制面板上急停按钮 QS 按下后机器人紧急停止报警。机器人在自动模式时可通过按钮 SB1 控制机器人电动机上电。按钮 SB2 控制机器人从主程序开始运行，按钮 SB3 控制机器人停止，按钮 SB4 控制机器人开始运行，指示灯 H1

显示机器人自动运行状态，指示灯 H2 显示电动机上电状态。

2. 演示模式

采用可编程控制器对机器人状态信号进行控制。要求机器人切换至自动模式时停止指示灯 HR 亮起，表示系统准备就绪，且处于停止状态。按启动按钮 SB1，运行指示灯 HG 亮起，停止指示灯 HR 灭掉。同时机器人进行上电运行，开始涂胶工作。机器人涂胶工作结束后回到工作原点位置后停止，且停止指示灯 HR 亮起表示系统停止。

1. 工业机器人的系统组成

工业机器人涂胶模型工作站所采用的是一款额定负载为 4kg、小型六自由度的工业机器人。它由机器人本体、控制器、连接电缆和示教器组成，如图 2-7-3 所示。

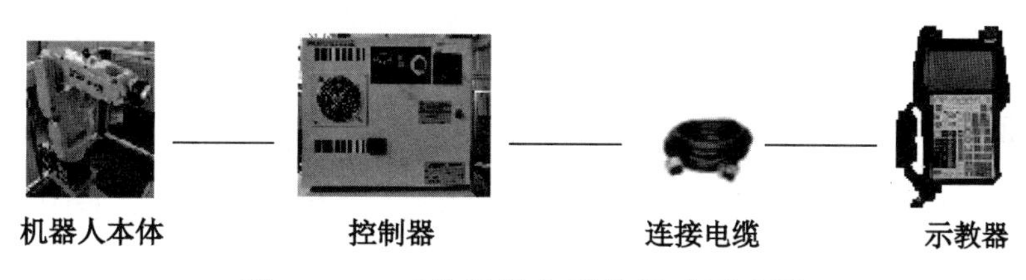

图 2-7-3 工业机器人系统组成示意图

2. 涂胶模型单元

涂胶模型单元包含涂胶工件、胶枪夹具。

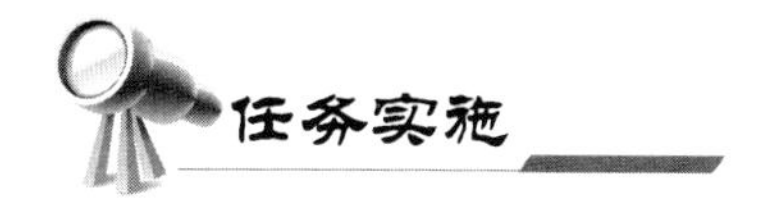

一、任务准备

实施本任务教学所使用的实训设备及工具材料可参考表 2-7-1。

表 2-7-1 实训设备及工具材料

序号	分类	名称	型号规格	数量	单位	备注
1	工具	内六角扳手	4.0mm	1	个	钳工桌
2		内六角扳手	5.0mm	1	个	钳工桌
3	设备器材	内六角螺钉	M4	4	颗	模块存放柜
4		内六角螺钉	M5	6	颗	模块存放柜
5		涂胶枪夹具		1	套	模块存放柜
6		涂胶套件		1	个	模块存放柜

二、涂胶套件与夹具的安装

1. 涂胶配套件的安装

用螺钉将涂胶工件固定在模型实训平台的合适位置，要求固定稳定可靠，如图 2-7-4 所示。

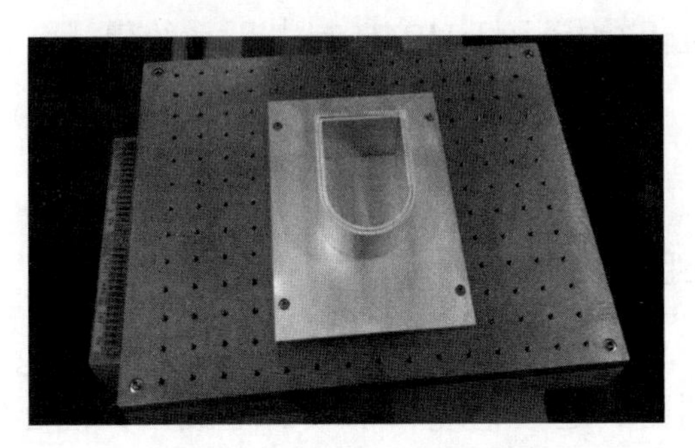

图 2-7-4　涂胶工件的安装

2. 胶枪夹具的安装

涂胶站采用胶枪夹具配置大流量点胶阀可以精确控制胶水流量。采用合适的内六角螺钉安装至机器人 J6 轴法兰盘上，如图 2-7-5 所示。

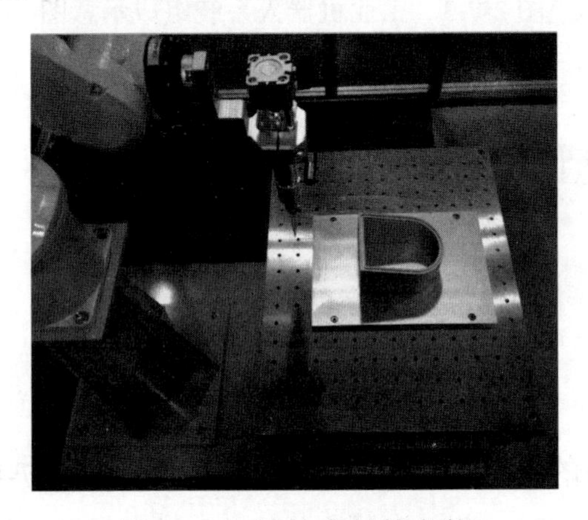

图 2-7-5　胶枪夹具的安装

三、设计控制原理方框图

根据控制要求，设计控制原理方框图，如图 2-7-6 所示。

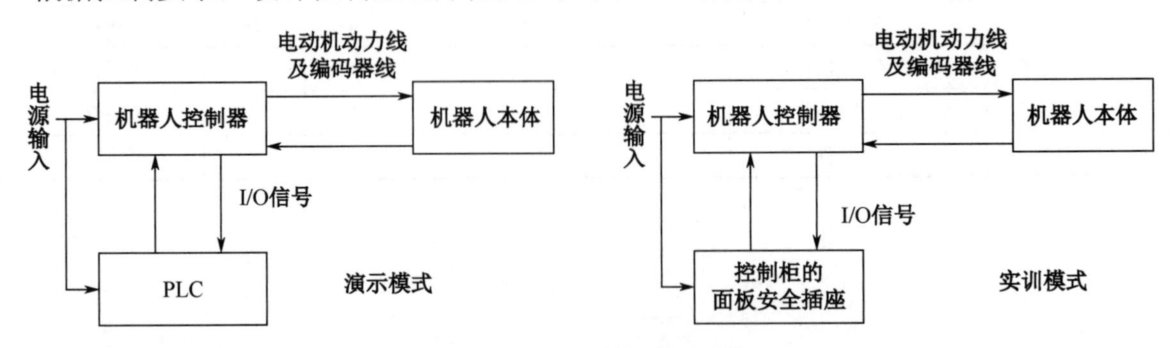

图 2-7-6　控制原理方框图

四、设计两种模式的 I/O 分配表

1. 演示模式

PLC 控制柜的配线已经完成。PLC 输入信号 X26～X37 对应机器人输出信号 DO01～DO10，PLC 输出信号 Y26～Y37 对应机器人输入信号 DI01～DI10。根据工作站任务要求所示对机器人 I/O 信号 System Input、System Output 进行配置，如表 2-8-2 所示。

表 2-7-2　演示模式下的机器人 I/O 分配表

PLC 输出信号		机器人输入信号	
PLC 地址	PLC 符号	信号（Signal）	系统输入（System Input）
Y26	电动机上电	UI8	Enable
Y27	机器人启动	UI6(DI101)	Start
Y30	机器人从主程序首条启动	UI9(DI102)	RSR1
Y31	机器人急停复位	UI5(DI103)	Fault reset
Y32	机器人停止	UI2(DI104)	Hold
Y06	机器人外部停止	UI1	IMSTP
Y05	（面板）运行指示灯 HG		
Y04	（面板）停止指示灯 HR		
PLC 输入信号		机器人输出信号	
PLC 地址	PLC 符号	信号（Signal）	系统输出（System Output）
X26	机器人电动机已上电	UO1(DO101)	CMDENBL
X27	自动运行状态	UO2(DO102)	SYSRDY
X30	机器人程序暂停	UO4(DO103)	PAUSED
X31	机器人紧急停止	UO6(DO104)	HELD
X32	机器人错误输出	UO6(DO105)	FAULT
X01	（面板）启动按钮 SB1		
X02	（面板）复位按钮 SB2		
X03	（面板）暂停按钮 SB3		
X04	（面板）急停按钮 QS1		

2. 实训模式下的机器人 I/O 分配表

所有信号均分布在面板上，根据工作站任务要求，实训模式下的机器人 I/O 分配表如表 2-7-3 所示。

表 2-7-3　实训模式下的机器人 I/O 分配表

面板按钮	信号（Signal）	系统输入（System Input）
SB1	UI9（DI101）	RSR1
SB2	UI2（DI102）	Hold
SB3	UI6（DI103）	Start
SB4	UI5（D104）	Fault reset
面板指示灯	信号（Signal）	系统输出（System Output）
H1	UO1（DO101）	CMDENBL
H2	UO2（DO102）	SYSRDY

五、线路安装

1．“演示模式”下的接线

“演示模式”下 PLC 控制柜内的配线已完成，不需要另外接线。

2．“实训模式”下的接线

根据表 2-7-3 完成机器人 I/O 信号和系统信号的关联配置。要求使用安全连线把机器人输入信号 DI1、DI2、DI3、DI4 接至对应面板上的按钮 SB1、SB2、SB3、SB4。按钮公共端接 0V；机器人的输出信号 DO1、DO2 接面板指示灯 H1、H2，指示灯公共端接 24V。工艺要求如下。

（1）所有安全连线用扎带固定，控制面板上布线合理布局美观。

（2）安全连线插线牢靠，无松动。

六、PLC 程序设计

根据控制要求，参照表 2-7-2 的 I/O 分配表，设计 PLC 部分梯形图程序，如图 2-7-7 所示。

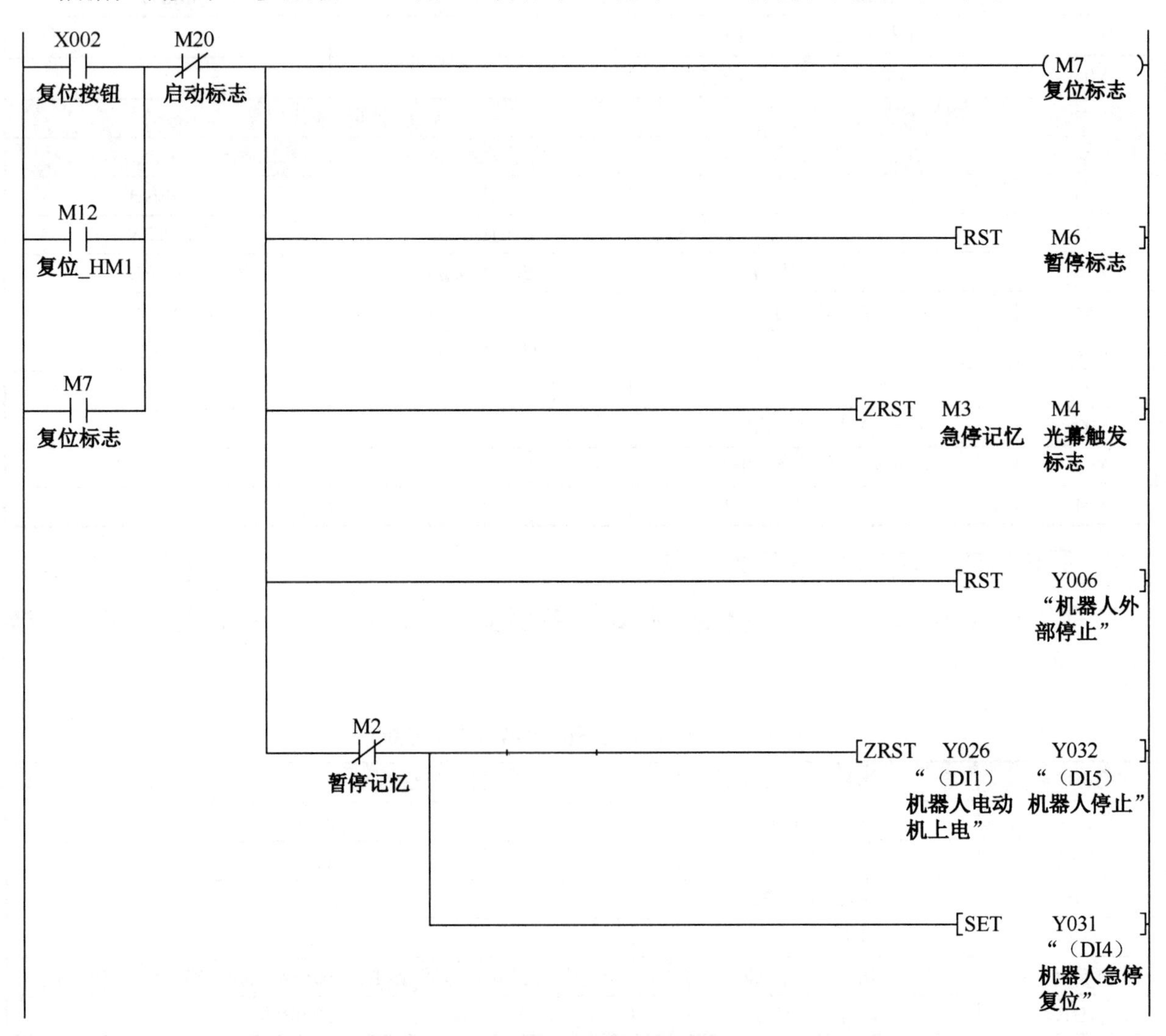

图 2-7-7 PLC 部分梯形图程序

七、确定机器人运动所需示教点

对工作站工作流程进行分析，模拟涂胶工作站主要是训练机器人对不同行业应用场合的编程及示教。在模拟涂胶过程时，应尽量放慢机器人运行速度以与胶枪流量配合对工件进行涂胶。在点到点及工件转角处机器人应尽量平缓连续。

根据工作站工作流程，可自由选定机器人的运动所需的示教点位置。所需的示教点位置不再详细介绍。

八、机器人程序编写

根据机器人运动轨迹编写机器人程序时，首先要根据控制要求绘制机器人程序流程图，然后编写机器人主程序和子程序。子程序主要包括机器人初始化子程序、涂胶轨迹子程序。编写子程序前要先设计好机器人的运行轨迹及定义好机器人的程序点。

根据控制功能，设计的机器人程序如下。

```
1. J  PR[1: HOME]   100%  FINE
2. L  RP[2: READY]   1000mm/sec
3. RO[1]=ON
4. L  P[1]  10mm/sec  CNT0
5. L  P[2]  10mm/sec  CNT0
6. C  P[3]
      P[4]  10mm/sec  CNT0
7. L  P[5]  10mm/sec  CNT0
8. L  P[1]  10mm/sec  CNT0
9. RO[1]=OFF
10. J  PR[1: HOME]   100%  FINE
```

对任务实施的完成情况进行检查，并将结果填入表 2-7-4。

表 2-7-4　任务测评表

序号	主要内容	考核要求	评分标准	配分/分	扣分/分	得分/分
1	机械安装	夹具与模块固定牢固，不缺少螺钉	1. 夹具与模块安装位置不合适，扣 5 分。 2. 夹具或模块松动，扣 5 分。 3. 损坏夹具或模块，扣 10 分	10		
2	机器人程序设计与示教操作	I/O 配置完整，程序设计正确，机器人示教正确	1. 操作机器人动作不规范，扣 5 分。 2. 机器人不能完成涂装，每个轨迹扣 10 分。 3. 缺少 I/O 配置，每个扣 1 分。 4. 程序缺少输出信号设计，每个扣 1 分。 5. 工具坐标系定义错误或缺失，每个扣 5 分	70		
3	PLC 程序设计	PLC 程序正确，I/O 配置完整，PLC 程序完整	1. PLC 程序出错，扣 3 分。 2. PLC 配置不完整，每个扣 1 分。 3. PLC 程序缺失，视情况严重性扣 3～10 分	10		

续表

序号	主要内容	考核要求	评分标准	配分/分	扣分/分	得分/分
4	安全文明生产	劳动保护用品穿戴整齐，遵守操作规程，讲文明懂礼貌，操作结束要清理现场	1．操作中违反安全文明生产考核要求的任何一项扣5分。 2．当发现学生有重大事故隐患时，要立即予以制止，并扣5分	10		
合　计				100		
开始时间：			结束时间：			

任务8　工业机器人上下料工作站的编程与操作

学习目标

✧ 知识目标：

1. 掌握六轴工业机器人的编程与示教。
2. 掌握工业机器人双夹具的控制使用方法。
3. 掌握工业机器人的运动路径的设计方法。
4. 掌握工业机器人与PLC系统集成的设计方法。

✧ 能力目标：

1. 能够完成上下料工作站及双夹具的安装。
2. 能够完成PLC编程。
3. 能够完成机器人与工作站的系统集成。

工作任务

图2-8-1所示为工业机器人上下料单元模型工作站。本任务采用示教编程方法，操作机器人实现上下料的示教。

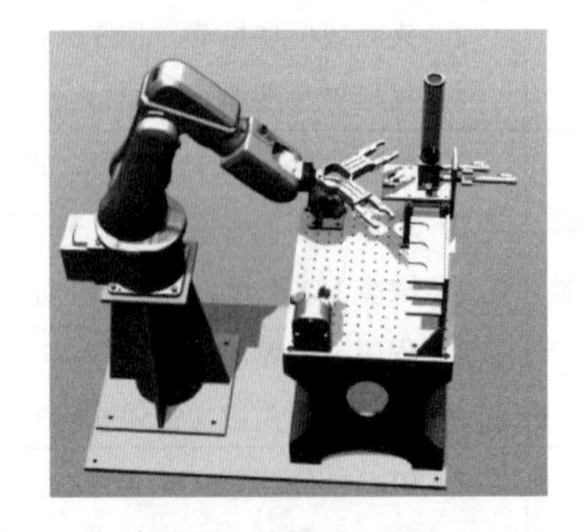

图2-8-1　工业机器人上下料单元模型工作站

具体控制要求如下。

通过 PLC 程序控制落料机构进行工件毛坯供料。待检测平台下方光电开关检测到有供料工件推出时，机器人手爪移至检测平台对待加工工件进行抓取，放至模拟机床气动三爪卡盘进行上下料工作，加工完成后放至立体库进行零件入库工作。

相关知识

通过采用工业机器人上下料模型工作站完成机器人典型的机床上下料工作任务，学生可对机器人系统、PLC 控制系统、传感器、气缸等的集成控制进行学习，同时该套件采用双爪夹具在上料的同时进行下料工作，提高工作效率，保证加工的工作节拍。此任务可训练学生对机器人的姿态调整，有干涉区时轨迹示教的注意事项，工具坐标的建立，以及在编程中对变量、可变量、条件判断、偏移等指令进行学习。

1．机床上下料模型工作站的组成

机床上下料工作站包含工业机器人控制系统和机床上下料工装套件两部分，其中机床上下料工装套件采用铝合金及铝型材构建，由机器人本体、落料机构、检测平台、立体仓库、模拟机床气动卡盘、机器人双爪夹具等组成，如图 2-8-2 所示。

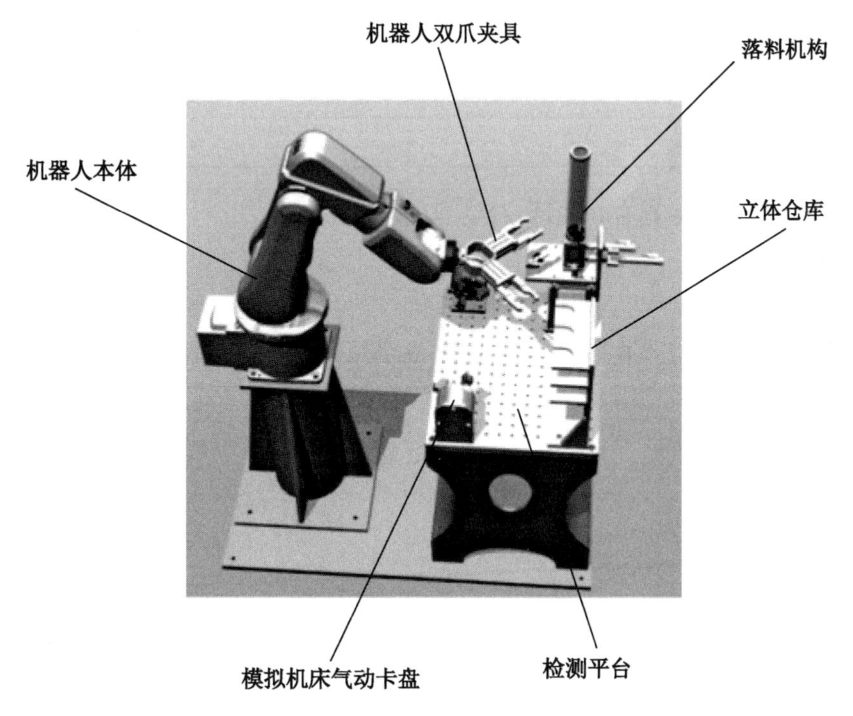

图 2-8-2　机床上下料模型工作站的组成

2．工业机器人的系统组成

本工作站所采用的是一款额定负载为 4kg、小型六自由度的工业机器人。它由机器人本体、控制器、连接电缆和示教器组成，如图 2-8-3 所示。

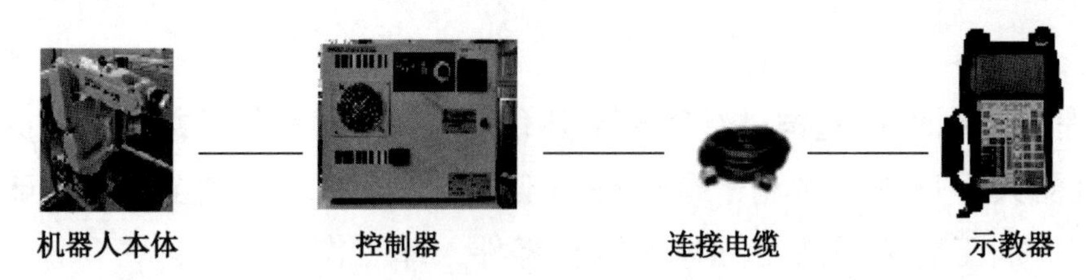

图 2-8-3　工业机器人系统组成示意图

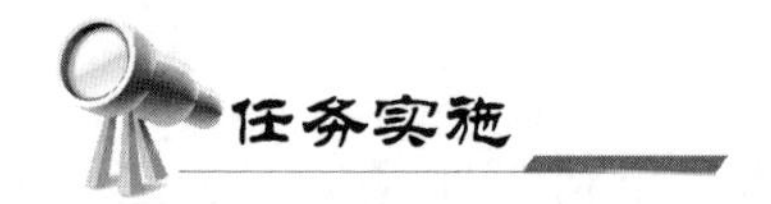

一、任务准备

实施本任务教学所使用的实训设备及工具材料可参考表 2-8-1。

表 2-8-1　实训设备及工具材料

序号	分类	名称	型号规格	数量	单位	备注
1	工具	内六角扳手	4.0mm	1	个	钳工桌
2		内六角扳手	5.0mm	1	个	钳工桌
3	设备器材	内六角螺钉	M4	4	颗	模块存放柜
4		内六角螺钉	M5	12	颗	模块存放柜
5		双气爪夹具		1	套	模块存放柜
6		上下料套件		1	个	模块存放柜

二、上下料套件与夹具的安装

1. 上下料套件的安装

用螺钉将上下料套件固定在模型实训平台的合适位置，要求固定稳定可靠，如图 2-8-4 所示。

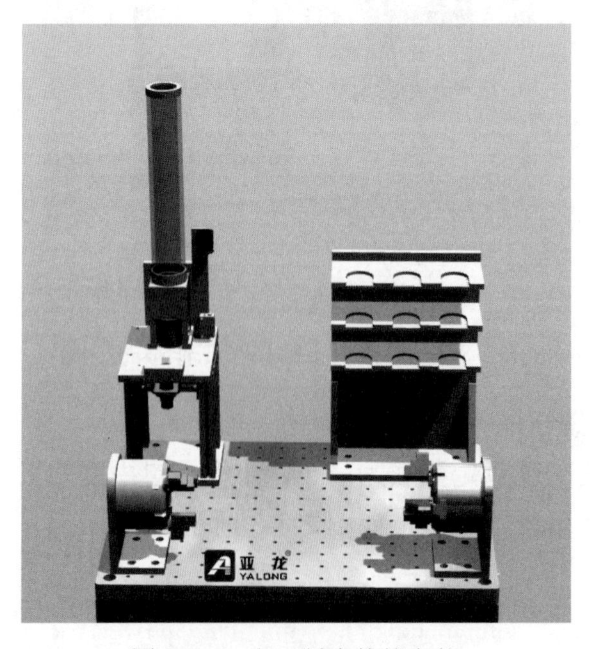

图 2-8-4　上下料套件的安装

2. 双气动手爪夹具的安装

上下料工作站采用双气动手爪夹具，采用合适的内六角螺钉安装在机器人 J6 轴法兰盘上，如图 2-8-5 所示。

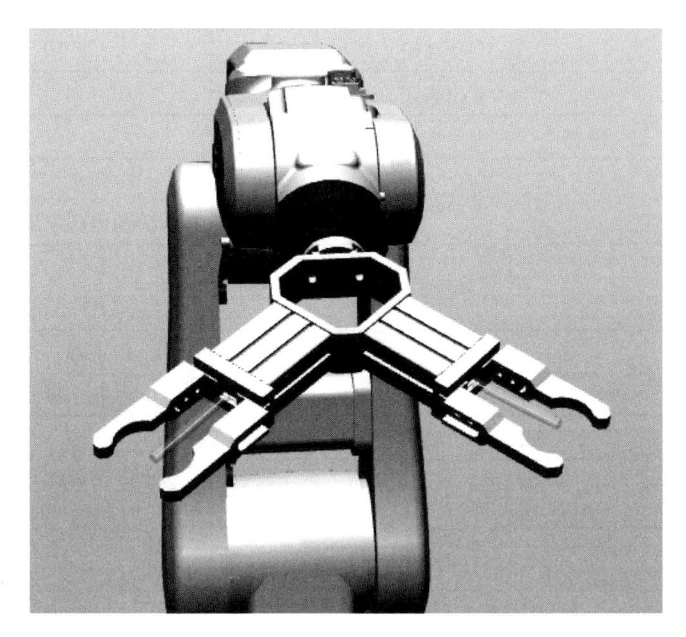

图 2-8-5　双气动手爪夹具的安装

三、设计控制原理方框图

根据控制要求，设计控制原理方框图，如图 2-8-6 所示。

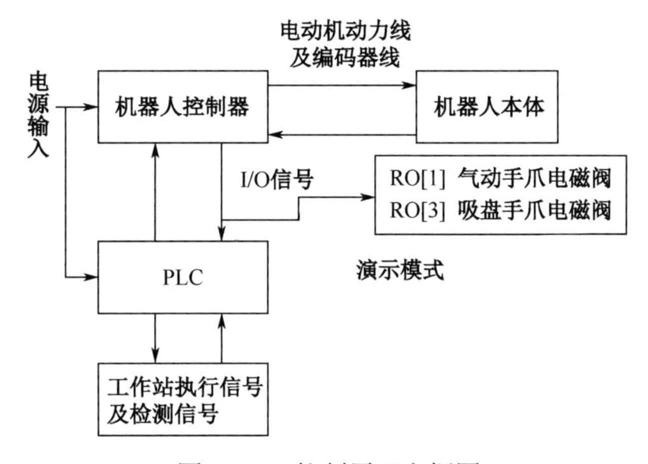

图 2-8-6　控制原理方框图

四、设计 I/O 分配表

根据工作站任务要求，可设计出演示模式下的系统 I/O 分配表，如表 2-8-2 所示。

表 2-8-2　演示模式下 PLC 的 I/O 分配表

PLC 输入信号				
序号	PLC 地址	作用	注释	信号连接设备
1	X00			
2	X01	启动按钮		PLC 控制柜面板
3	X02	复位按钮		
4	X03	暂停按钮		
5	X04	急停按钮	1=正常 0=急停动作	
6	X05	门磁开关	1=门关闭 0=门打开	安全防护系统 （有机玻璃房）
7	X06	光幕常闭信号	1=正常 0=触发光幕	
8	X07	SC1 顶料气缸后限位	落料机构传感器信号	集成接线端子盒 （位于机器人工作台侧面）
9	X10	SC2 推料气缸后限位		
10	X11	SC3 落料检测		
11	X12	SC4 出料检测		
12	X13	SC5 未使用		
13	X14	SC6 未使用		
14	X15	SC7 未使用		
15	X16	SC8 未使用		
16	X17	系统预留		
17	X20	系统预留		
18	X21	系统预留		
19	X22	系统预留		
20	X23	系统预留		
21	X24	系统预留		
22	X25	系统预留		
23	X26	UO1（DO101）机器人电动机已上电		机器人 I/O 板
24	X27	UO2（DO102）自动运行状态		
25	X30	UO4（DO103）机器人程序暂停		
26	X31	UO6（DO104）机器人紧急停止		
27	X32	UO6（DO105）机器人错误输出		
28	X33	（DO109）右侧卡盘上/下料工作完成		
29	X34	（DO110）左侧卡盘上/下料工作完成		
30	X35	（D08）未使用		
31	X36	（D09）未使用		
32	X37	（D10）未使用		

续表

PLC 输出信号				
序号	PLC 地址	作用	注释	信号连接设备
1	Y00			
2	Y01			
3	Y02			
4	Y03			
5	Y04	运行指示灯 HG		PLC 控制柜面板
6	Y05	停止指示灯 HR		
7	Y06	机器人外部紧急停止	连接至 KA33 继电器	机器人控制器外部急停信号
8	Y07	AGV_HA1		安全防护系统（有机玻璃房）
9	Y10	AGV_HA2		
10	Y11	AGV_HA3		
11	Y12	运行警示灯 HL1		
12	Y13	停止警示灯 HL2		
13	Y14	报警警示灯 HL3		
14	Y15	YA01 顶料气缸电磁阀	落料机构气缸电磁阀信号	集成接线端子盒（位于机器人工作台侧面）
15	Y16	YA02 推料气缸电磁阀		
16	Y17	YA03 左侧三爪卡盘电磁阀		
17	Y20	YA04 右侧三爪卡盘电磁阀		
18	Y21	YA05（未使用）		
19	Y22	YA06（未使用）		
20	Y23			
21	Y24			
22	Y25			
23	Y26	DO101（UI1）机器人电动机已上电		机器人 I/O 板
24	Y27	DO102（UI2）机器人自动运行状态		
25	Y30	DO103（UI4）机器人程序暂停		
26	Y31	DO104（UI6）机器人错误输出		
27	Y32	DO105（UI5）机器人紧急停止		
28	Y33	（DI6）未使用		
29	Y34	（DI7）未使用		
30	Y35	（DI8）出料口夹料信号		
31	Y36	（DI109）左侧卡盘动作完成		
32	Y37	（DI110）右侧卡盘动作完成		

五、PLC 程序设计

根据任务要求，参照表 2-8-2 的 I/O 分配表，设计 PLC 部分梯形图程序，如图 2-8-7 所示。

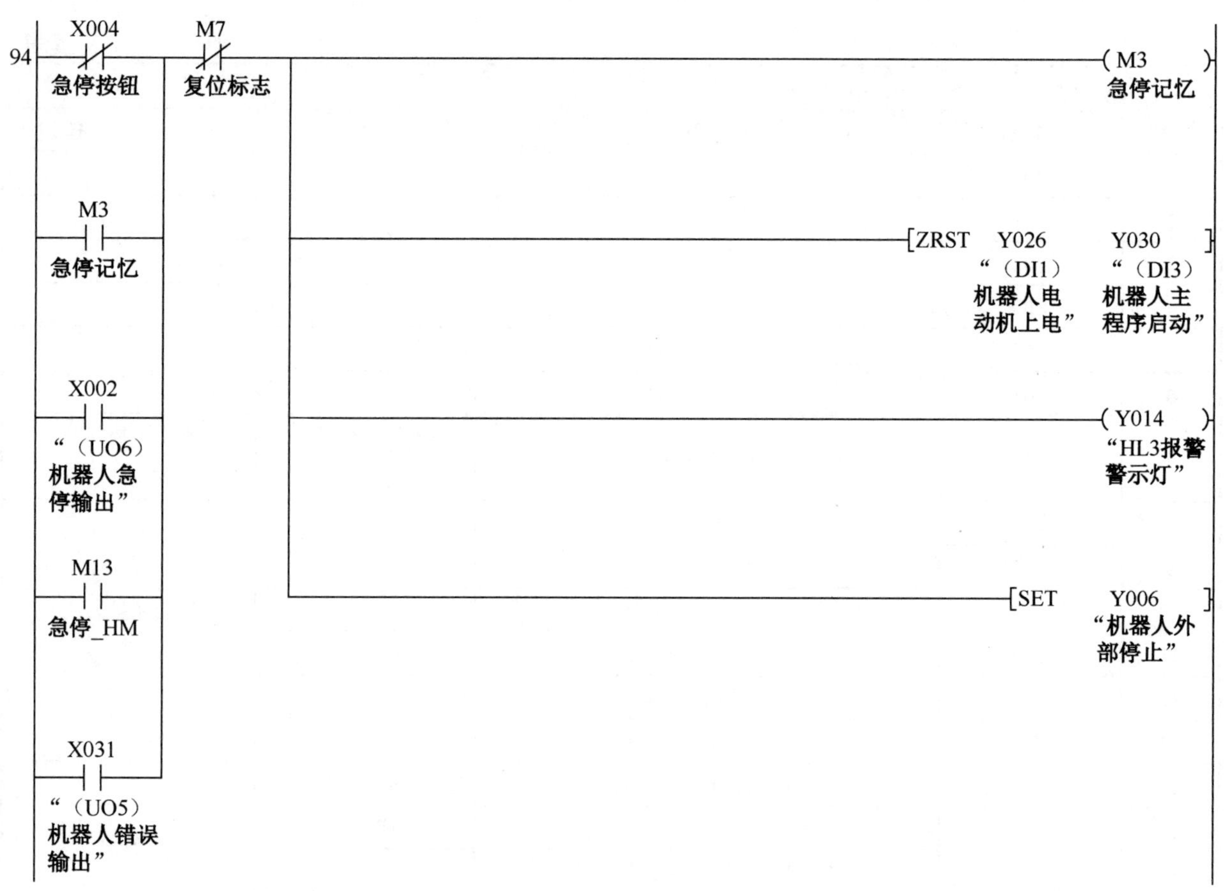

图 2-8-7　PLC 部分梯形图程序

六、确定机器人运动所需示教点

对工作站工作流程进行分析，上下料工作站主要由双爪夹具模拟机床上下料工作。在上料的同时进行下料工作，提高工作效率，保证加工的工作节拍。机器人运动的示教点可根据机器人的运动轨迹定义，具体示教点位置不再详述。

七、机器人程序的编写

根据机器人运动轨迹编写机器人程序时，首先要根据控制要求绘制机器人程序流程图，然后编写机器人主程序和子程序。子程序主要包括初始化子程序、左爪上料子程序、右爪上料子程序、左侧卡盘加工子程序、右侧卡盘加工子程序、零件入库子程序。编写子程序前要先设计好机器人的运行轨迹及定义好机器人的示教点。

1. 机器人程序流程图

机器人程序流程图如图 2-8-8 所示。

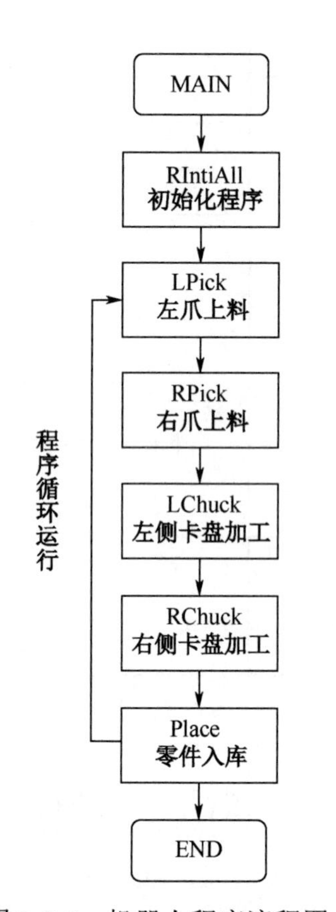

图 2-8-8　机器人程序流程图

2. 机器人程序设计

根据机器人程序流程图设计出的机器人参考程序如下。

```
1. J  PR[1:HOME]  100%  CNT0
2. R[1]=1
3. LBL[1]
4. CALL  LPICK  ！左爪上料
5. WAIT  1.00sec
6. CALL  RPICK  ！右爪上料
7. CALL  LCHUCK  ！左侧卡盘加工
8. WAIT  1.00sec
9. CALL  RCHUCK  ！右侧卡盘加工
10. WAIT  1.00sec
11. WAIT  1.00sec
12.SELECT  R[1]=1 CALL  PLACE1  ！左右爪依次入库
           R[1]=2 CALL  PLACE2
           R[1]=3 CALL  PLACE3
           R[1]=4 CALL  PLACE4
13.R[1]=R[1]+1
14.IF R[1]<5  JMP LBL[1]
15.CALL  LPICK  ！左爪上料
16.WAIT  1.00sec
17.CALL  LCHUCK  ！左侧卡盘加工
18.WAIT  1.00sec
19.CALL  SPLACE  ！最后一个小料单独入库
20.J  PR[1:HOME]  100%  CNT0
！左爪上料
1.J  P[1]  50%  CNT0
2.J  P[2]  50%  CNT0
3.L  P[3]  100mm/sec  CNT0
4.R[1]=ON
5.WAIT  1.00sec
6.L  P[2]  100mm/sec  CNT0  ！上料完成回到工作原点等待下一步指令
7.J  PR[1:HOME]  50%  CNT0
！右爪上料子程序
1.J  P[4]  50%  CNT0  ！切换成右爪为工具坐标调整好姿态
2.J  P[5]  50%  CNT0
3.L  P[6]  100mm/sec  CNT0
4.R[3]=ON
5.WAIT  1.00sec
6.L  P[6]  100mm/sec  CNT0  上料完成回到工作原点等待下一步指令
7.J  PR[1:HOME]  50%  CNT0
！左侧卡盘动作
1.J  P[7]  50%  CNT0
2.J  P[8]  50%  CNT0  ！机器人左爪上料到卡盘中心
3.L  P[9]  100mm/sec  CNT0
4.DO[9]=ON  ！给PLC反馈左爪上料请求
5.WAIT DI[9]=ON  ！等待PLC控制卡盘夹紧
```

```
6.WAIT  1.00sec
7.RO[1]=OFF
8.WAIT 1.00sec
9.L  P[8]  100mm/sec  CNT0
10.WAIT 1.00sec
11.J  PR[1:HOME]  50%  CNT0  ！抓取完成后回到工作原点等待下一步指令
！右侧卡盘动作
1.J  P[10]  50%  CNT0
2.J  P[11]  50%  CNT0  ！机器人左爪上料到卡盘中心
3.L  P[12]  100mm/sec  CNT0
4.DO[10]=ON  ！给PLC反馈左爪上料请求
5.WAIT DI[10]=ON  ！等待PLC控制卡盘夹紧
6.WAIT  1.00sec
7.RO[3]=OFF
8.WAIT 1.00sec
9.L  P[11]  100mm/sec  CNT0
10.WAIT 1.00sec
11.J  PR[1:HOME]  50%  CNT0  ！抓取完成后回到工作原点等待下一步指令
```

入库程序全部是手动示教手爪依次抓取入库，这里不再赘述。

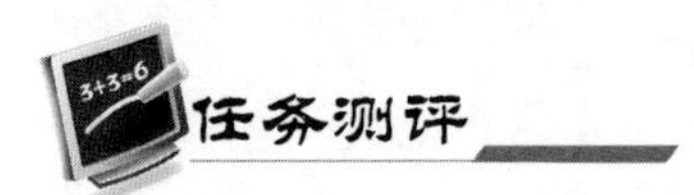

任务测评

对任务实施的完成情况进行检查，并将结果填入表2-8-3。

表2-8-3　任务测评表

序号	主要内容	考核要求	评分标准	配分/分	扣分/分	得分/分
1	机械安装	夹具与模块固定牢固，不缺少螺钉	1．夹具与模块安装位置不合适，扣5分。 2．夹具或模块松动，扣5分。 3．损坏夹具或模块，扣10分	10		
2	机器人程序设计与示教操作	I/O配置完整，程序设计正确，机器人示教正确	1．操作机器人动作不规范，扣5分。 2．机器人不能完成上下料，每个轨迹扣10分。 3．缺少I/O配置，每个扣1分。 4．程序缺少输出信号设计，每个扣1分。 5．工具坐标系定义错误或缺失，每个扣5分	70		
3	PLC程序设计	PLC程序正确，I/O配置完整，PLC程序完整	1．PLC程序出错，扣3分。 2．PLC配置不完整，每个扣1分。 3．PLC程序缺失，视情况严重性扣3～10分	10		
4	安全文明生产	劳动保护用品穿戴整齐，遵守操作规程，讲文明懂礼貌，操作结束要清理现场	1．操作中违反安全文明生产考核要求的任何一项扣5分。 2．当发现学生有重大事故隐患时，要立即予以制止，并扣5分	10		
合　计				100		
开始时间：			结束时间：			

任务 9　工业机器人自动生产工作站的编程与操作

学习目标

✧ 知识目标：

1. 掌握六轴工业机器人的编程与示教。
2. 掌握工业机器人单吸盘夹具的控制使用方法。
3. 掌握工业机器人的运动路径的设计方法。
4. 掌握工业机器人与 PLC 系统集成的设计方法。

✧ 能力目标：

1. 能够完成工作站及夹具的安装。
2. 能够完成 PLC 编程。
3. 能够完成机器人与工作站的系统集成。

工作任务

图 2-9-1 所示为工业机器人自动生产单元模型工作站。本任务采用示教编程方法，操作机器人实现入库的示教模拟物流入库工作。

具体控制要求如下。

通过 PLC 程序控制落料机构进行工件毛坯供料，待供料工件推出后，PLC 通过变频器驱动同步输送带，带到工件移动至传送带末端。输送带末端传感器检测到工件以后，机器人运行至物料上方对物料进行码垛入库。

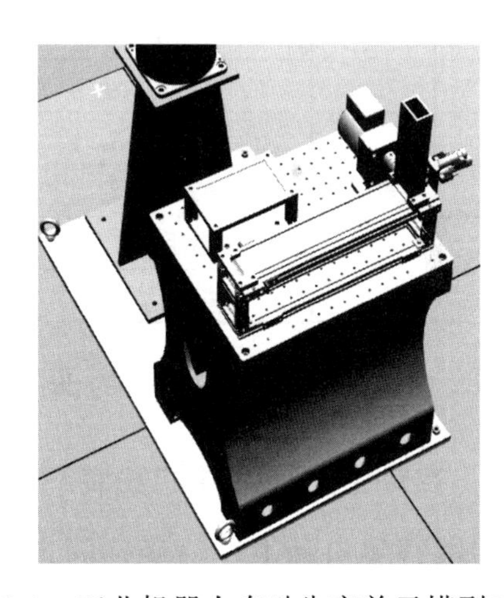

图 2-9-1　工业机器人自动生产单元模型工作站

相关知识

自动生产单元模型工作站包含供料单元、同步输送带、变频器、三相异步电动机、码垛工作台等。三相异步电动机侧轴装有旋转编码器，便于对电动机进行闭环控制，可精确定位物料的位置。

1．自动生产单元模型工作站的工作原理

自动生产单元模型工作站工作时，控制系统控制供料单元进行供料、推料至输送带，待物料输送至输送线末端时机器人进行物料分拣码垛工作。

2. 工业机器人的系统组成

本工作站所采用的是一款额定负载为3kg、小型六自由度的IRB型工业机器人。它由机器人本体、控制器、连接电缆和示教器组成，如图2-9-2所示。

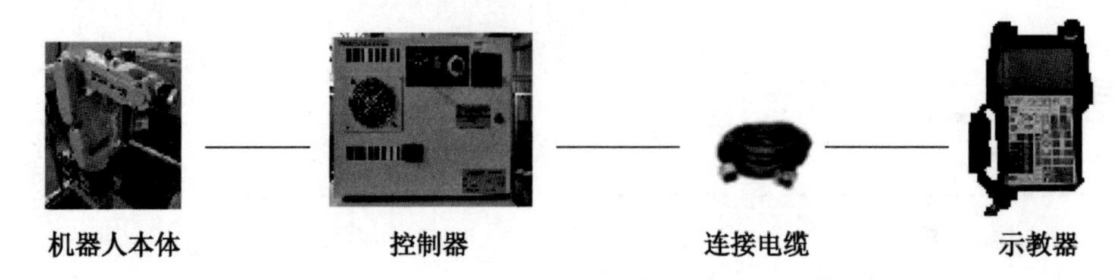

图2-9-2 工业机器人系统组成示意图

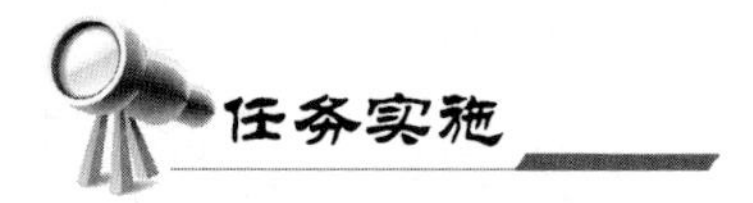

一、任务准备

实施本任务教学所使用的实训设备及工具材料可参考表2-9-1。

表2-9-1 实训设备及工具材料

序号	分类	名称	型号规格	数量	单位	备注
1	工具	内六角扳手	4.0mm	1	个	钳工桌
2		内六角扳手	5.0mm	1	个	钳工桌
3	设备器材	内六角螺钉	M4	4	颗	模块存放柜
4		内六角螺钉	M5	16	颗	模块存放柜
5		吸盘手爪夹具		1	套	模块存放柜
6		自动生产线套件		1	个	模块存放柜

二、自动生产线套件与夹具的安装

1. 自动生产线套件的安装

用螺钉将自动生产线套件固定在模型实训平台的合适位置，要求固定稳定可靠，安装电动机和传送带连接部分时需调同轴度，如图2-9-3所示。

图2-9-3 自动生产线套件的安装

2. 吸盘夹具的安装

自动生产线工作站夹具同码垛工作站夹具一致，均采用真空吸盘夹具对物料进行吸取。安装夹具时选择合适的内六角螺钉安装至机器人 J6 轴法兰上，如图 2-9-4 所示。

图 2-9-4　吸盘夹具的安装

三、设计控制原理方框图

根据控制要求，设计控制原理方框图，如图 2-9-5 所示。

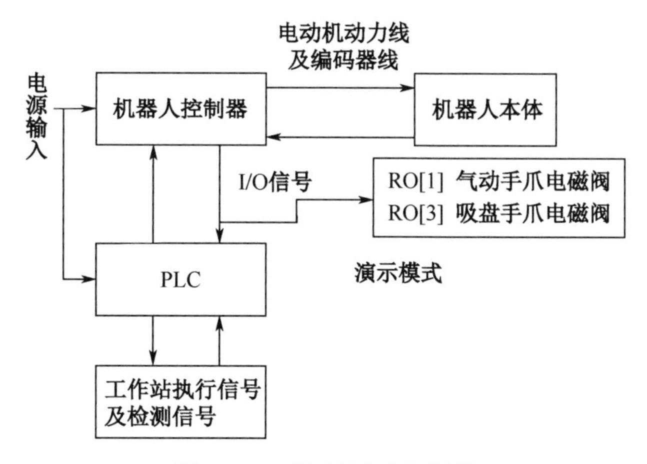

图 2-9-5　控制原理方框图

四、设计 I/O 分配表

根据工作站任务要求，可设计出演示模式下的系统 I/O 分配表，如表 2-9-2 所示。

表 2-9-2　演示模式下 PLC 的 I/O 分配表

PLC 输入信号				
序号	PLC 地址	作用	注释	信号连接设备
1	X00	编码器 A 相 SC7	三菱 PLC 高速计数器 C251 采用 X00，X01 作为双相输入，因此使用该站时，启动按钮信号改为 X17	
2	X01	编码器 B 相 SC8		PLC 控制柜面板
3	X02	复位按钮		
4	X03	暂停按钮		
5	X04	急停按钮	1=正常 0=急停动作	
6	X05	门磁开关	1=门关闭 0=门打开	安全防护系统（有机玻璃房）
7	X06	光幕常闭信号	1=正常 0=触发光幕	
8	X07	SC1 顶料气缸后限位	落料机构传感器信号	集成接线端子盒（位于机器人工作台侧面）
9	X10	SC2 推料气缸后限位		
10	X11	SC3 落料检测		
11	X12	SC4 夹料检测	输送带末端物料检测信号	
12	X13	SC5 未使用		
13	X14	SC6 未使用		
14	X15	SC7 改接至 X00		
15	X16	SC8 改接至 X01		
16	X17	启动按钮		
17	X20	系统预留		
18	X21	系统预留		
19	X22	系统预留		
20	X23	系统预留		
21	X24	系统预留		
22	X25	系统预留		
23	X26	UO1（DO101）机器人电动机已上电		机器人 I/O 板
24	X27	UO2（DO102）自动运行状态		
25	X30	UO4（DO103）机器人程序暂停		
26	X31	UO6（DO104）机器人错误输出		
27	X32	UO5（DO105）机器人紧急停止		
28	X33	（DO6）未使用		
29	X34	（D07）未使用		
30	X35	（D08）未使用		
31	X36	（D09）未使用		
32	X37	（D10）未使用		

续表

PLC 输出信号				
序号	PLC 地址	作用	注释	信号连接设备
1	Y00			
2	Y01			
3	Y02			
4	Y03	STF	电动机正转	连接至变频器 STF
5	Y04	运行指示灯 HG		PLC 控制柜面板
6	Y05	停止指示灯 HR		
7	Y06	机器人外部紧急停止	连接至 KA33 继电器	机器人控制器 外部急停信号
8	Y07	AGV_HA1		安全防护系统 （有机玻璃房）
9	Y10	AGV_HA2		
10	Y11	AGV_HA3		
11	Y12	运行警示灯 HL1		
12	Y13	停止警示灯 HL2		
13	Y14	报警警示灯 HL3		
14	Y15	YA01 顶料气缸电磁阀	落料机构气缸电磁阀信号	集成接线端子盒 （位于机器人工作台 侧面）
15	Y16	YA02 推料气缸电磁阀		
16	Y17	YA03（未使用）		
17	Y20	YA04（未使用）		
18	Y21	YA05（未使用）		
19	Y22	YA06（未使用）		
20	Y23			
21	Y24			
22	Y25			

五、PLC 程序设计

根据任务要求，参照表 2-9-2 的 I/O 分配表，设计 PLC 部分梯形图程序，如图 2-9-6 所示。

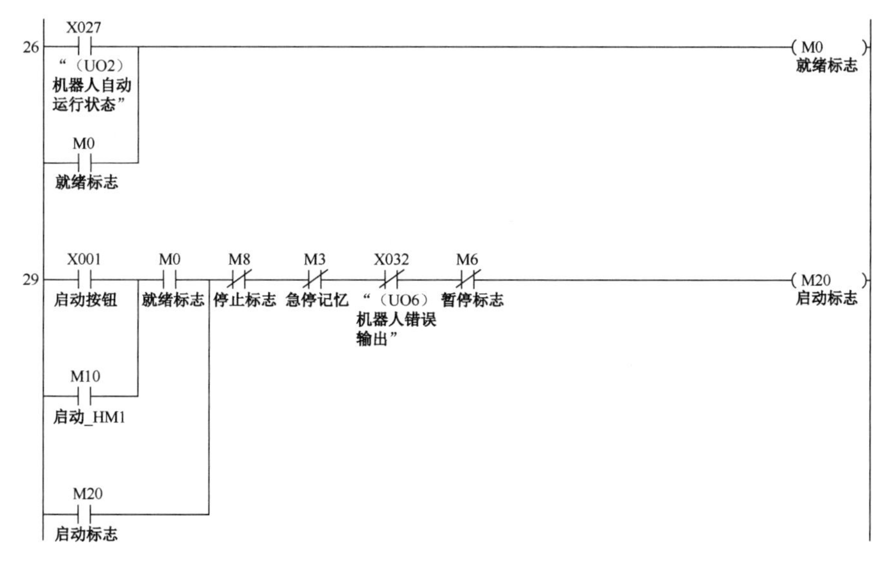

图 2-9-6　PLC 部分梯形图程序

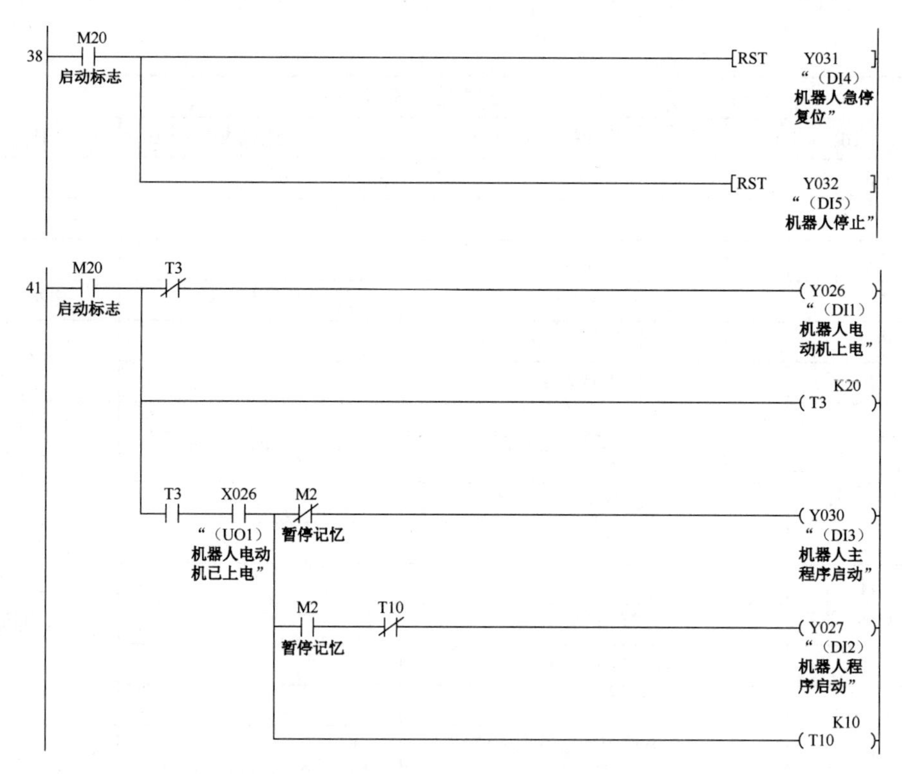

图 2-9-6　PLC 部分梯形图（续）

六、确定机器人运动所需示教点

对工作站的工作流程进行分析，自动生产线工作站主要由 PLC 控制供料机构进行供料后由变频驱动同步传送带输送工件至同步传送带末端。机器人由同步传送带末端把工件整齐码放至托盘上。根据工作流程判断机器人运动的示教点可根据机器人的运动轨迹定义，具体示教点位置不再详述。

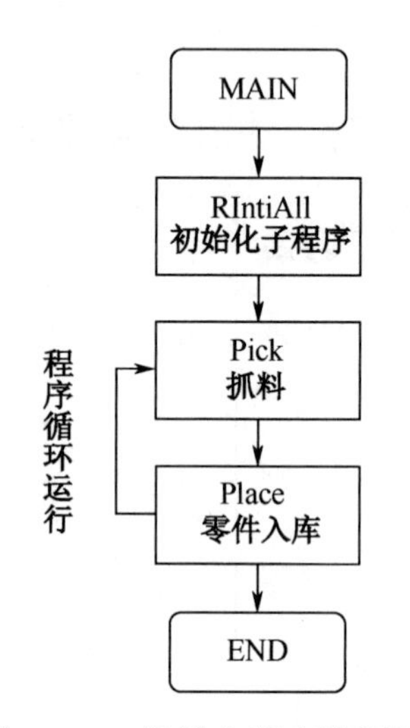

图 2-9-7　机器人程序流程图

七、机器人程序的编写

根据机器人运动轨迹编写机器人程序时，首先要根据控制要求绘制机器人程序流程图，然后编写机器人主程序和子程序。子程序主要包括初始化子程序、抓料子程序、零件入库子程序。编写子程序前要先设计好机器人的运行轨迹及定义好机器人的程序点。

1. 机器人程序流程图

机器人程序流程图如图 2-9-7 所示。

2. 机器人程序设计

根据图 2-9-7 机器人程序流程图设计的机器人参考程序如下。

```
1. J  PR[1:HOME]  100%  FINE
2. R[1]=0
3. LBL[2]
```

```
4. R[1]=0
5. LBL[1]
6. WAIT  DI[1]=ON
7. CALL PICK
8. CALL PLACE
9. R[1]=R[1]+1
10. PR[3, 1]=R[1]*60
11. IF R[1]<2  JMP LBL[1]
12. R[2]=R[2]+1
13. PR[3, 2]=R[2]*30
14. IF R[2]<6  JMP LBL[2]
15. J  PR[1: HOME]  100%  FINE
```

任务测评

对任务实施的完成情况进行检查，并将结果填入表 2-9-3。

表 2-9-3　任务测评表

序号	主要内容	考核要求	评分标准	配分/分	扣分/分	得分/分
1	机械安装	夹具与模块固定牢固，不缺少螺钉	1. 夹具与模块安装位置不合适，扣 5 分。 2. 夹具或模块松动，扣 5 分。 3. 损坏夹具或模块，扣 10 分	10		
2	机器人程序设计与示教操作	I/O 配置完整，程序设计正确，机器人示教正确	1. 操作机器人动作不规范，扣 5 分。 2. 机器人抓取和码放物料时应尽量整齐平稳，不整齐的每个扣 1 分，共扣 10 分。 3. 缺少 I/O 配置，每个扣 1 分。 4. 程序缺少输出信号设计，每个扣 1 分。 5. 工具坐标系定义错误或缺失，每个扣 5 分	70		
3	PLC 程序设计	PLC 程序正确，I/O 配置完整，PLC 程序完整	1. PLC 程序出错，扣 3 分。 2. PLC 配置不完整，每个扣 1 分。 3. PLC 程序缺失，视情况严重性扣 3～10 分	10		
4	安全文明生产	劳动保护用品穿戴整齐，遵守操作规程，讲文明懂礼貌，操作结束要清理现场	1. 操作中违反安全文明生产考核要求的任何一项扣 5 分。 2. 当发现学生有重大事故隐患时，要立即予以制止，并扣 5 分	10		
合　计				100		
开始时间：			结束时间：			

任务 10　工业机器人变位机工作站的编程与操作

学习目标

✧ 知识目标：

1. 掌握六轴工业机器人的编程与示教。
2. 掌握工业机器人的控制使用方法。
3. 掌握工业机器人的运动路径的设计方法。
4. 掌握工业机器人与 PLC 系统集成的设计方法。

✧ 能力目标：

1. 能够完成工作站及夹具的安装。
2. 能够完成 PLC 编程。
3. 能够完成机器人与工作站的系统集成。

工作任务

图 2-10-1 所示为工业机器人变位机模型工作站。本任务采用示教编程方法，操作机器人配合伺服系统模拟单轴变位机工作。

具体控制要求如下。

通过 PLC 程序控制伺服驱动器驱动伺服电动机让变位机面板翻转，待变位机面板翻转后机器人焊枪沿着待焊接焊缝表面模拟焊接工作。等第一次模拟焊接结束后机器人反馈焊接完成信号 PLC 机械驱动伺服电动机进行翻转，机器人对另一侧进行焊接，全部焊接完成后机器人返回工作原点。

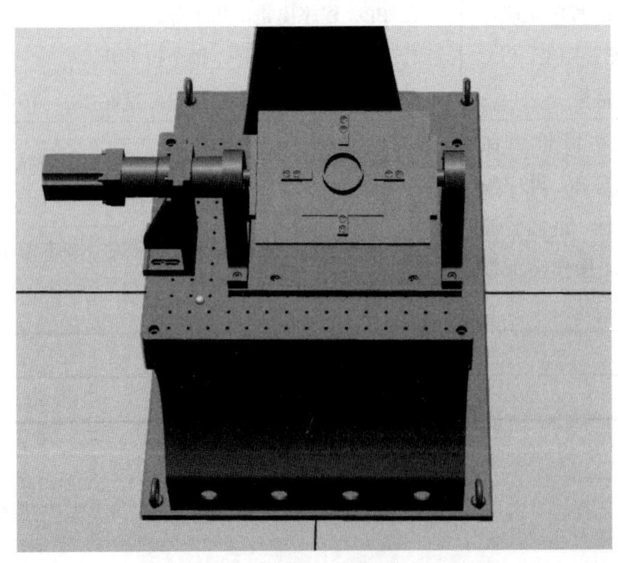

图 2-10-1　工业机器人变位机模型工作站

相关知识

一、工业机器人变位机模型工作站

变位机工作站包含焊枪夹具、伺服驱动器、伺服电动机、变位机翻转机构、固定件等。

二、工业机器人的系统组成

本工作站所采用的是一款额定负载为 4kg、小型六自由度的工业机器人。它由机器人本体、控制器、连接电缆和示教器组成，如图 2-10-2 所示。

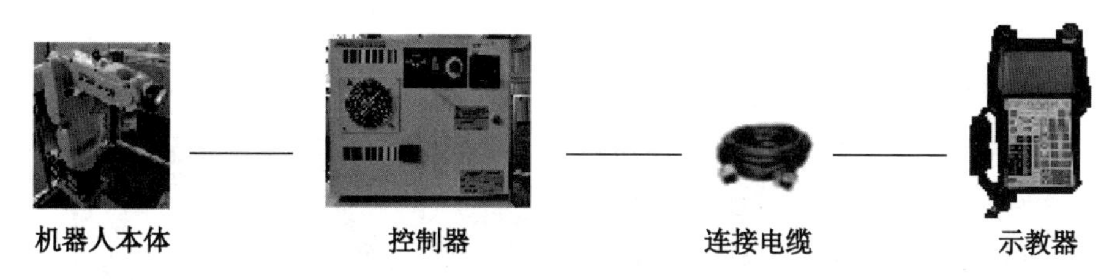

图 2-10-2　工业机器人系统组成示意图

任务实施

一、任务准备

实施本任务教学所使用的实训设备及工具材料可参考表 2-10-1。

表 2-10-1　实训设备及工具材料

序号	分类	名称	型号规格	数量	单位	备注
1	工具	内六角扳手	4.0mm	1	个	钳工桌
2		内六角扳手	5.0mm	1	个	钳工桌
3	设备器材	内六角螺钉	M4	4	颗	模块存放柜
4		内六角螺钉	M5	8	颗	模块存放柜
5		焊枪夹具		1	套	模块存放柜
6		变位机套件		1	个	模块存放柜

二、变位机套件与夹具的安装

1. 变位机套件的安装

用螺钉将变位机套件固定在模型实训平台的合适位置，要求固定稳定可靠，安装电动机和翻转机构连接部分时需调同轴，如图 2-10-3 所示。

2. 焊枪夹具的安装

变位机工作站夹具同机器人轨迹工作站夹具一致，均采用焊枪夹具模拟焊接功能。安装夹具时选择合适的内六角螺钉安装至机器人 J6 轴法兰盘上，如图 2-10-4 所示。

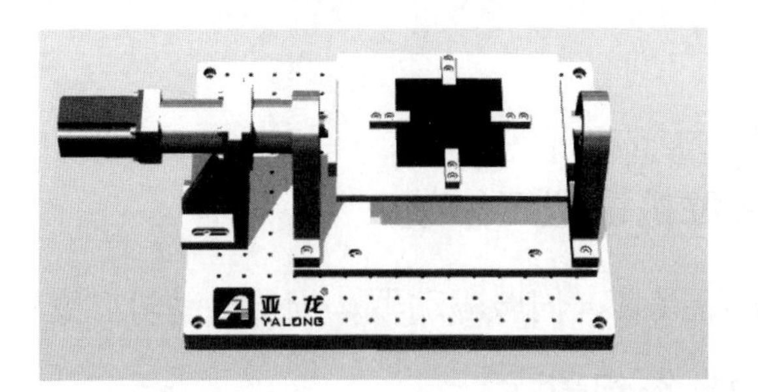

图 2-10-3　变位机套件的安装

图 2-10-4　焊枪夹具的安装

三、设计控制原理方框图

根据控制要求，设计控制原理方框图，如图 2-10-5 所示。

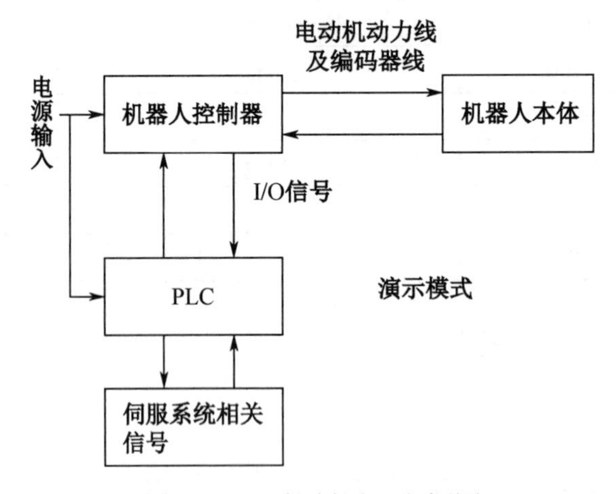

图 2-10-5　控制原理方框图

四、设计 I/O 分配表

根据工作站任务要求，可设计出演示模式下的系统 I/O 分配表，如表 2-10-2 所示。

表 2-10-2　PLC 的 I/O 分配表

PLC 输入信号				
序号	PLC 地址	作用	注释	信号连接设备
1	X00			
2	X01	启动按钮		PLC 控制柜面板
3	X02	复位按钮		
4	X03	暂停按钮		
5	X04	急停按钮	1=正常 0=急停动作	
6	X05	门磁开关	1=门关闭 0=门打开	安全防护系统 （有机玻璃房）
7	X06	光幕常闭信号	1=正常 0=触发光幕	
8	X07	SC1 原点位置检测	伺服电动机原点位置 行程开关检测信号	集成接线端子盒 （位于机器人工作台侧面）
9	X10	SC2 未使用		
10	X11	SC3 未使用		
11	X12	SC4 未使用		
12	X13	SC5 未使用		
13	X14	SC6 未使用		
14	X15	SC7 未使用		
15	X16	SC8 未使用		
16	X17	系统预留		
17	X20	系统预留		
18	X21	系统预留		
19	X22	系统预留		
20	X23	系统预留		
21	X24	系统预留		
22	X25	系统预留		
23	X26	UO1（DO101）机器人电动机已上电		机器人 I/O 板
24	X27	UO2（DO102）自动运行状态		
25	X30	UO4（DO103）机器人程序暂停		
26	X31	UO6（DO104）机器人错误输出		
27	X32	UO5（DO105）机器人紧急停止		
28	X33			
29	X34			
30	X35			
31	X36			
32	X37			

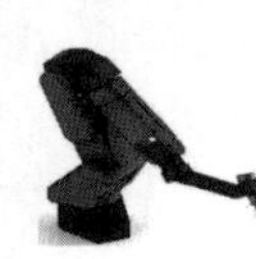

续表

PLC 输出信号				
序号	PLC 地址	作用	注释	信号连接设备
1	Y00	PULS-	脉冲信号	伺服驱动器
2	Y01	SIGN-	方向	
3	Y02	S_ON	伺服 ON	
4	Y03			
5	Y04	运行指示灯 HG		PLC 控制柜面板
6	Y05	停止指示灯 HR		
7	Y06	机器人外部紧急停止	连接至 KA33 继电器	机器人控制器外部急停信号
8	Y07	AGV_HA1		
9	Y10	AGV_HA2		安全防护系统（有机玻璃房）
10	Y11	AGV_HA3		
11	Y12	运行警示灯 HL1		
12	Y13	停止警示灯 HL2		
13	Y14	报警警示灯 HL3		
14	Y15	YA01（未使用）		集成接线端子盒（位于机器人工作台侧面）
15	Y16	YA02（未使用）		
16	Y17	YA03（未使用）		
17	Y20	YA04（未使用）		
18	Y21	YA05（未使用）		
19	Y22	YA06（未使用）		
20	Y23			
21	Y24			
22	Y25			
23	Y26	DO101（UI1）机器人电动机已上电		机器人 I/O 板
24	Y27	DO102（UI2）机器人自动运行状态		
25	Y30	DO103（UI4）机器人程序暂停		
26	Y31	DO104（UI6）机器人错误输出		
27	Y32	DO105（UI5）机器人紧急停止		
28	Y33	DI106 位置翻转信号		
29	Y34	（DI7）未使用		
30	Y35	（DI8）未使用		
31	Y36	（DI9）未使用		
32	Y37	（DI10）未使用		

五、PLC 程序设计

根据任务要求，参照表 2-10-2 的 I/O 分配表，设计 PLC 梯形图程序，如图 2-10-6 所示。

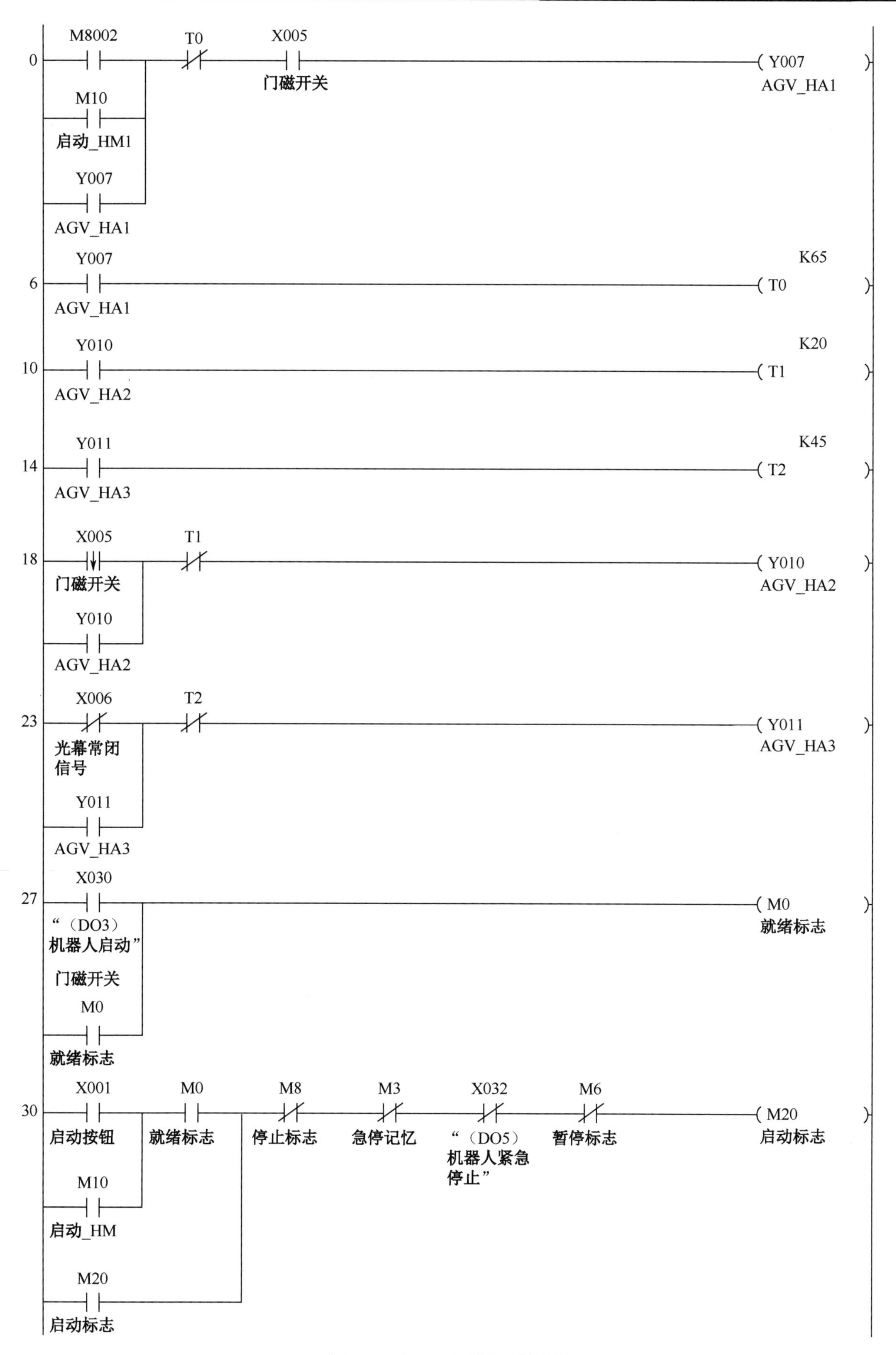

图 2-10-6　PLC 梯形图程序

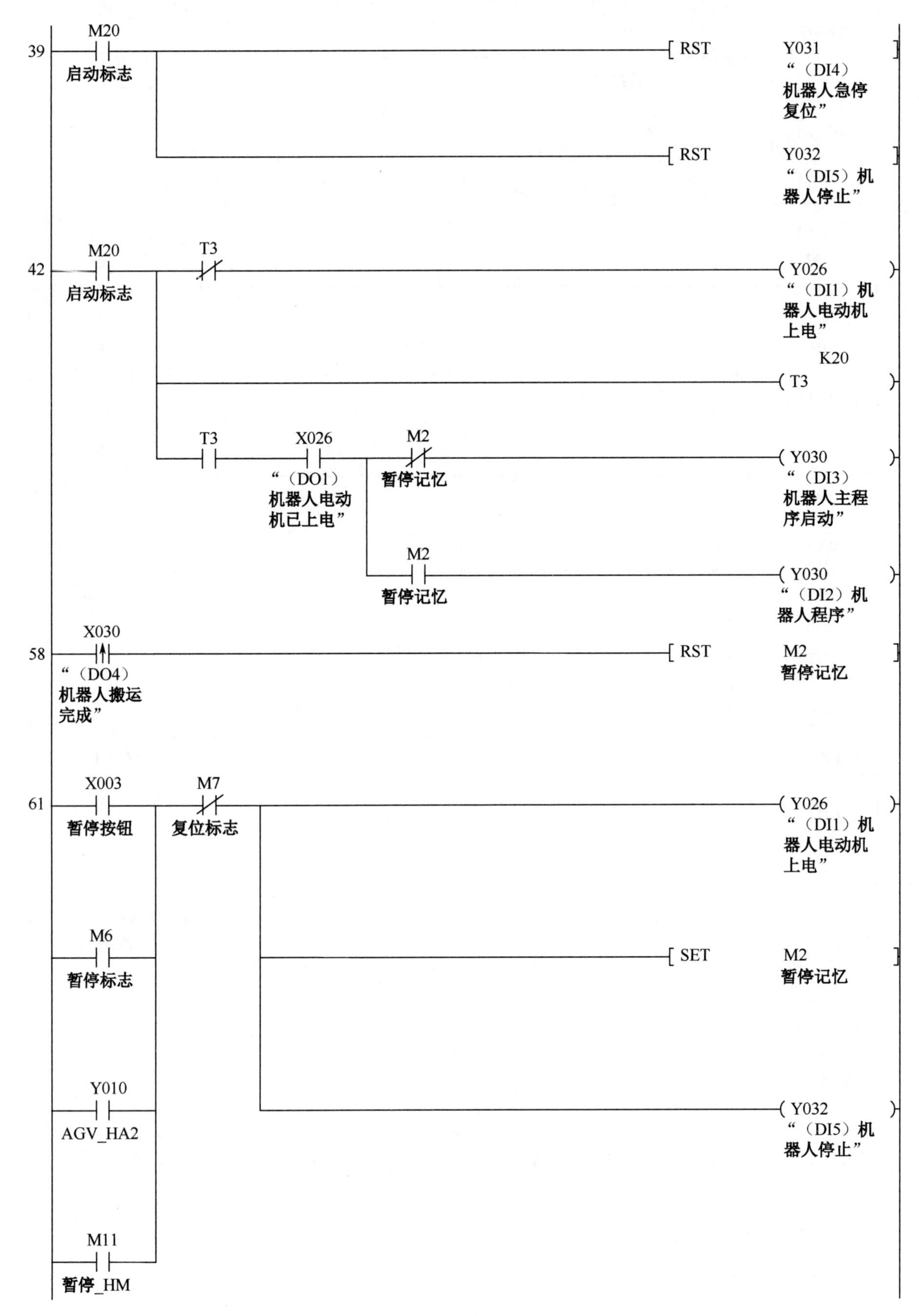

图 2-10-6　PLC 梯形图程序（续）

六、确定机器人运动所需示教点

对工作站的工作流程进行分析，变位机工作站主要由 PLC 控制伺服驱动器驱动伺服电动机让变位机构翻转，机器人接收到信号以后开始对待焊接工件焊缝进行模拟焊接。根据工作流程判断机器人运动的示教点可根据机器人的运动轨迹定义，具体示教点位置不再详述。

七、机器人程序的编写

根据机器人运动轨迹编写机器人程序时，首先要根据控制要求绘制机器人程序流程图，然后编写机器人主程序和子程序。子程序主要包括初始化子程序、第一侧焊缝轨迹子程序、第二侧焊缝轨迹子程序。编写子程序前要先设计好机器人的运行轨迹及定义好机器人的程序点。

1. 机器人程序流程图

机器人程序流程图如图 2-10-7 所示。

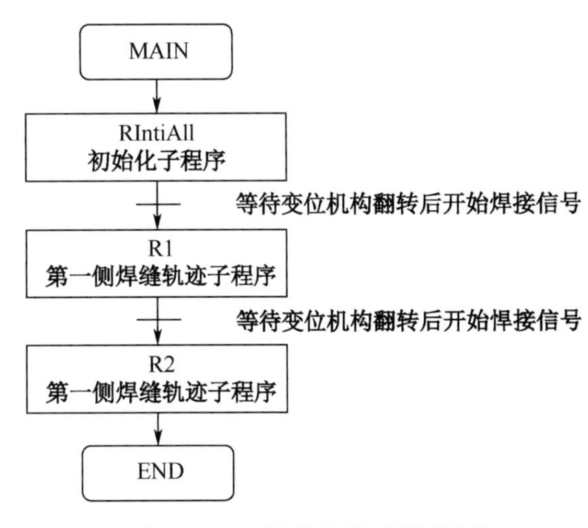

图 2-10-7　机器人程序流程图

2. 机器人程序设计

设计的机器人参考程序如下。

```
1. J  PR[1:HOME]  100%  FINE
2. WAIT  DI[1]=ON
3. CALL R1
4. WAIT  DI[2]=ON
5. CALL R2
6. J  PR[1:HOME]  100%  FINE
7. DO[2]=ON
8. WAIT 1sec
9. DO[2]=OFF
10. J  PR[1:HOME]  100%  FINE
！第一遍焊接CALL R1
1.L  P[1]  1000mm/sec  CNT0
2.L  P[2]  1000mm/sec  CNT0
3.C  P[3]
       P[4]  1000mm/sec  CNT0
4.J  PR[1:HOME]  100%  FINE
5.DO[1]=ON
6.WAIT 1sec
！第二遍焊接CALL R2
1.DO[1]=OFF
2.L P[4]  1000mm/sec  CNT0
3.C P[5]
    P[6]  1000mm/sec  CNT0
    4.J  PR[1:HOME]  100%  FINE
```

对任务实施的完成情况进行检查，并将结果填入表 2-10-3。

表 2-10-3　任务测评表

序号	主要内容	考核要求	评分标准	配分/分	扣分/分	得分/分
1	机械安装	夹具与模块固定牢固，不缺少螺钉	1．夹具与模块安装位置不合适，扣 5 分。 2．夹具或模块松动，扣 5 分。 3．损坏夹具或模块，扣 10 分	10		
2	机器人程序设计与示教操作	I/O 配置完整，程序设计正确，机器人示教正确	1．操作机器人动作不规范，扣 5 分。 2．机器人模拟焊接时应降低速度且焊枪与工件的枪倾角应尽量符合焊接工艺标准，否则酌情扣分，共 10 分。 3．缺少 I/O 配置，每个扣 1 分。 4．程序缺少输出信号设计，每个扣 1 分。 5．工具坐标系定义错误或缺失，每个扣 5 分	70		
3	PLC 程序设计	PLC 程序正确，I/O 配置完整，PLC 程序完整	1．PLC 程序出错，扣 3 分。 2．PLC 配置不完整，每个扣 1 分。 3．PLC 程序缺失，视情况严重性扣 3～10 分	10		
4	安全文明生产	劳动保护用品穿戴整齐，遵守操作规程，讲文明懂礼貌，操作结束要清理现场	1．操作中违反安全文明生产考核要求的任何一项扣 5 分。 2．当发现学生有重大事故隐患时，要立即予以制止，并扣 5 分	10		
合　计				100		
开始时间：			结束时间：			

附录 A

FANUC 工业机器人应用指令一览表

表 A-1　动作指令

动作类型	J	使机器人每个关节执行插补动作
	L	按直线移动机器人的 TCP
	C	按圆弧轨迹移动机器人的 TCP
位置变量	P[*i*：注释]	存储位置数据的标准变量
	PR[*i*：注释]	存储位置数据的寄存器变量
速度单位	%	指定相对于机器人最高关节动作速度的百分比
	mm/s，cm/min，in/min，deg/s	指定基于直线或圆弧的 TCP 的动作速度
	s，ms	指定动作所需时间
定位类型	FINE	机器人在指定位置暂停（定位），执行下一个动作
	CNT*n*（*n*=0～100）	机器人将所指定的位置与下一个位置平顺地连接起来，动作的平顺程度取决于 *n*，*n* 越大越平顺

表 A-2　动作附件指令

机械手腕关节动作	Wjnt	直线或圆弧动作时，机械手腕轴在关节动作下运动而不保持姿势
加减速倍率	ACC *a*（*a*=0～500%）	设定转移时的加减速倍率
跳过	Skip，LBL[　]	跳过条件语句中所示的条件尚未满足时，向指定的标签转移；条件得到满足时，取消当前动作而执行下一行语句
位置补偿	Offset	向位置变量加上位置补偿条件语句中的位置移动
	Offset，PR[（GPk：）]n	向位置变量加上位置寄存器值的位置移动
工具补偿	Too l_offset	向位置变量加上工具补偿条件语句中指定值的位置移动
	Too l_offset，PR[（GPk：）]n	向位置变量加上位置寄存器值的位置移动
增量	INC	向当前位置加上位置变量值的位置移动
软浮动	SOFT FLOAT[*i*]	该指令使得软浮动功能有效
非同步附加轴速度	Ind.EV（*i*）%，*i*=1%～100%	使附加轴与机器人非同步动作
同步附加轴速度	EV（*i*）%，*i*=1%～100%	使附加轴与机器人同步动作
路径	PTH	在距离短的平顺动作连续时缩短周期时间
连续旋转	CTV *i*，*i*=-100%～+100%	开始连续旋转动作
先执行指令	TIME BEFORE *t* CALL prog TIME AFTER *t* CALL prog	在动作结束的指定时间前或指定时间后，调用并执行子程序，*t* 为执行开始时间，prog 为子程序名

表 A-3　寄存器指令与 I/O 指令

寄存器	R[i]，i=1～32	i：寄存器号
位置寄存器	PR[（GPk：）i] PR[（GPk：）i，j]	仅取出位置数据的某一要素 k：组编号，k=1～3 i：位置寄存器编号，i=1～10 j：位置寄存器要素编号，j=1～9
位置数据	P[i：注释] Lpos Jpos UFRAME[i] UTOOL[i]	i：位置编号，i=1～存储器的允许范围 当前位置的笛卡儿坐标 当前位置的关节坐标 用户坐标系 工具坐标系
I/O 信号	DI[i]，DO[i] RI[i]，RO[i] GI[i]，GO[i] AI[i]，AO[i]	系统数字信号 机器人数字信号 组信号 模拟信号

表 A-4　条件转移指令

条件比较	IF（条件）（转移）	设定比较条件与转移目标
条件选择	SELECT R[i]=（值）（转移）	设定选择条件与转移目标

表 A-5　待命指令

待命	WAIT<条件> WAIT<时间>	等待到条件成立或经过所指定的时间

表 A-6　无条件转移指令

标签	LBL[i：注释]	指定转移目的地
	JMP LBL[i]	转移到所指定的标签
程序调用	CALL（程序名）	转移到所指定的程序
程序结束	END	结束程序的执行，返回到被调用的程序

表 A-7　程序控制指令

暂停	PAUSE	使程序暂停
强制结束	ABORT	强制结束程序

表 A-8　其他指令

RSR	RSR[i]	定义 RSR 信号的有效或无效，i=1～4
用户报警	UALM[i]	将用户报警显示于报警行
计时器	TIMER[i]	设定定时器
倍率	OVERRIDE	设定倍率
注释	!（注释）	在程序中添加注释
信息	MESSAGE	将用户信息显示于用户画面
参数	$（系统变量）	更改系统变量的值
最大速度	JOINT_MAX_SPEED[　] LINEAR_MAX_SPEED	设定程序中动作语句的最高速度

表 A-9　跳过与位置补偿指令

跳过条件	SKIP CONDITION（条件）	确定在动作语句中使用的跳过执行条件
位置补偿条件	OFFSET CONDITION（位置补偿量）	确定在动作语句中使用的位置补偿执行条件
工具补偿条件	TOOL_OFFSET CONDITION（位置补偿量）	确定在动作语句中使用的工具补偿执行条件

表 A-10　坐标系设定指令

用户坐标系设定	UFRAME[*i*]	用户坐标系，*i*=1～9
用户坐标系选择	UFRAME_NUM	当前用户坐标系编号
工具坐标系设定	UTOOL[*i*]	工具坐标系，*i*=1～9
工具坐标系选择	UTOOL_NUM	当前工具坐标系编号

表 A-11　宏指令

宏指令	（宏指令）	执行在宏指令中所定义的程序

表 A-12　多轴控制指令

程序执行	RUN	开始执行其他运动组程序

表 A-13　位置寄存器先执行指令

位置寄存器锁定	LOCK PREG	用来锁定位置寄存器
位置寄存器锁定解除	UNLOCK PREG	解除位置寄存器的锁定

表 A-14　软浮动指令

软浮动开始	SOFT FLOAT[*i*]	该指令使得软浮动功能有效
软浮动结束	SOFTFLOAT END	该指令使得软浮动功能无效
跟踪	FOLLOW UP	软浮动有效时，执行将机器人当前位置视为示教位置的处理

表 A-15　状态监视指令

状态监视开始指令	MONITOR<条件程序名>	在条件程序中记述的条件下，开始监视
状态监视结束指令	MONITOR END<条件程序名>	在条件程序中记述的条件下，结束监视

表 A-16　动作组指令

非同步动作组	Independent GP	使各动作组非同步动作
同步动作组	Simultaneous GP	按移动时间最长的动作组同步地使各动作组动作

表 A-17　码垛指令

码垛指令	PALLETIZING-B_*i*	计算码垛，*i*：码垛编号
码垛结束指令	PALLETIZING-END_*i*	增减码垛寄存器的值，*i*=1～16
码垛动作指令	L PAL_*i*[A-*j*]300mm/s FINE	执行码垛的位置，*i*：码垛编号，*j*：接近点的编号 *j*=1～8

反侵权盗版声明